약초의 세계

▶ 약이 되는 풀꽃 101가지 ❸

________________________ 님께

┌───┐
●약초 꽃의 세계 시리즈 안내●

약이 되는 풀꽃 100가지❶   2009년 발간   사륙배판 120면
약이 되는 나무꽃 104가지❷   2010년 발간   사륙배판 120면
약이 되는 풀꽃 101가지❸   2011년 발간   사륙배판 120면
약이 되는 곡식과 채소 100가지❹ 2012년 발간예정   사륙배판 120면
└───┘

감국 꽃

▶ 약이 되는 풀꽃 101가지 ❸

지은이 I 신용욱 · 신전휘
펴낸이 I 신전휘
펴낸날 I 2011년 12월 27일
펴낸곳 I 도서출판 百卉
등   록 I 2009. 11. 11(제25100-2009-29호)
주   소 I 우편번호 700-240 대구광역시 중구 달구벌대로 415길 38 (장관동)
전   화 I (053) 252－5505
팩   스 I (053) 254－5595
홈페이지 I www.bcde.co.kr

ISBN 978-89-963637-6-7 14480(전4권)

• 값은 뒷 표지에 있습니다.
• 잘못된 책은 바꾸어 드립니다.

약초꽃의 세계

▶ 약이 되는 풀꽃 101가지 ❸

신용욱·신전휘

도서출판 百나

사람, 자연 그리고 약초

세계보건기구(WHO)에서는 '건강이란 질병이 없고 허약하지 않으며 신체적·정신적·사회적 및 영적으로 안녕하며 역동적인 상태'로 정의하고 있습니다.

우리는 산과 들의 식물을 보면서 자연의 섭리와 위대함에 경의를 표하고 또 그 아름다움에 매료되기도 합니다. 더불어 식물은 인위적인 그 무엇으로도 해결할 수 없는 신체적 건강을 덤으로 줍니다. 일상에서 만나는 약 350여 종의 식품 첨가물과 수많은 공해 물질들 속에서 허우적거리다 보면 우리는 아련하게나마 자연으로 회귀하고자 하는 마음을 갖게 됩니다. 아마 이러한 마음이 사람들을 더욱 웰빙을 추구하게 만드는 것이 아닐까 생각해봅니다.

산과 들판을 누비며 약초를 찾는 귀한 만남 속에서 그에 동화되고 또 자신의 정신적 건강을 추구하다 보면 우리의 육체는 저절로 역동적인 힘을 얻게 될 것입니다. 뿐만 아니라 아름다운 세상을 볼 수 있는 심미안이 길러지고 초월적인 존재에 늘 감사하는 마음과 영적인 편안함을 추구할 수 있을 것입니다. 이러한 삶의 가치들을 직접 산야에서 약초를 찾아다니며 이루었다면, 이제 책을 통하여 독자와 저자가 사회적인 건강을 찾고자 합니다.

좋은 약재를 찾아 일평생 산야를 누빈 아비와 새로운 이론을 바탕으로 약재에 대해 연구한 신세대의 아들이, 채취한 약초를 맛보고 냄새 맡고 또 그들의 모습을 사진에 담았습니다. 약초에 대해

서로 주고받은 이야기 속에서 자연은 훌륭한 토론의 장(場)이자 멋진 강의실이 되어 주었습니다.

더 나아가 아비의 길을 따라 묵묵히 정진하는 부자유친(父子有親)의 따뜻함을 배우고 느낄 수 있게 해 준 이 책에 큰 고마움을 느낍니다.

이제 자신의 길에서 뜻한 바 한 길을 걷고 있는 아들이 이렇게 자료와 사진을 정리하여 2009년 〈약이 되는 풀꽃 100가지〉와 2010년 〈약이 되는 나무꽃 104가지〉가 발행되었고 올해는 〈약이 되는 풀꽃 101가지〉의 약초 사진을 여러분 앞에 선보이게 되었습니다.

이 책이 나오기까지 많은 정성과 시간을 들여 수고하신 경북P&P 편집부와 식물 동정을 보아주신 경북대학교 박재홍 교수님, 교정을 맡아 주신 이정임, 신명화 선생님께 깊은 감사를 드립니다.

이 책이 건전한 정신과 건강한 신체, 그리고 영적인 안녕을 원하는 모든 사람들에게 조금이나마 기여되길 바라며, 이 길로 인도하신 하나님의 섭리에 감사드립니다.

2011년 동짓날에 약초 꽃을 기다리며
대구약령시 내 百草堂에서 신용욱 · 신전휘

일러두기

❶ ❷ 약초 꽃, 씨
❸ 한약재
❹ 식물이름, 약으로 쓰는 부분, 학명
❺ 일련번호 및 한약명
❻ 효능
❼ 성인 하루 중 복용량

❽ 복용할 수 있는 범위 표시

食 　새싹이나 전초를 국이나 반찬으로 복용하면 질병 치료나 예방에 보조적인 역할을 할 수 있음.

茶 　차(茶)로 연하게 우려내어 복용하면 질병 치료나 예방에 보조적인 역할을 할 수 있음.

酒 　약재를 술로 담가서 아침·저녁으로 한잔씩 복용하면 질병 치료나 예방에 보조적인 역할을 할 수 있음.

藥 　치료를 목적으로 추출하여 사용함.

毒 　사용량을 엄격하게 지켜야 하며 사용 시에는 전문가의 자문을 받아야 함.

❾ 한약재(韓藥材)의 기미(氣味), 귀경(歸經), 약성(藥性) 분류표(특허제 10−0824672호)(2008. 4. 17)
　−음양오행(陰陽五行)에 의한 분류법으로 색깔, 귀경과 기미를 도표로 형상화함.

 비위장(脾胃腸)에 속한 약재의 색은 황색(黃色)이며 맛은 단(甘)맛이다.
소화기계를 치료하거나 보(補)하는 약재로 쓰임. 예) 황정(黃精)

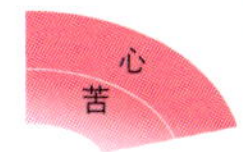 심장(心臟)에 속한 약재의 색은 붉은색(赤色)이며 맛은 쓴(苦)맛이다.
순환기계 및 신경계를 치료하거나 보(補)하는 약재로 쓰임. 예) 연자육(蓮子肉)

 폐장(肺臟)에 속한 약재의 색은 흰색(白色)이며 맛은 매운(辛)맛이다.
호흡기계를 치료하거나 보(補)하는 약재로 쓰임. 예) 과루인(瓜蔞仁)

 신장(腎臟)에 속한 약재의 색은 검은색(黑色)이며 맛은 짠(鹹)맛이다.
생식기계를 치료하거나 보(補)하는 약재로 쓰임. 예) 토사자(菟絲子)

 간장(肝臟)에 속한 약재의 색은 푸른색(靑色)이며 맛은 신(酸)맛이다.
시신경(視神經) 및 근육을 치료하거나 보(補)하는 약재로 쓰임. 예) 목적(木賊)

❿ 약성(藥性) : 약재의 성질(性質)

熱 약성(藥性)이 뜨거운 약으로 몸을 따뜻하게 하는 성질이 있다.

溫 약성(藥性)이 따뜻하다. 예) 고본(藁本), 구약(蒟蒻) 등

平 약성(藥性)이 따뜻하지도 차지도 않은 약이다. 예) 권백(卷柏), 녹제초(鹿蹄草) 등

凉 약성(藥性)이 조금 차가운 약이다. 예) 권삼(拳參), 매화초(梅花草) 등

寒 약성(藥性)이 차가워 몸을 차갑게 하는 성질이 있다. 예) 과루인(瓜蔞仁), 냉초(冷草) 등

⓫ 효능의 현대적 표현(용어 해설)

강장(强壯) : 건강하고 혈기가 왕성한 상태를 유지시키는 작용

강정(强精) : 남성 성기능을 개선시키는 작용

거담(去痰) : 가래를 없애는 작용

건위(健胃) : 소화기계를 튼튼하게 하는 작용

구충(驅蟲) : 체내 기생충을 없애는 작용

미백(美白) : 피부를 맑고 희게 하는 작용

발한(發汗) : 병을 다스리기 위해 땀을 내는 작용

배농(排膿) : 체내 고름을 배출시키는 작용

보간(補肝) : 간장을 도와주는 작용

사하(瀉下) : 설사를 하게 하는 작용

소염(消炎) : 염증을 없애는 작용

소종(消腫) : 상처가 부은 것을 가라앉히는 작용

양모(養毛) : 모발을 나게 하는 작용

이뇨(利尿) : 소변을 잘 나오게 하는 작용

이담(利膽) : 담즙분비를 촉진시키는 작용

지갈(止渴) : 갈증을 멎게 하는 작용

지사(止瀉) : 설사를 멎게 하는 작용

지한(止汗) : 땀을 멎게 하는 작용

지혈(止血) : 출혈을 멎게 하는 작용

진경(鎭痙) : 경련을 멎게 하는 작용

진정(鎭靜) : 흥분된 지각, 운동신경을 가라앉히는 작용

진토(鎭吐) : 구토를 멎게 하는 작용

진통(鎭痛) : 통증을 멎게 하는 작용

진해(鎭咳) : 기침을 멎게 하는 작용

최유(催乳) : 젖을 잘 나오게 하는 작용

통경(通經) : 여성의 생리를 순조롭게 하는 작용

평천(平喘) : 천식을 멎게 하는 작용

항균(抗菌) : 병원성 미생물을 억제하는 작용

항궤양(抗潰瘍) : 위나 장이 헐어서 짓무르는 것을 억제하는 작용

항비만(抗肥滿) : 체중을 감소시켜 비만증상을 개선시키는 작용

항바이러스 : 체내 침입한 병원성 바이러스를 억제하는 작용

항알러지 : 알러지성 증상을 완화시키는 작용

항암(抗癌) : 암세포의 증식을 억제하거나 암세포를 괴사시키는 작용

항애역(抗呃逆) : 딸꾹질을 멈추게 하는 작용

항우울(抗憂鬱) : 스트레스로 인하여 생긴 병들을 치료하는 작용

항혈전(抗血栓) : 혈액응고를 억제하여 혈류를 개선시키는 작용

해독(解毒) : 독을 풀어주는 작용

해열(解熱) : 열을 내리는 작용

활혈(活血) : 혈액순환을 잘 시켜주는 작용

학명/국명 : 국가표준식물목록(KOREAN PLANT NAMES INDEX) 인용함.

차 례

백두산 서북능선

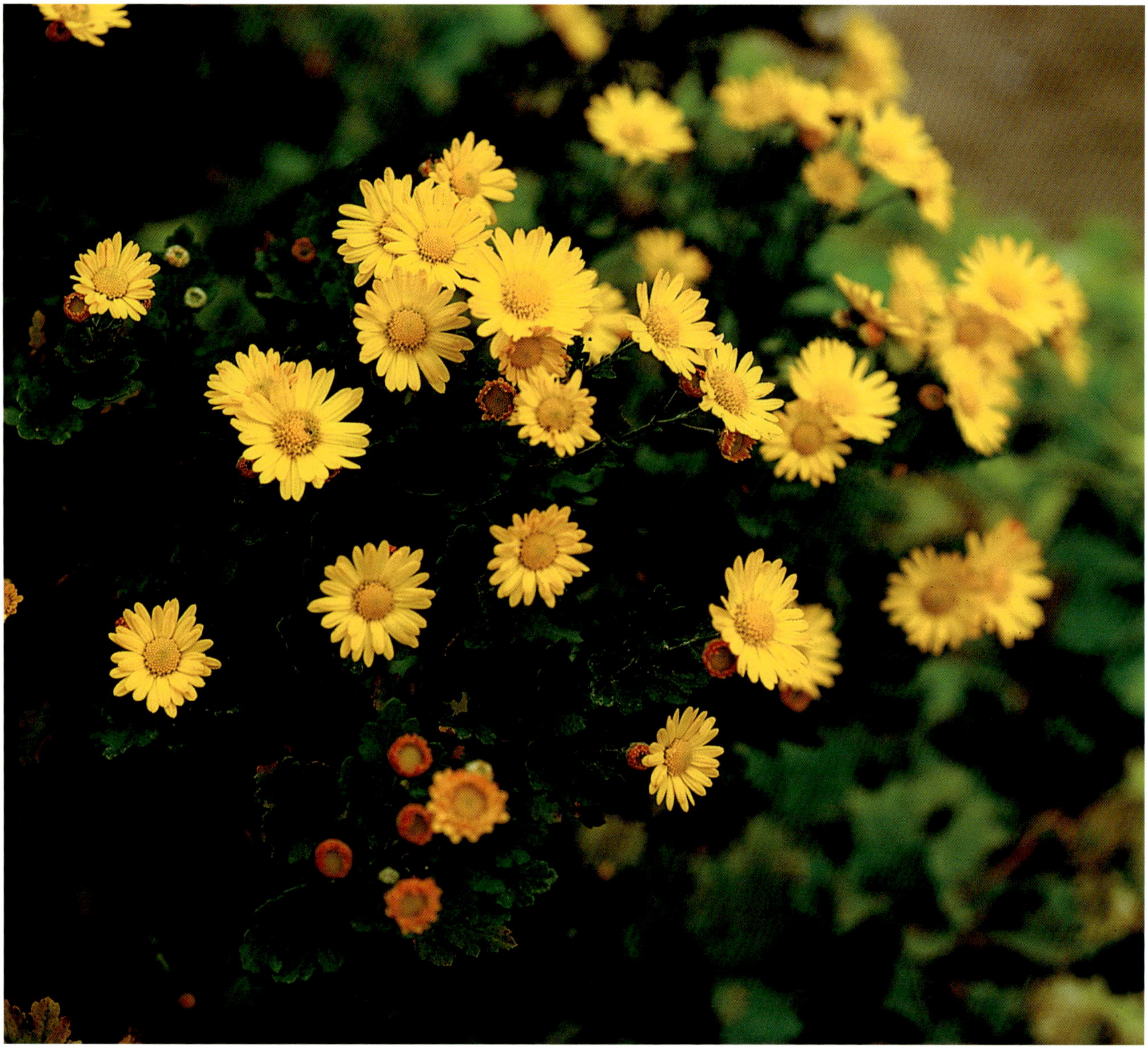

감국 꽃

205 감국(甘菊)

감국의 꽃
Dendranthema indicum (L.) DESMOUL.

눈과 귀를 밝게 하고 머리를 맑게 하여 총명제로 쓰인다.
고혈압, 동맥경화, 허혈성 심장질환에 쓰인다.

10~15g

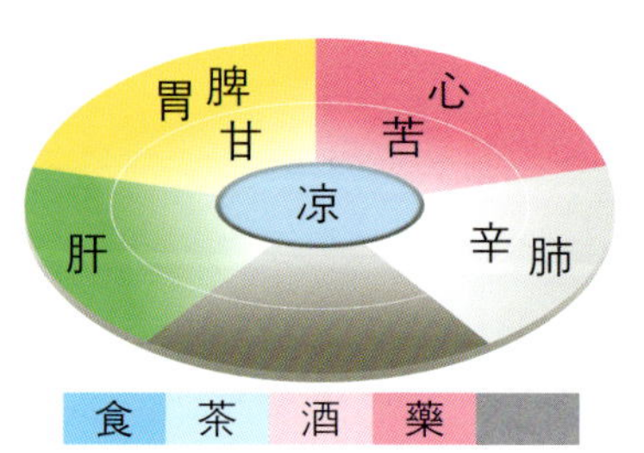

감국(甘菊)

감국 전초

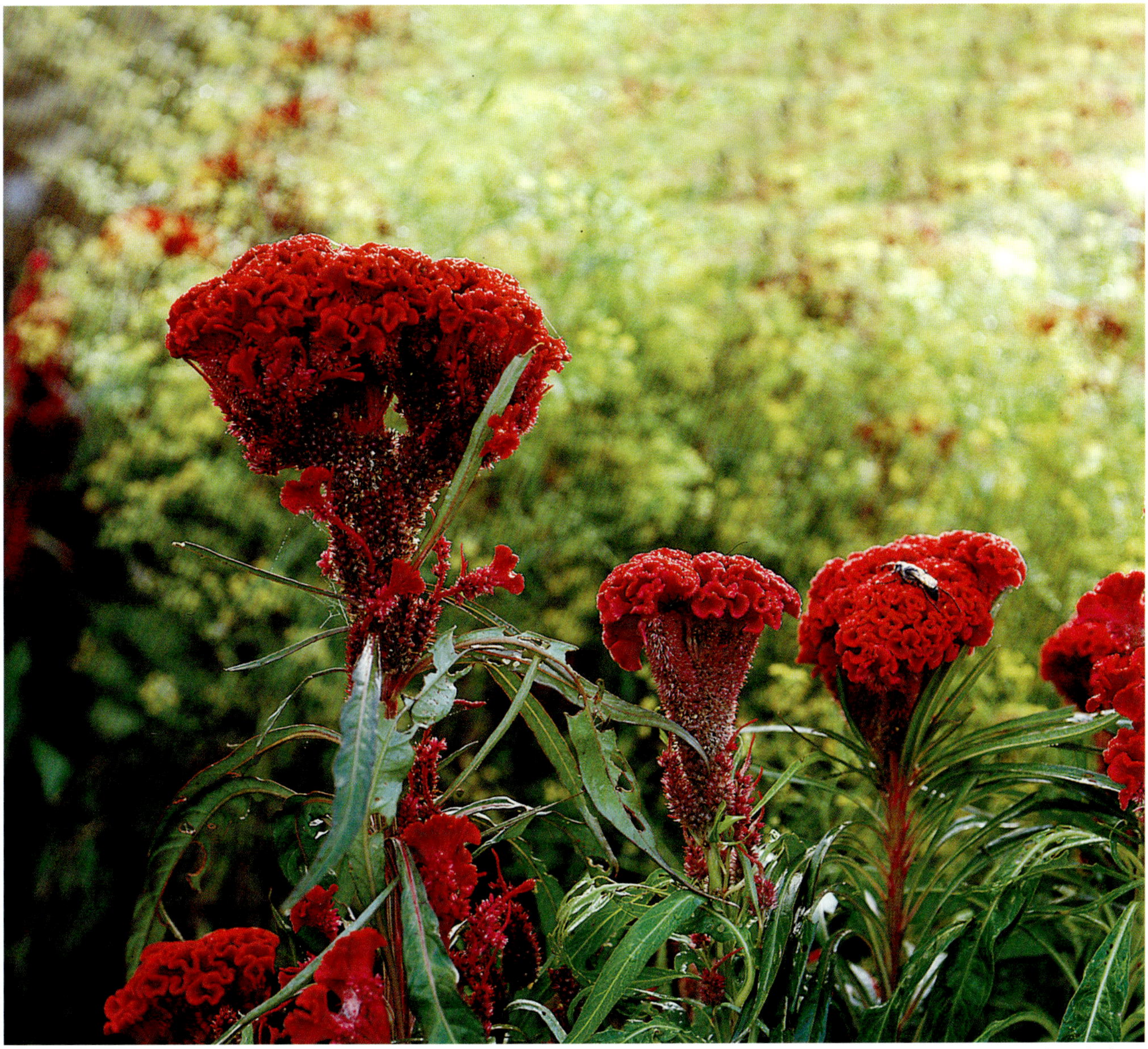

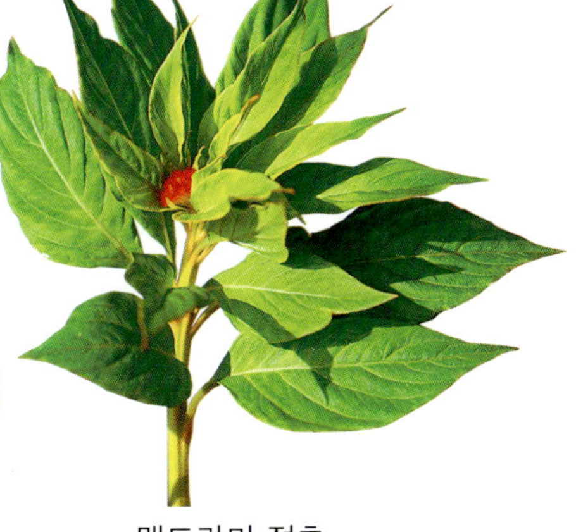

맨드라미 꽃

206 계관화(鷄冠花)

맨드라미의 꽃
Celosia cristata L.

지혈작용이 있어 치질로 인한 출혈, 대 · 소변출혈, 자궁출혈 및 여성의 대하증에 쓰인다.

5~15g

지혈작용
수렴작용

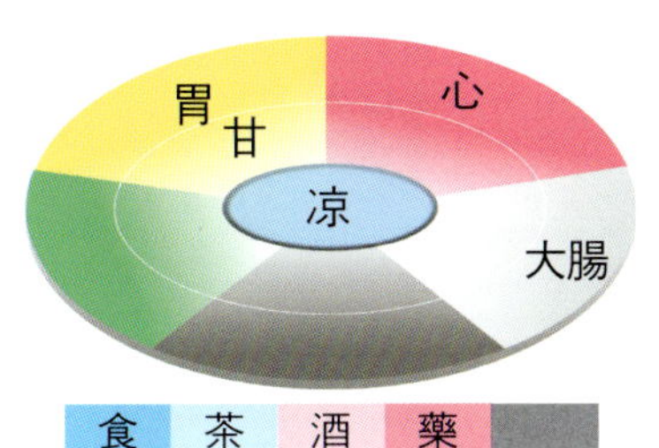

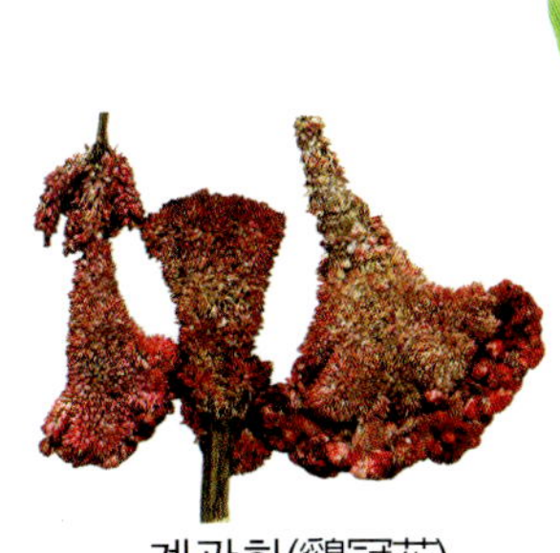

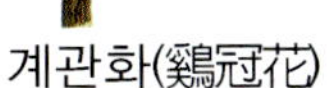

계관화(鷄冠花)

맨드라미 전초

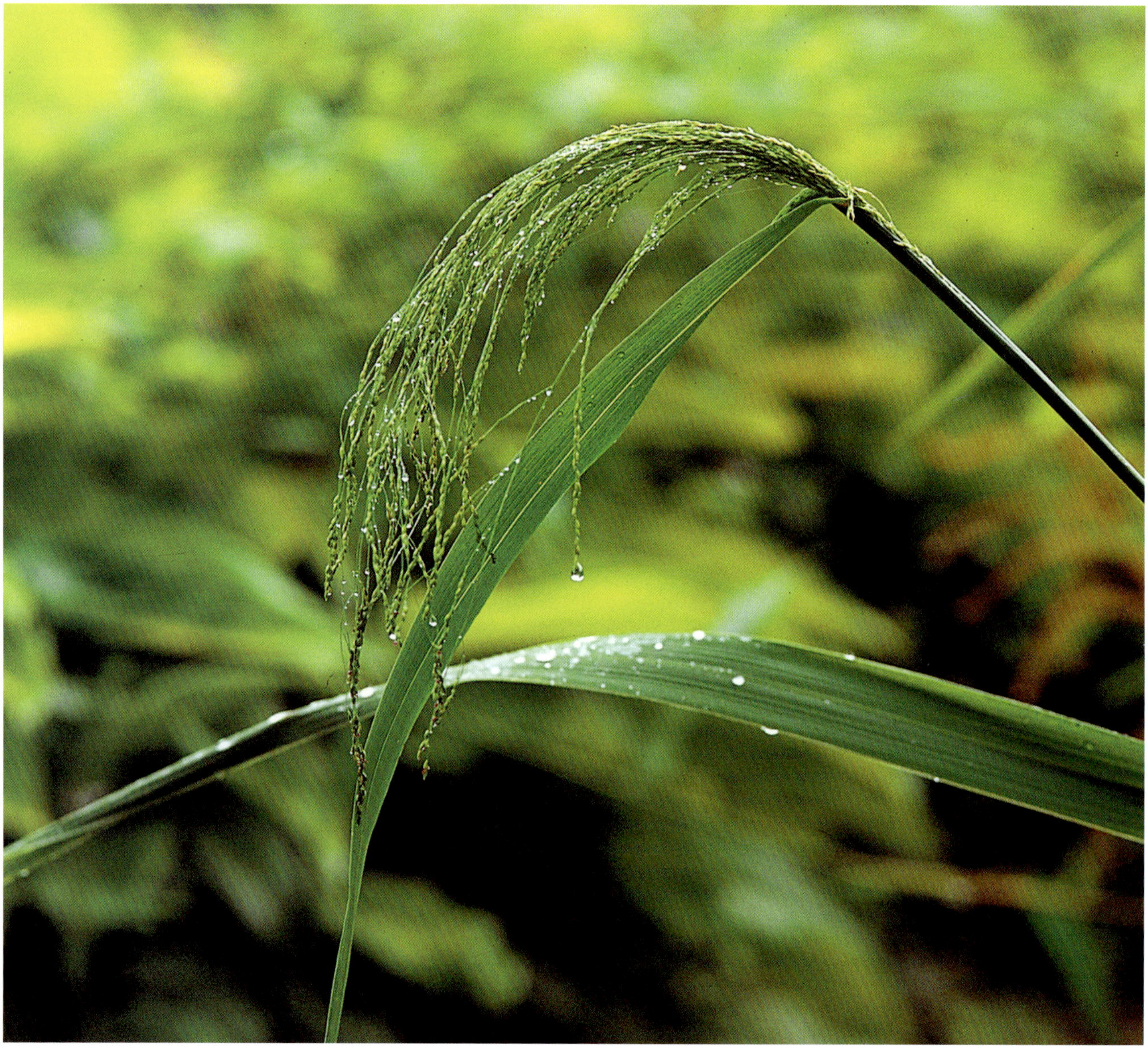

줄(줄풀) 씨

207 고근(菰根)

줄(줄풀)의 뿌리
Zizania latifolia (GRISEB.) TURCZ. ex STAPF

술독(酒毒)을 풀어주며, 소화불량, 위궤양에 쓰인다.
이뇨작용으로 고혈압 증상을 개선하는 데 쓰인다.

10~20g

줄(줄풀) 전초

해독작용
소화불량
혈당강하

고근(菰根)

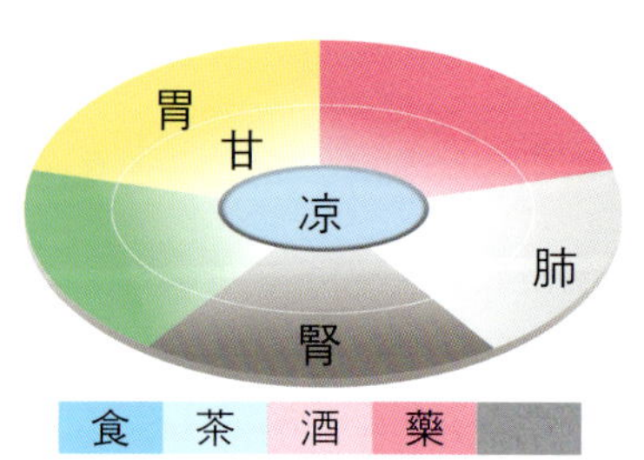

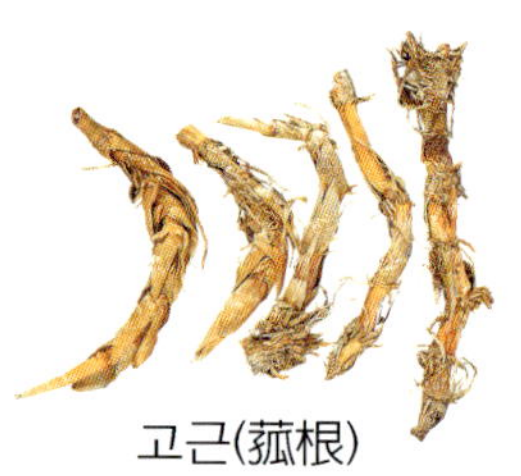

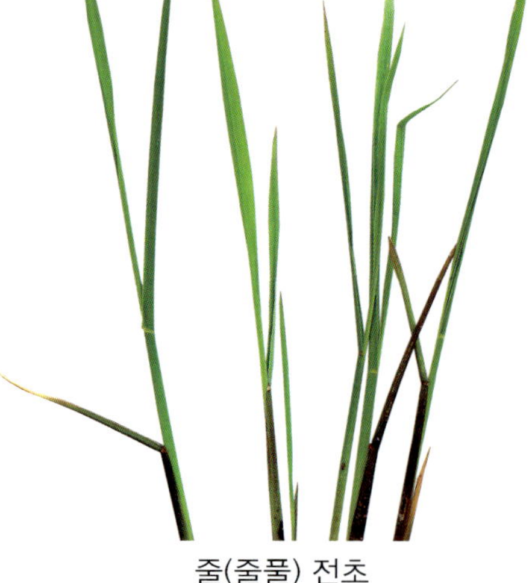

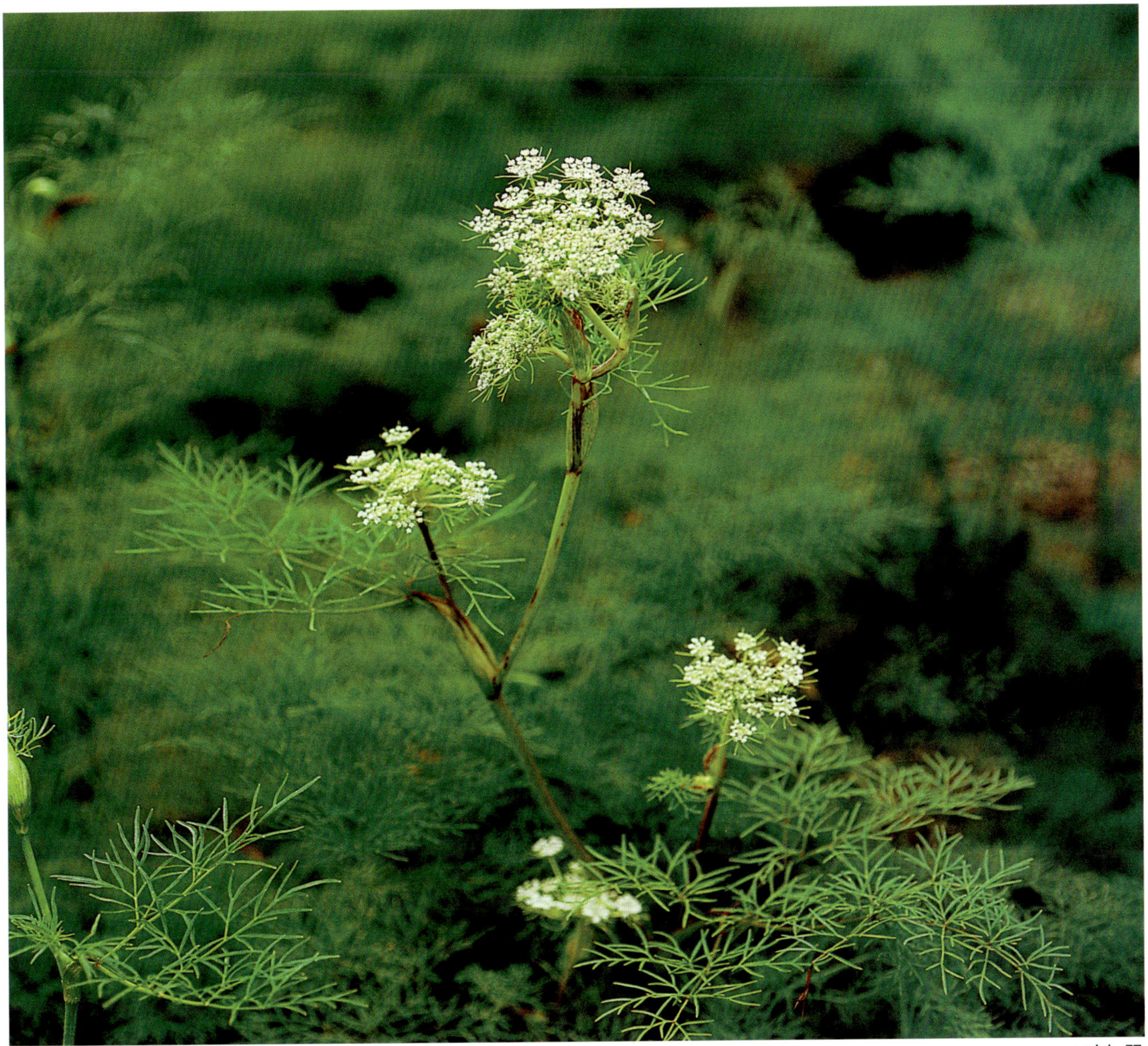

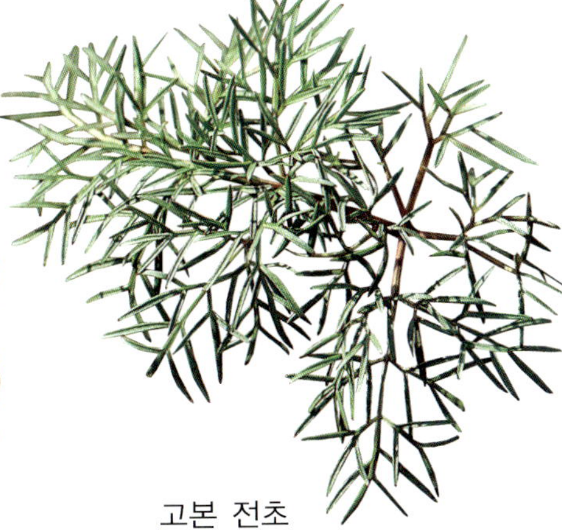

고본 꽃

208 고본(藁本)

고본의 뿌리
Angelica tenuissima NAKAI

감기로 오는 두통과 만성 기관지염 및 관절통에 쓰인다.
정유성분의 진통작용으로 두통에 쓰인다.
진경작용으로 위경련에 쓰인다.

5~10g

食 茶 酒 藥

진통작용
진경작용
해열작용
소염작용

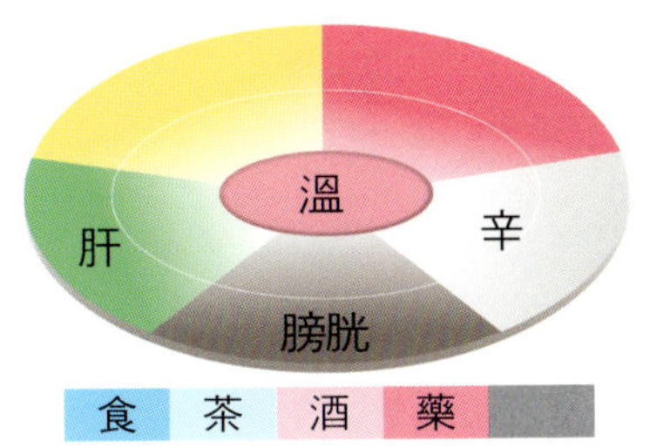

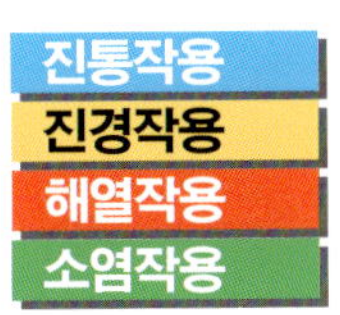

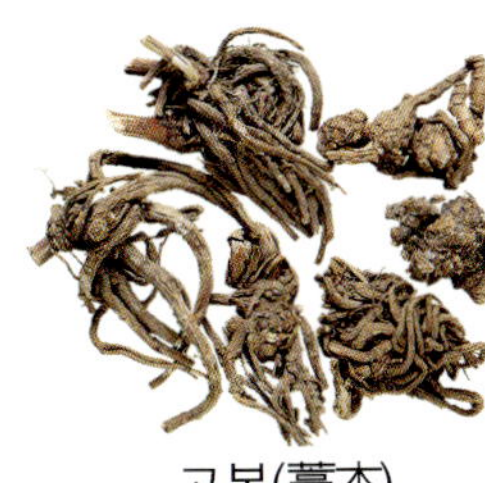

고본(藁本)

고본 전초

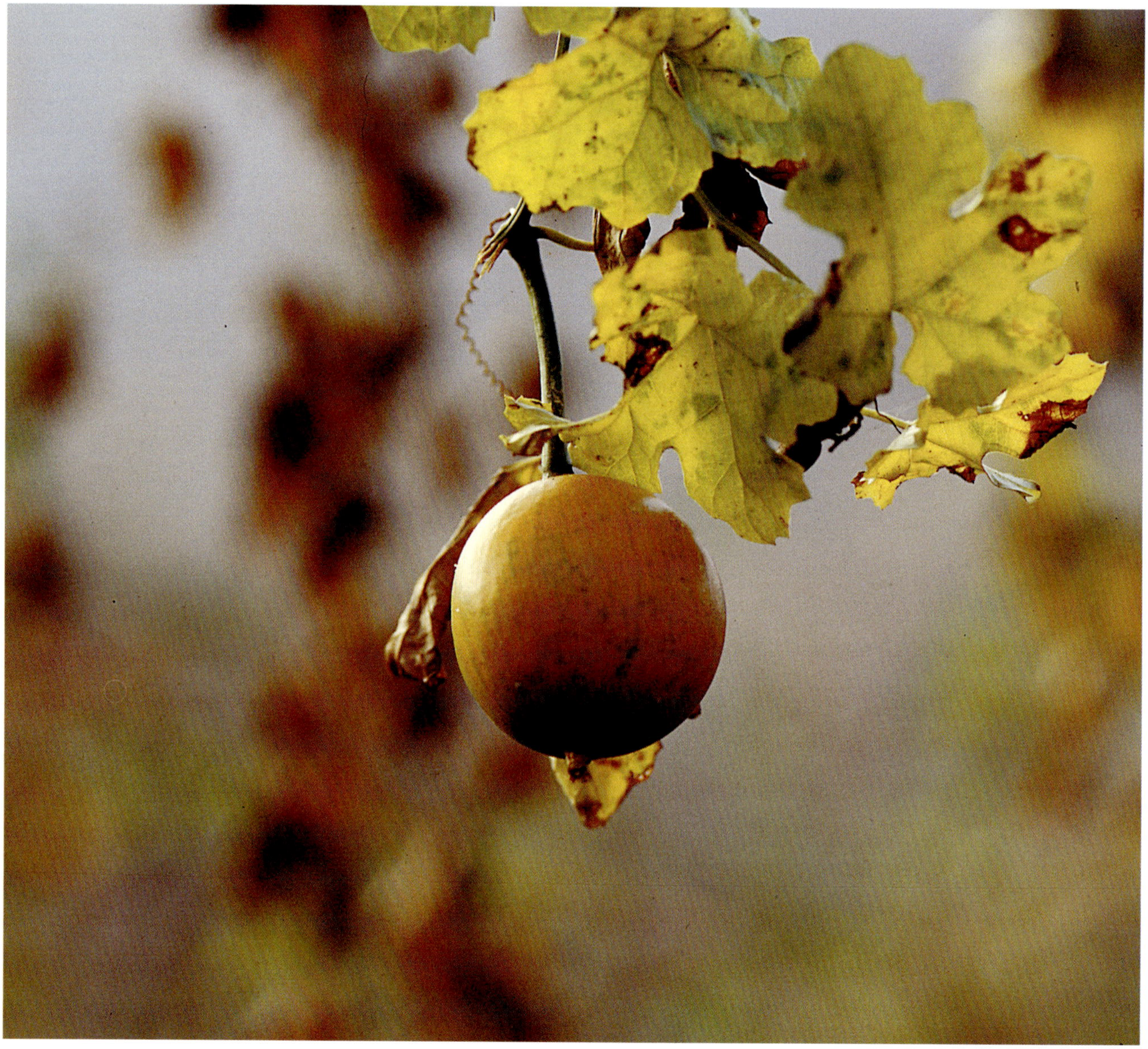

하눌타리 열매

209 과루인(瓜蔞仁)

하눌타리의 씨
Trichosanthes kirilowii MAXIM.

거담작용이 있어 해수와 폐결핵의 각혈에 쓰인다.
항 혈전작용이 있어 관상동맥 질환으로 가슴에 통증이 심한 데 쓰인다.
사하작용으로 변비에 쓰인다.
항 혈전작용이 있다.

9~15g

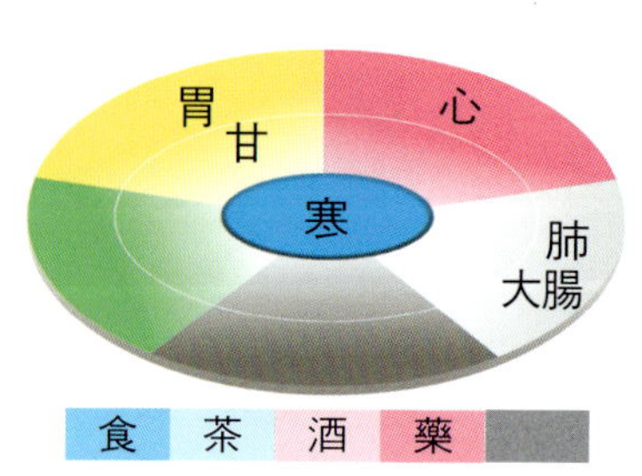

과루인(瓜蔞仁)

하눌타리 잎

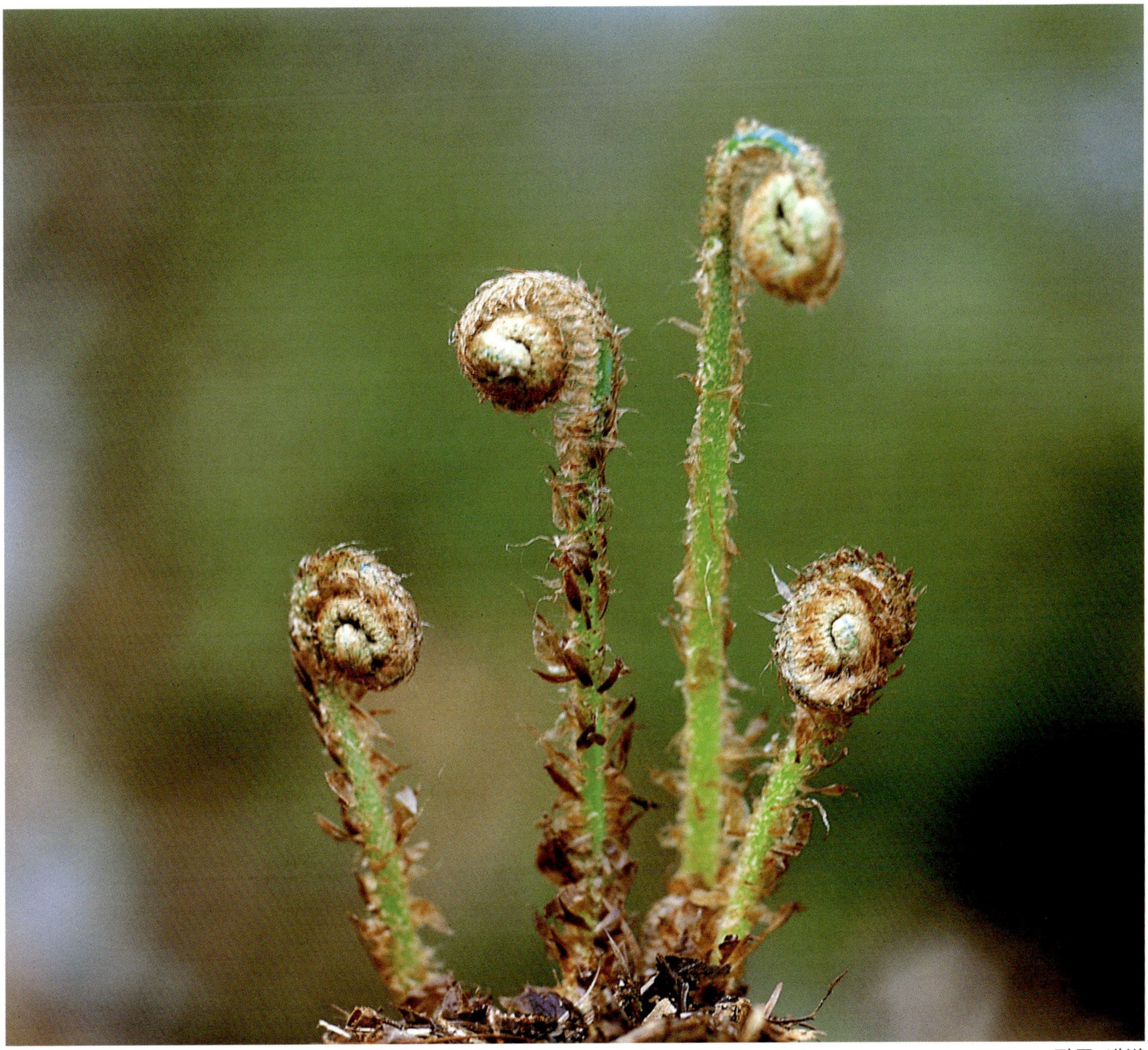

관중 새싹

210 관중(貫衆)

관중의 뿌리
Dryopteris crassirhizoma NAKAI

열을 내리고 염증을 없애며 피를 맑게 하는 데 쓰인다.
지혈작용이 있어 장염, 위통(胃痛), 폐결핵에 의한 토혈, 각혈, 코피, 장출혈, 자궁출혈 등에 쓰인다.
장내(腸內) 기생충 구제에 쓰인다.

10~15g

지혈작용
구충작용
해열작용

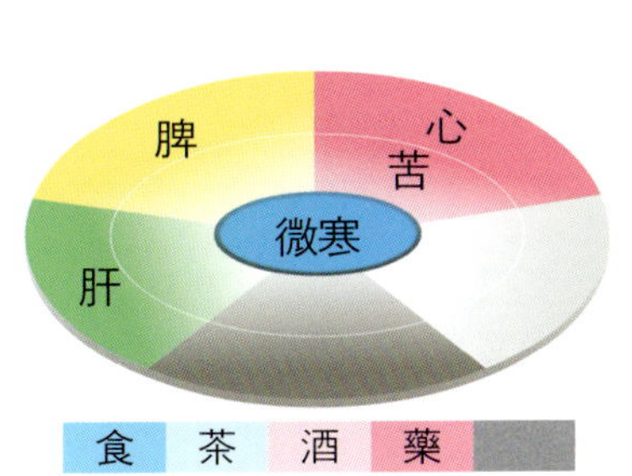

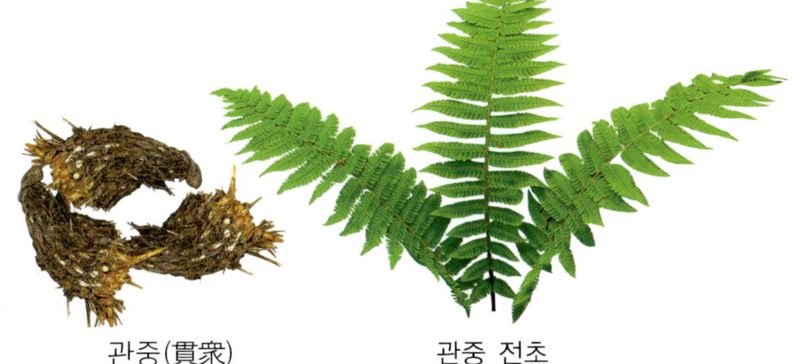

관중(貫衆)

관중 전초

곤약 꽃

211 구약(蒟蒻)

곤약의 덩이뿌리
Amorphophalus konjac K. Koch

종기를 가라앉히고 변비를 개선한다.
독성이 강하여 복용에 신중해야 한다.(가열하여 독성을 감소시켜야 한다.)
민가에서 부자(附子)로 오용하는 경우가 많으므로 각별한 주의가 필요하다.

2~4g

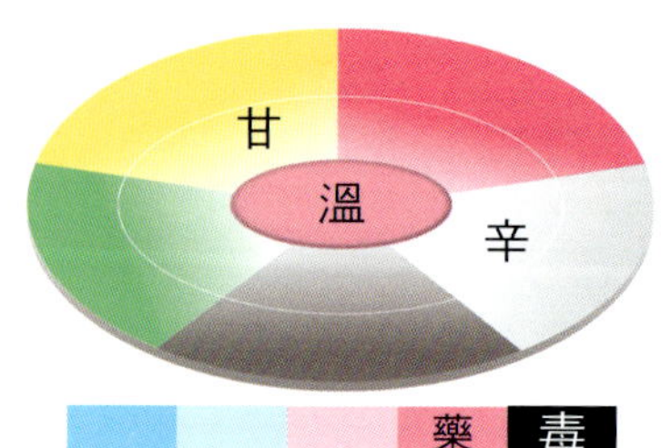

구약(蒟蒻)

곤약 잎

정장작용

16

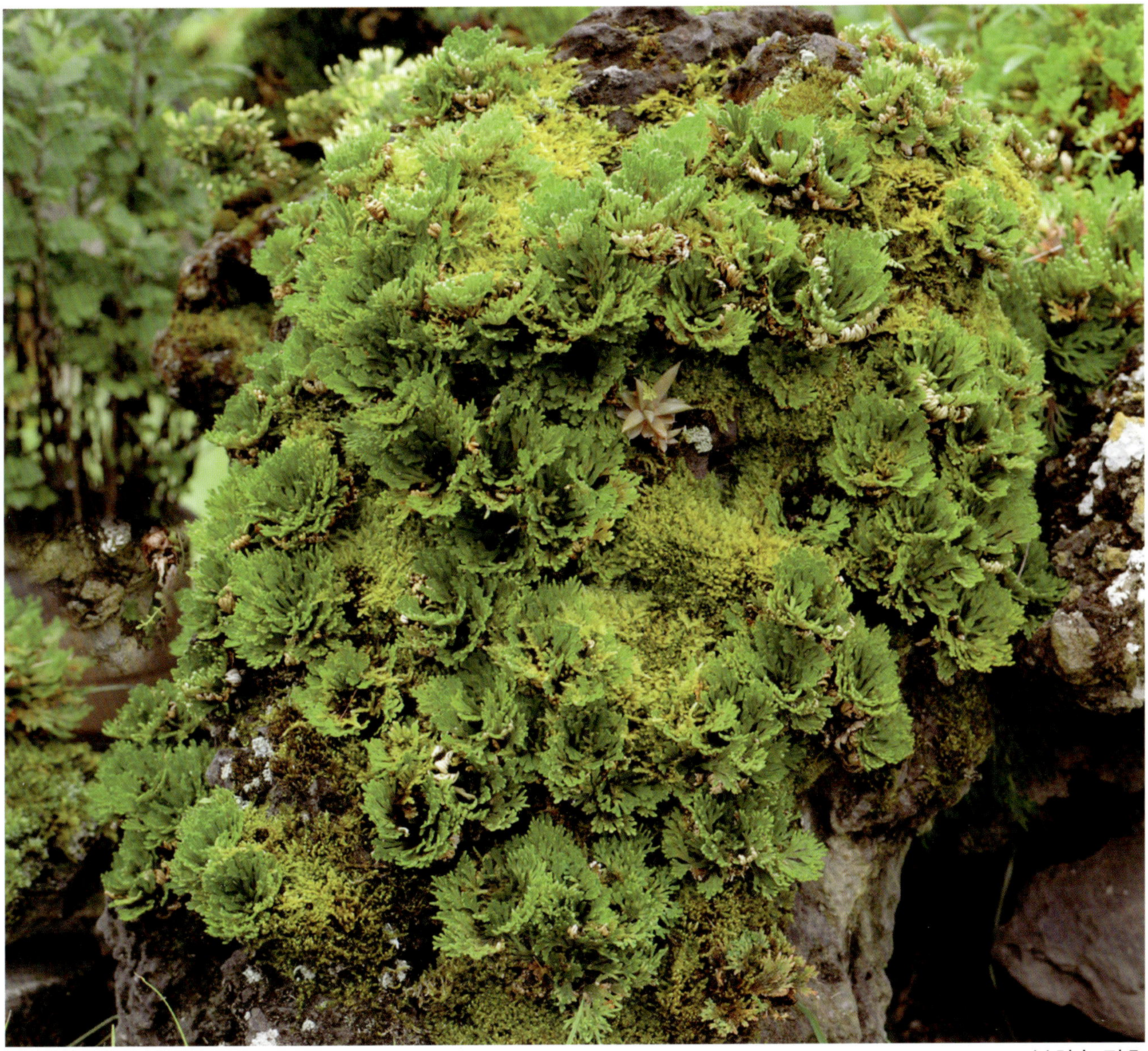

부처손 전초

212 권백(卷柏)

부처손의 전초
Selaginella tamariscina (P. BEAUV.) SPRING

지혈작용이 있어 각종 출혈(토혈, 코피, 장출혈, 치질출혈, 자궁출혈)에 쓰인다. 혈액순환을 잘되게 하며 생리통, 생리불순 및 타박상으로 인해 피가 뭉친 데[瘀血] 쓰인다.

5~10g

항균작용
지혈작용

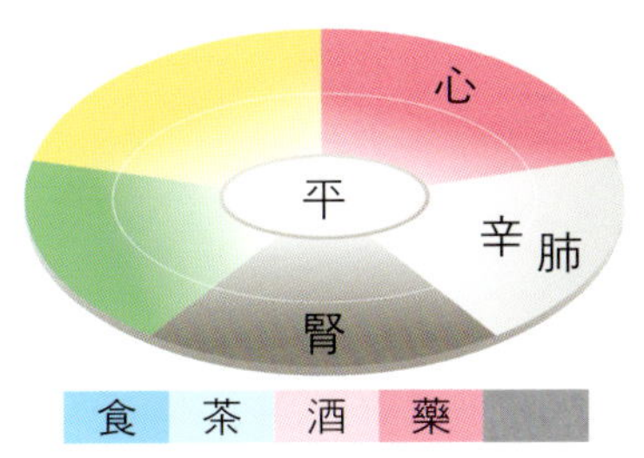

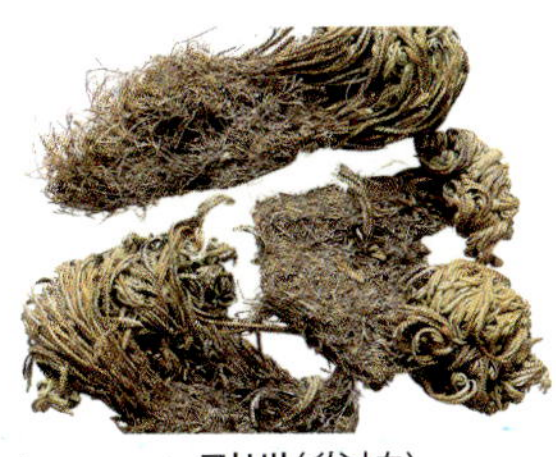

권백(卷柏)

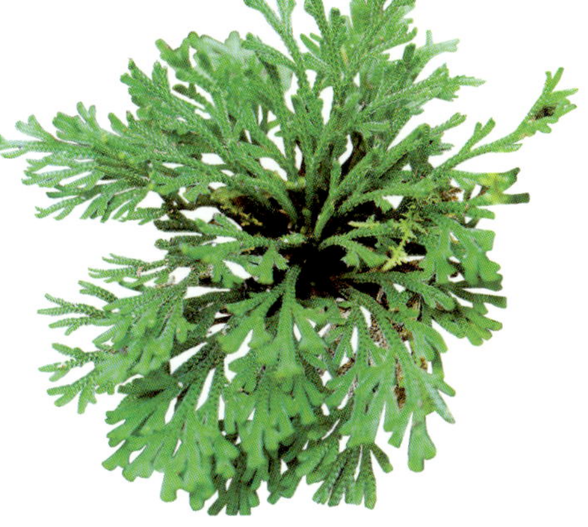

부처손 전초

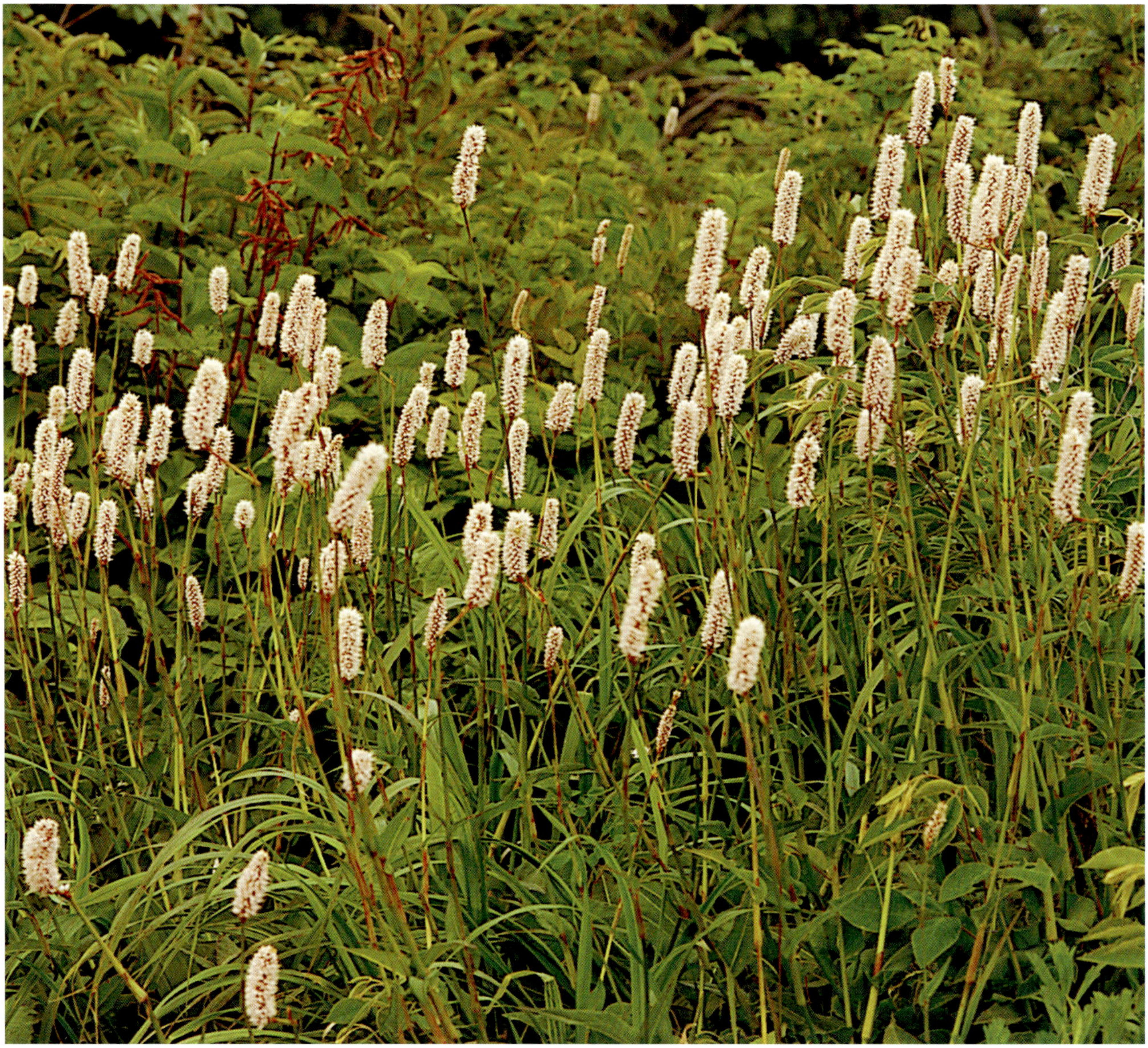

범꼬리 꽃

213 권삼(拳參)

범꼬리의 뿌리줄기
Bistorta manshuriensis (PETROV ex KOM.) KOM.

습열(濕熱)로 인해 나타나는 이질(痢疾) 및 대변출혈, 열로 인한 코피, 외상출혈 등에 쓰인다. 이뇨작용이 있어 소변이 잘 나오게 하는 데 쓰인다.

10~15g

이뇨작용
지혈작용
항균작용

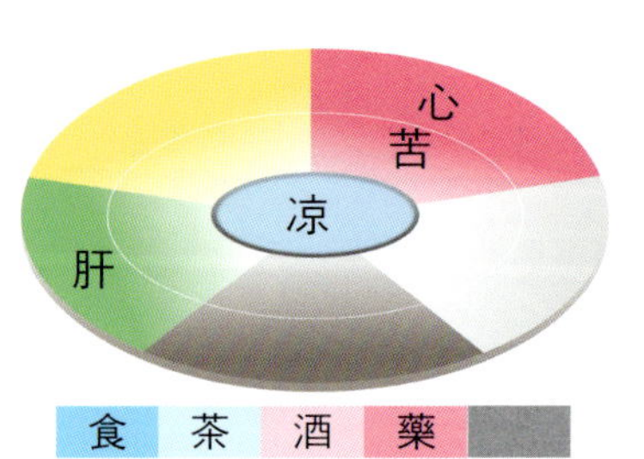

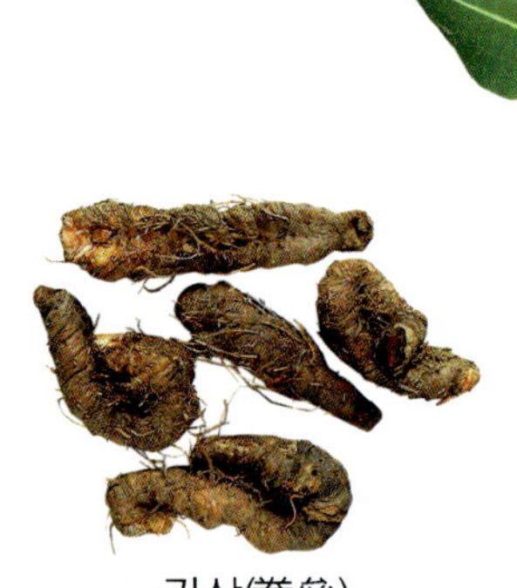

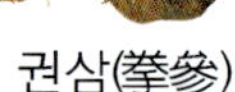

권삼(拳參)

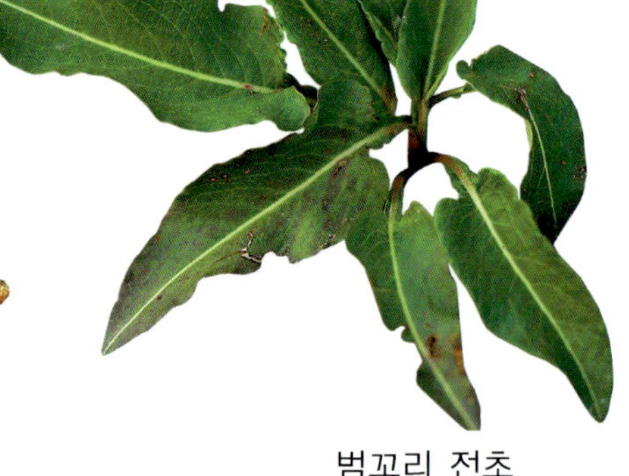

범꼬리 전초

냉초 꽃

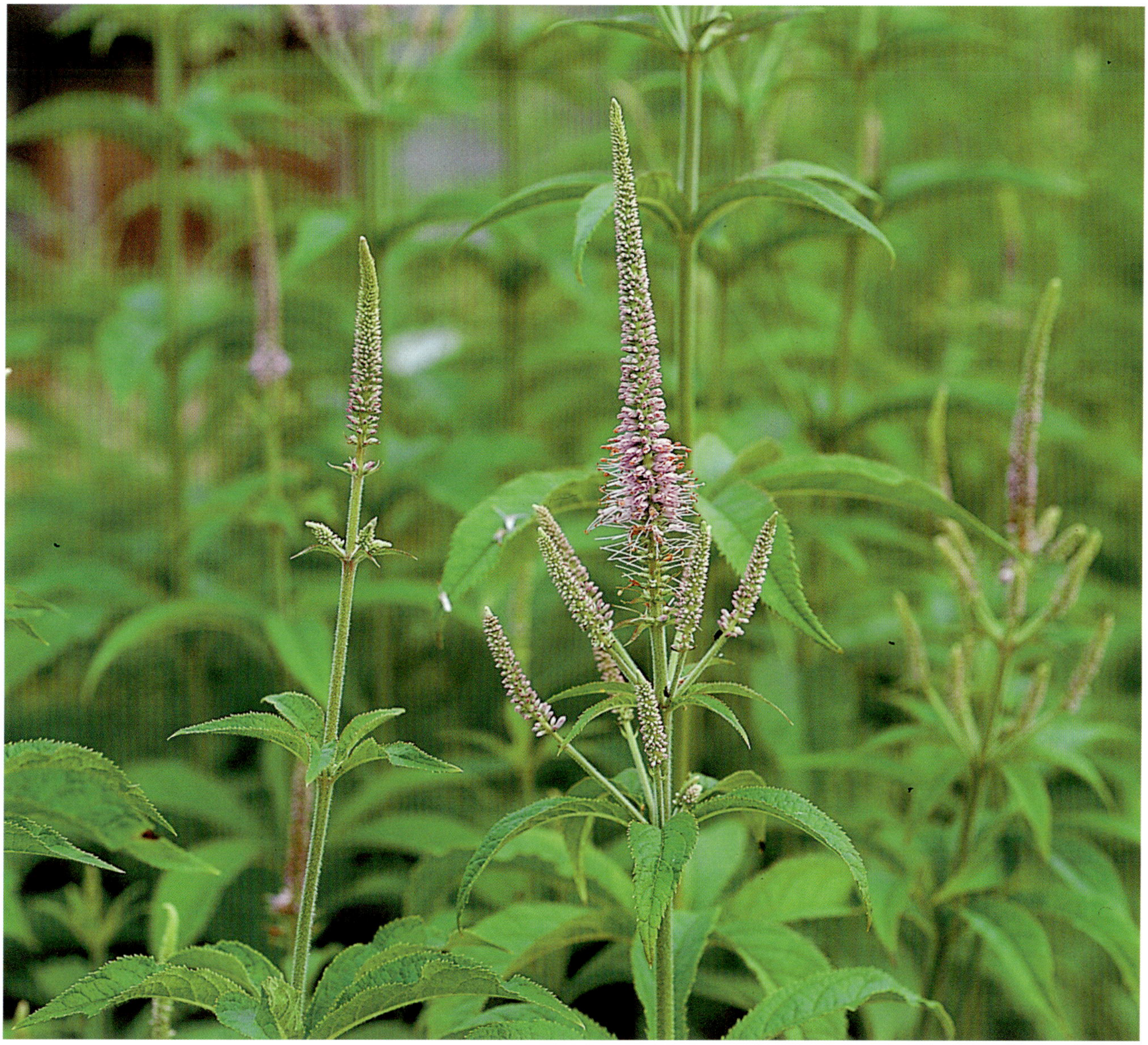

214 냉초(冷草)

냉초의 뿌리
Veronicastrum sibiricum (L.) PENNELL

감기로 인한 인후염, 결막염 및 관절이 쑤시고 아픈 데 쓰인다.
※참용검(軟龍劍)이라고도 한다.

10~20g

소염작용
진통작용

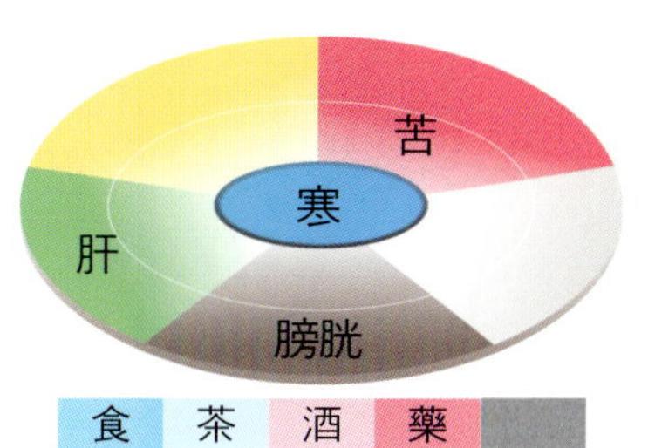

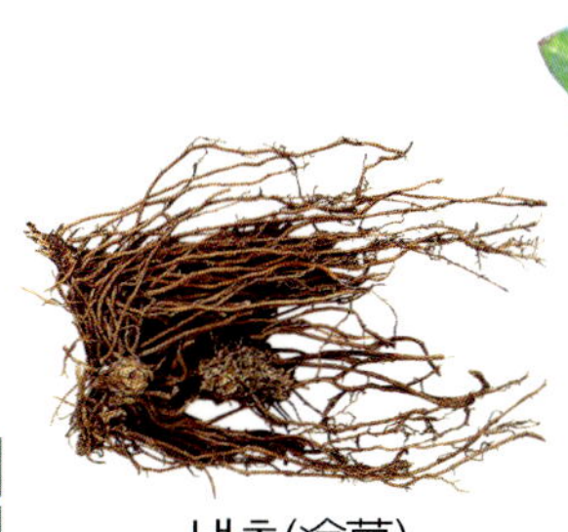

냉초(冷草)

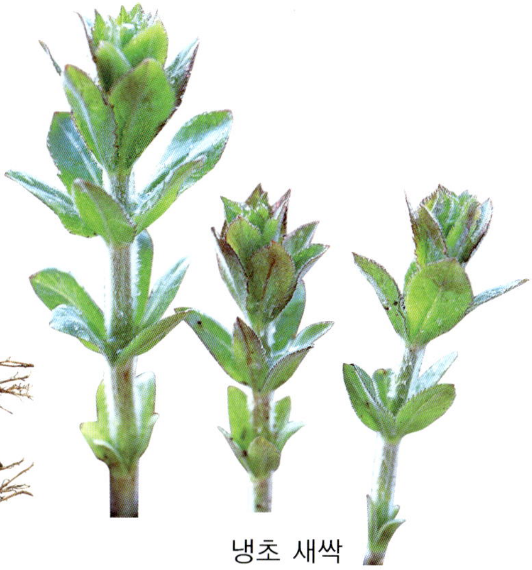

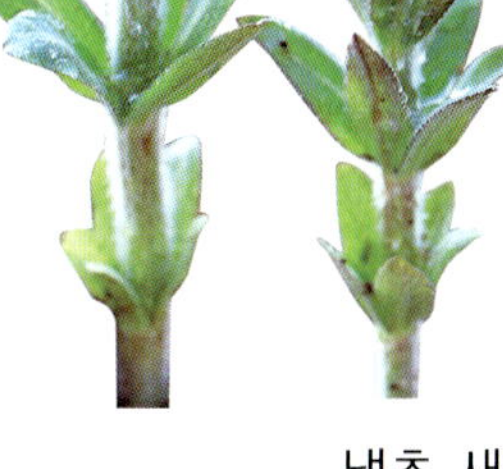

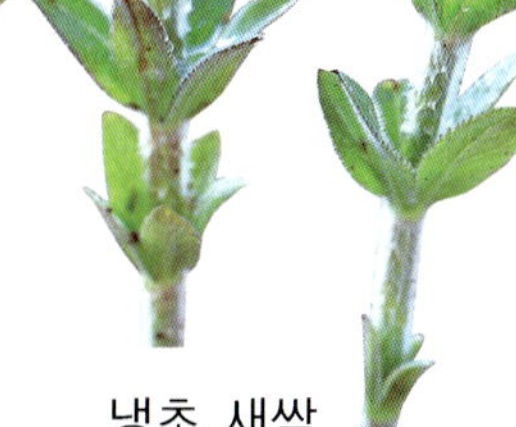

냉초 새싹

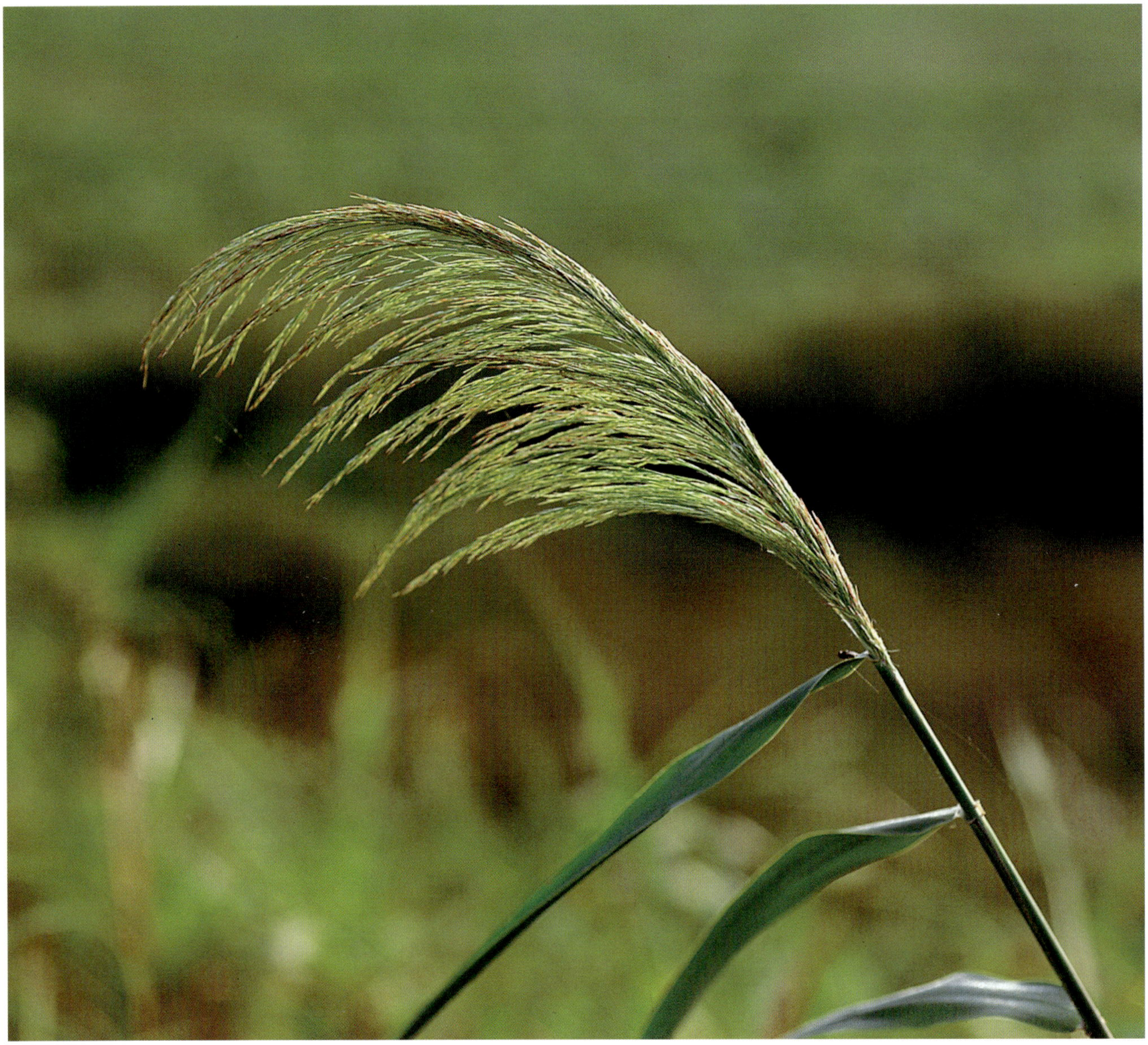

갈대 꽃

215 노근(蘆根)

갈대의 뿌리줄기
Phragmites communis TRIN.

열병 후에 가슴이 답답하고 갈증이 나며 입안이 타는 증상을 개선시키고 임신구토와 두드러기에 쓰인다.

해독작용이 있어 농약중독, 알콜중독 및 방사능 중독에 쓰이며 면역기능과, 백혈구가 증가하는 데 차로 이용된다.

10~30g

해열작용
지갈작용
이뇨작용
항균작용

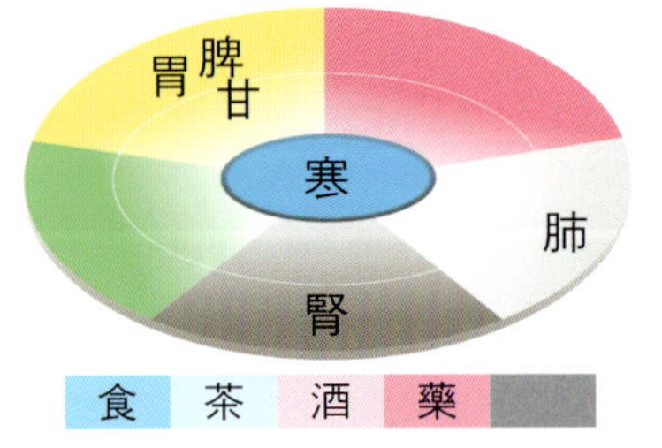

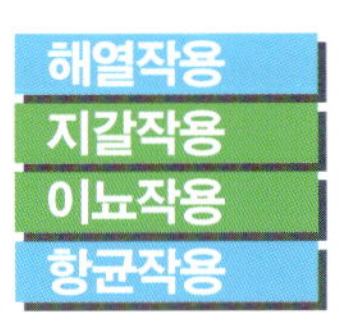

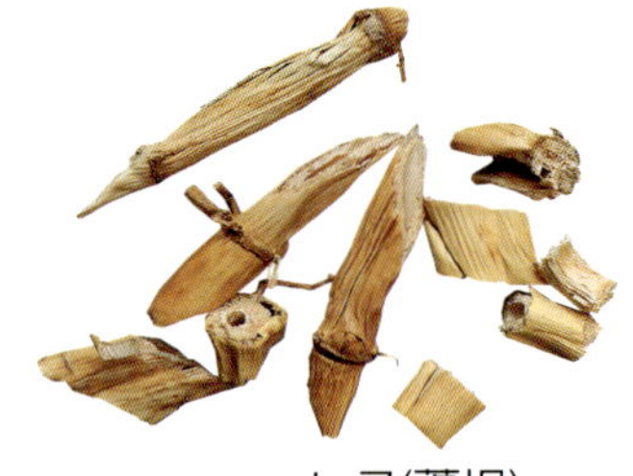

노근(蘆根)

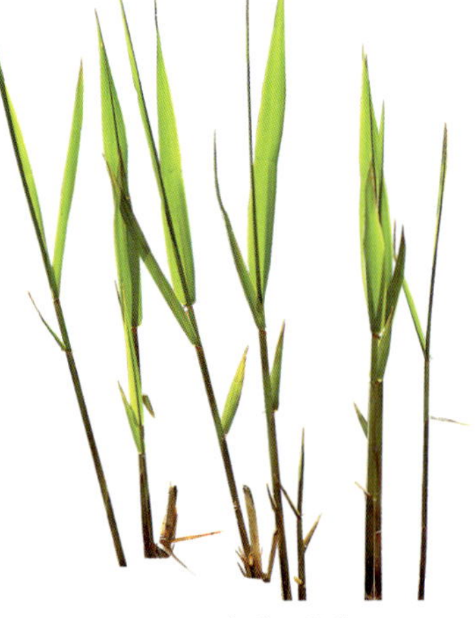

갈대 새싹

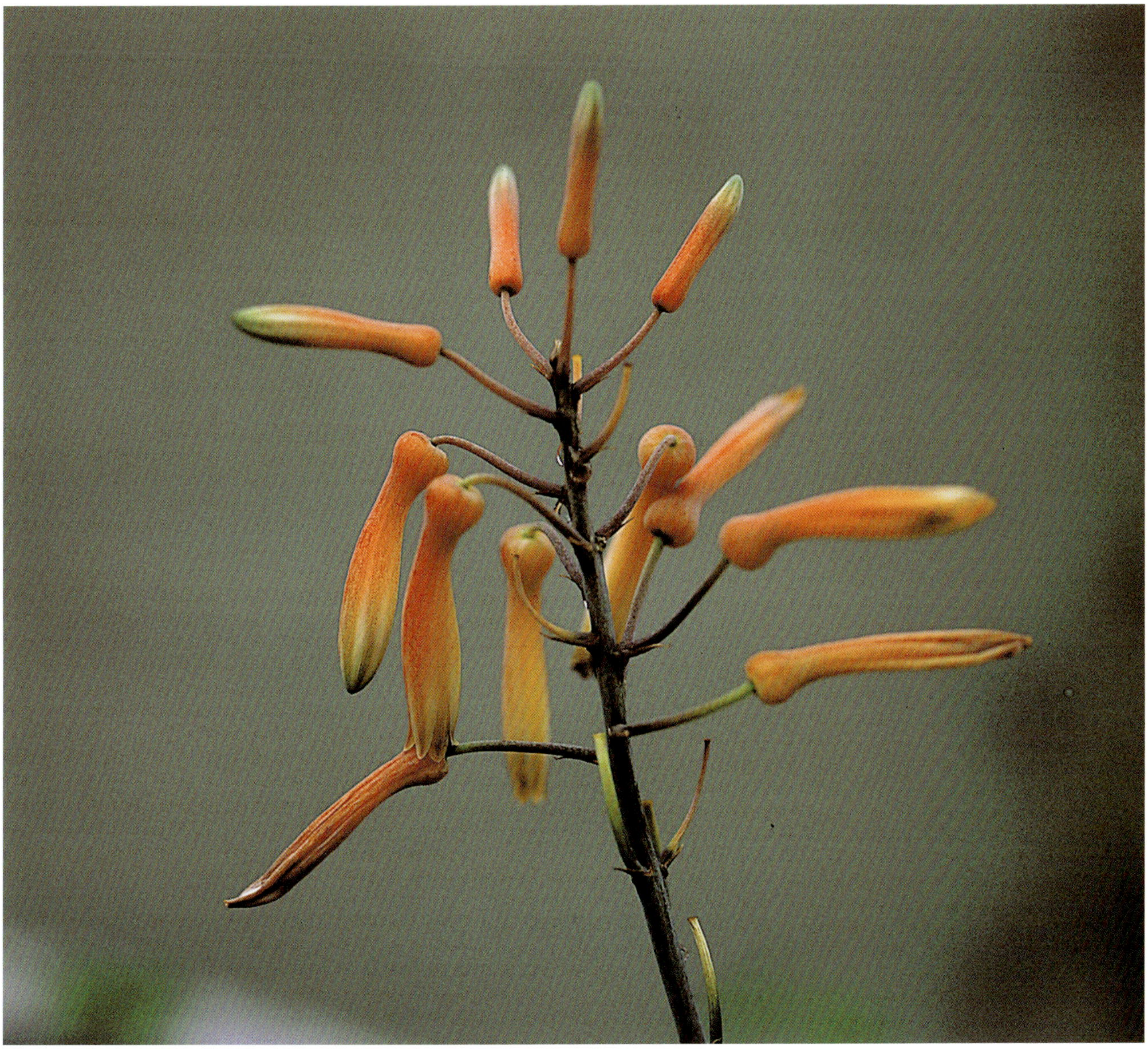

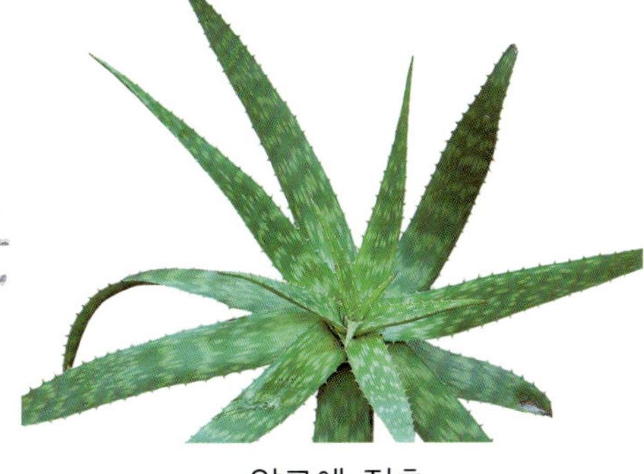

알로에 꽃

216 노회(蘆薈)

알로에의 즙액을 응고시킨 것
Aloe arborescens MILL.

알로에는 외용하면 각종 상처와 화상으로 인한 열감이 진정되고 상처가 빠르게 치유되며, 복용하면 변비를 개선시킨다.
소아의 장내 기생충 구제에 쓰인다.

2~3g

건위작용
사하작용
상처치유작용
진정작용

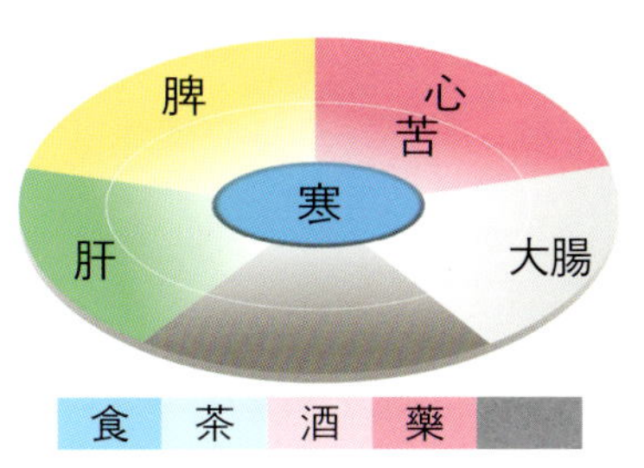

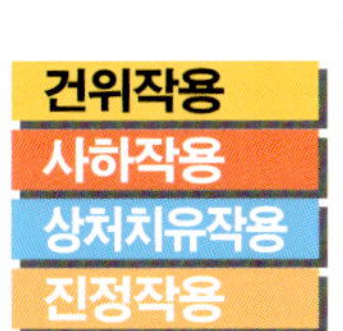

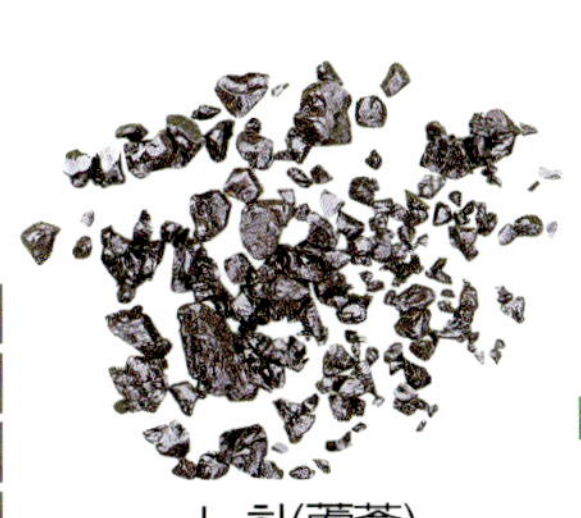

노회(蘆薈)

알로에 전초

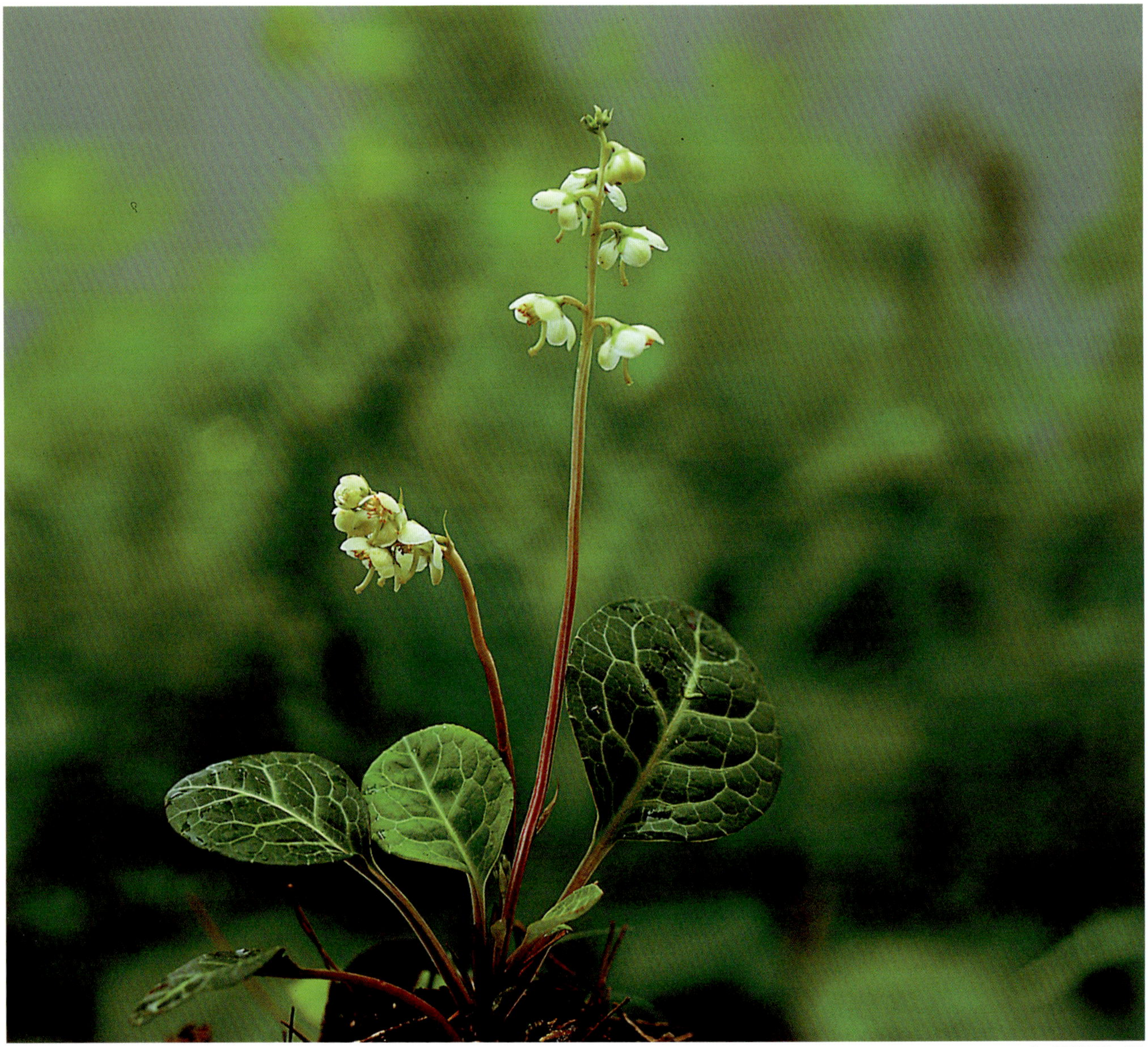

노루발풀 꽃

217 녹제초(鹿蹄草)

노루발풀의 전초
Pyrola japonica KLENZE ex ALEF.

사지마비동통, 근육과 골격이 연약한 데와 요통 등에 쓰인다. 지혈작용이 있어 코피, 토혈, 자궁출혈 등에 쓰인다.

10~15g

食 茶 酒 藥

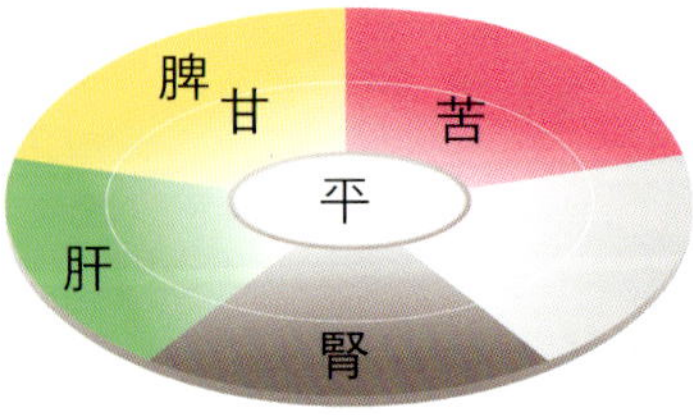

지혈작용
보호작용
익신작용
이뇨작용

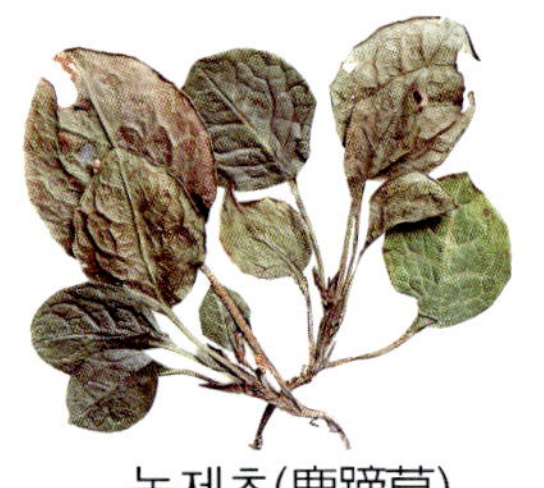

녹제초(鹿蹄草)

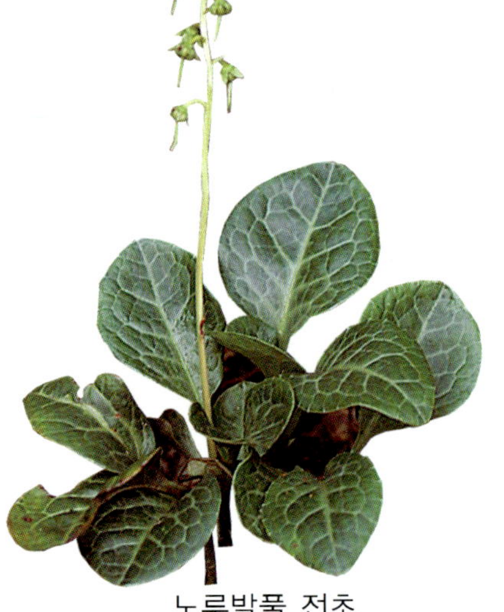

노루발풀 전초

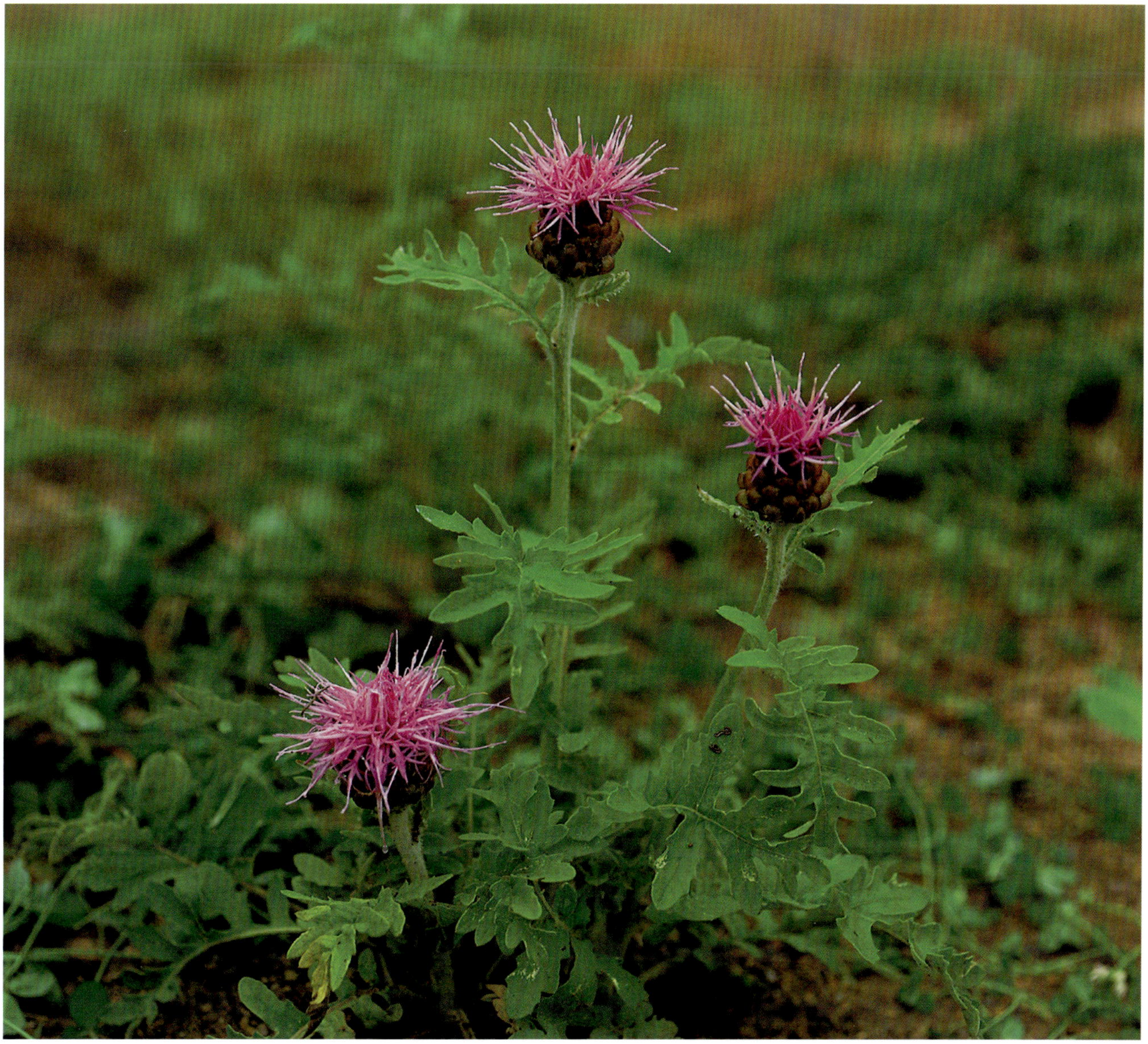

뻐국채 꽃

218 누로(漏蘆)

뻐국채의 뿌리
Rhapontica uniflorum (L.) DC.

유즙분비작용이 있어 젖이 잘 나오게 하는 데 쓰인다.
지혈작용이 있어 토혈, 코피, 장출혈, 소변출혈 등에 쓰인다.

5~10g

지혈작용
유즙분비작용
소염작용
해열작용

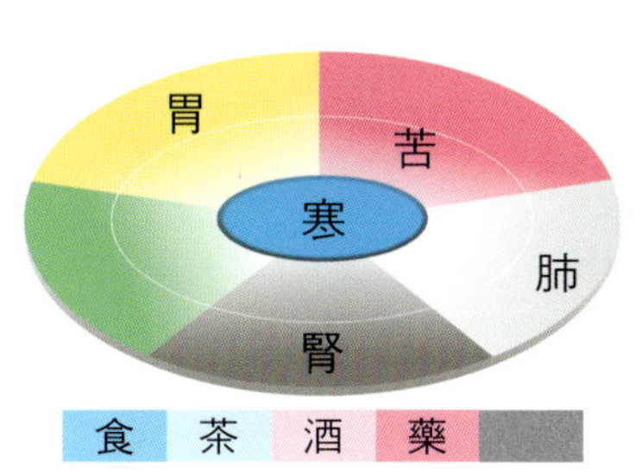

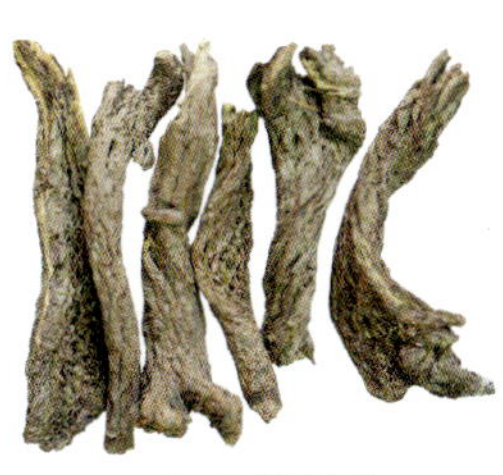

누로(漏蘆)

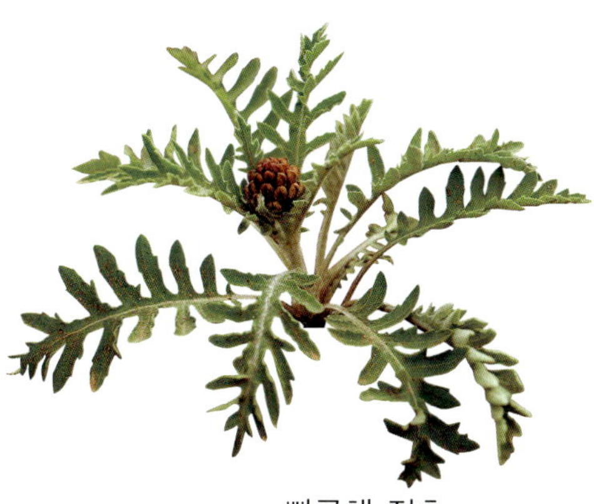

뻐국채 전초

마름 꽃

219 능실(菱實) **마름**의 씨
Trapa japonica FLEROW

여름 더위를 견디게 하고 갈증을 풀어주며 당뇨증상을 개선시킨다.
민가에서는 위암을 억제한다고 하여 소화기 계통 암(위암, 대장암, 직장암)
치료의 보조식품으로 이용되고 있다.

10~15g

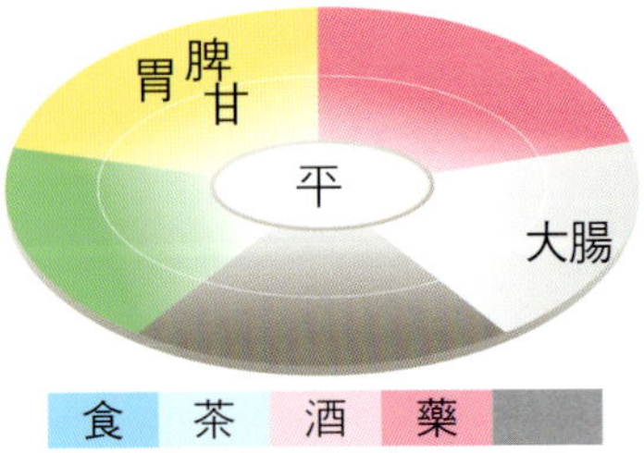

능실(菱實)

마름 전초

혈당강하작용
항암작용
강장작용

胃脾甘 平 大腸

食 茶 酒 藥

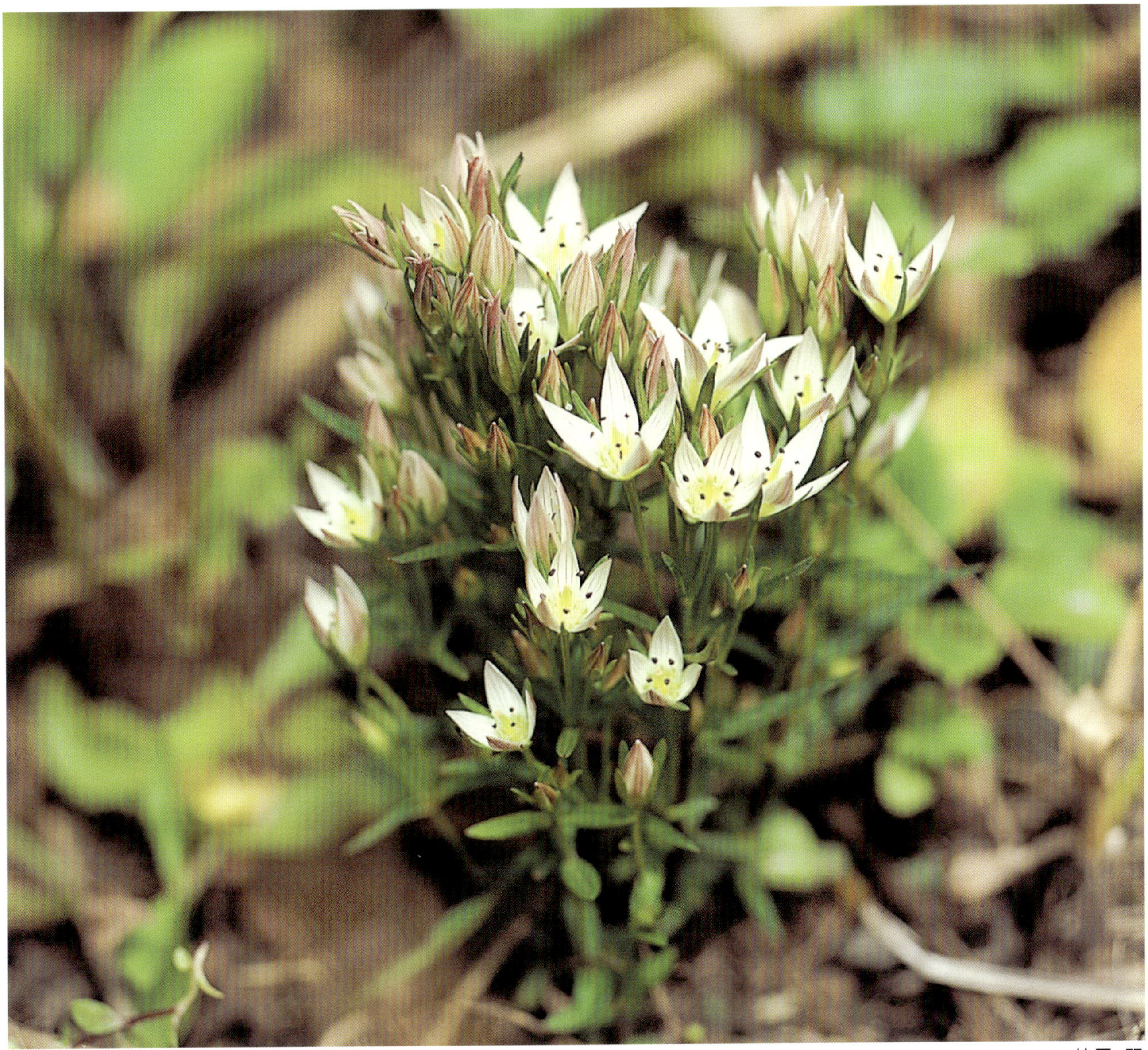

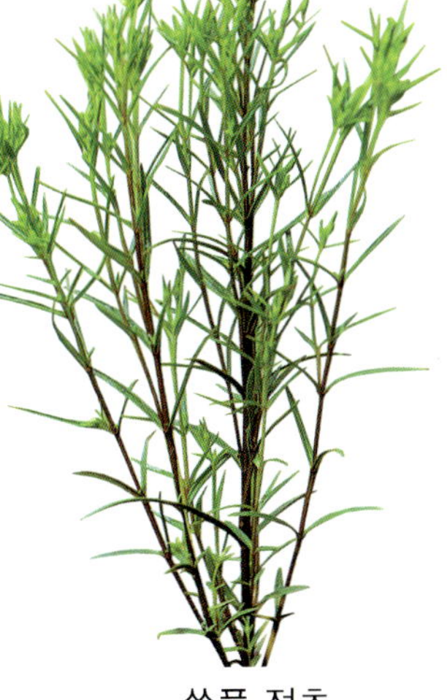

쓴풀 꽃

220 당약(當藥)

쓴풀의 전초
Swertia japonica (SCHULT.) MAKINO

건위작용이 있어 소화불량, 식욕증가에 쓰이며 항 염증작용이 있어 인후염, 편도선염, 결막염 등에 쓰인다.
외용(外用)하면 두피(頭皮)의 혈액순환을 개선시켜 탈모를 예방한다.

10~15g

위액분비항진작용
간보호작용
혈당강하작용

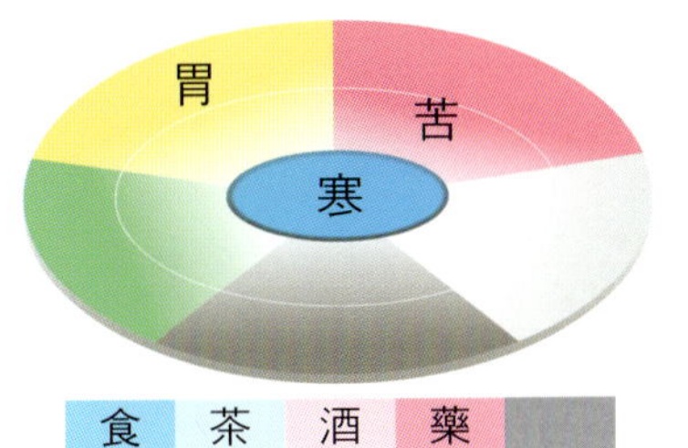

당약(當藥)

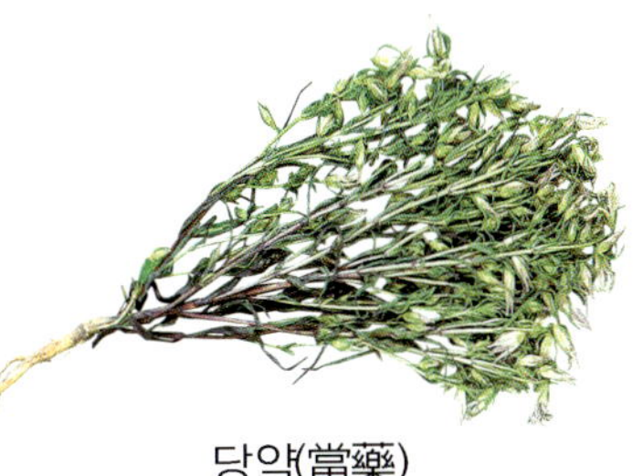

쓴풀 전초

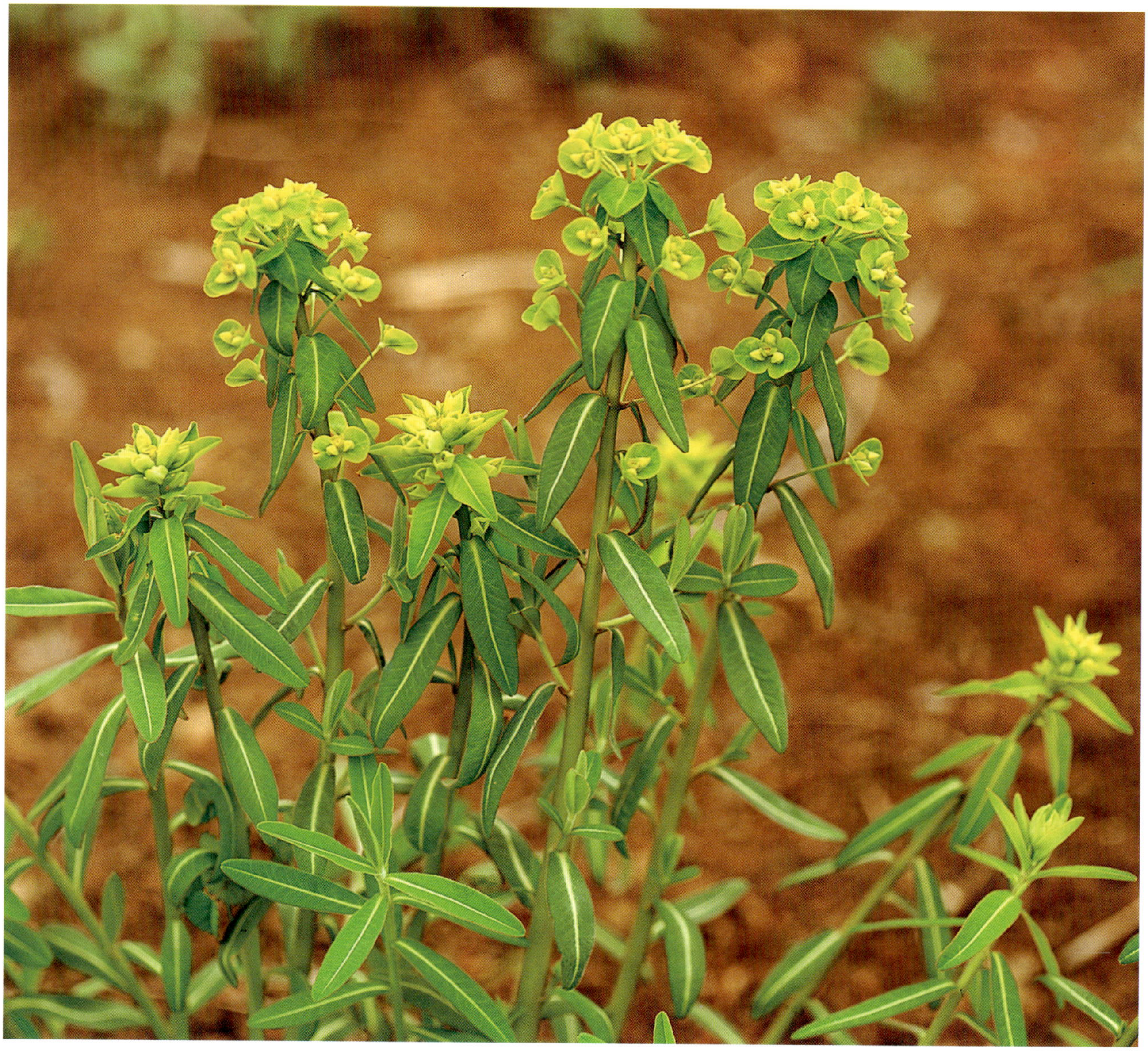

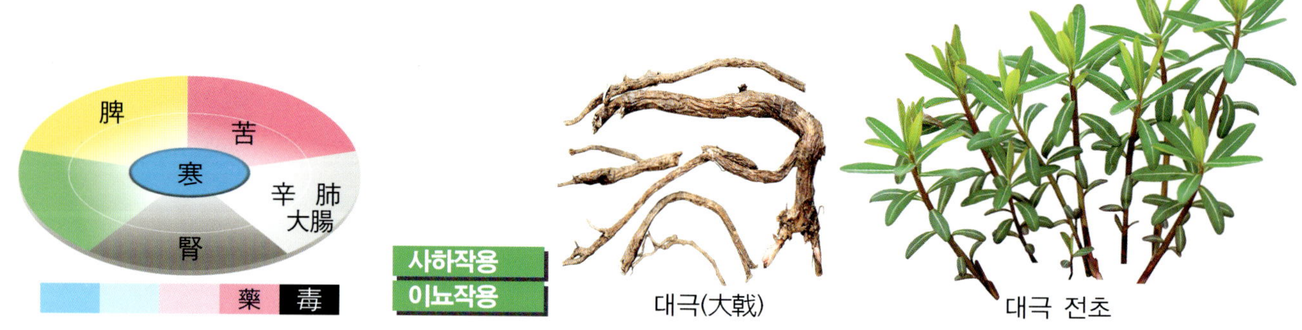

대극 꽃

221 대극(大戟)

대극의 뿌리

Euphorbia pekinensis Rupr.

전신이 부은 것과 복부수종 및 흉협부(胸脇部)의 수분 정체에 쓰인다.
이뇨작용으로 부종 개선에 쓰이며 장관(腸管)을 자극하여 설사 나게 하는 데 쓰인다.
임파결핵에 쓰인다.

2~3g

사하작용

이뇨작용

대극(大戟)

대극 전초

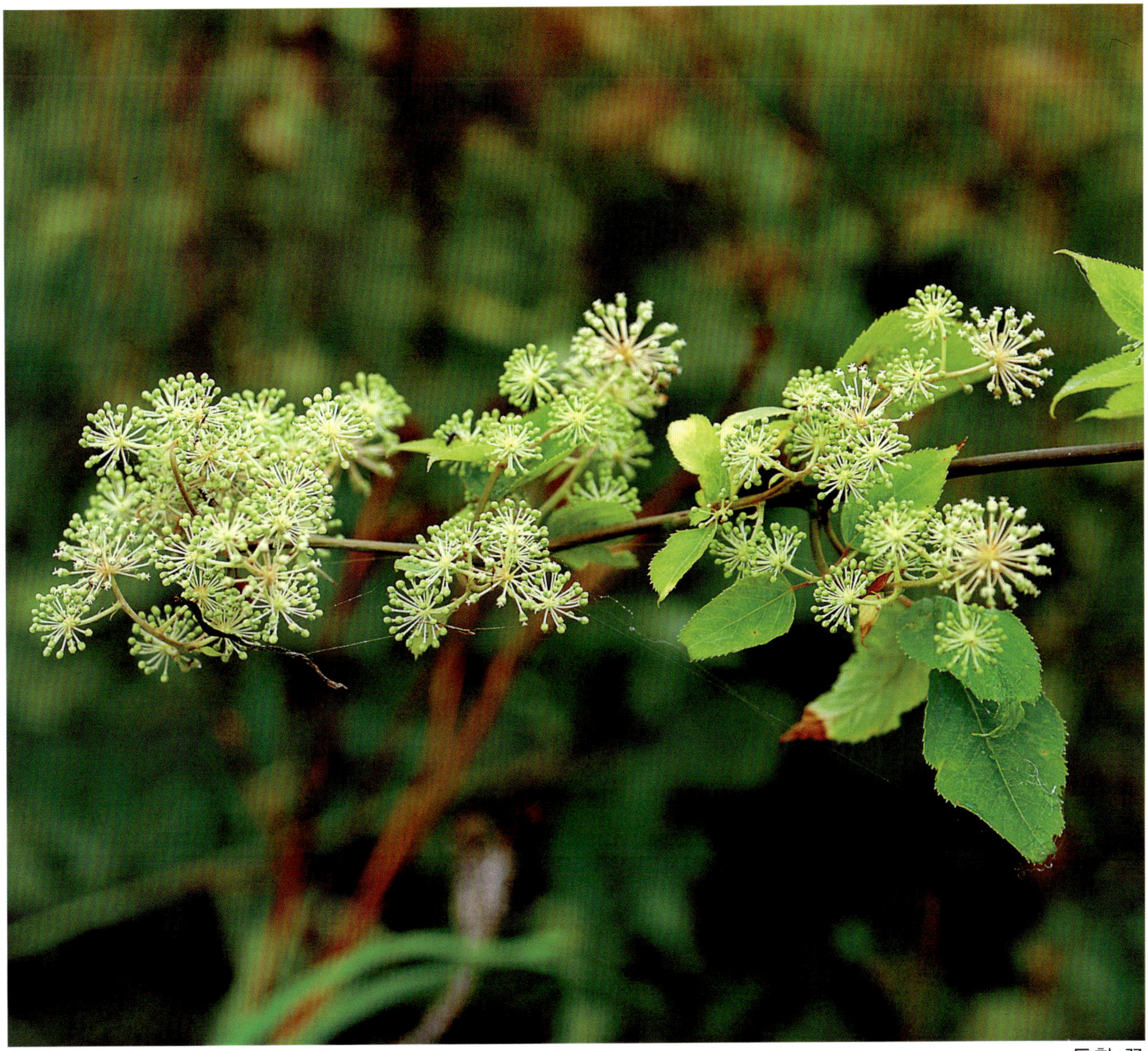

독활 꽃

222 독활(獨活)

독활의 뿌리
Aralia cordata var. *continentalis* (KITAG.) Y.C.CHU

소염작용이 있어 풍습(風濕)으로 생기는 근육통, 관절염, 요통에 쓰인다.
해열작용이 있어 오한(惡寒), 두통, 사지통에 쓰인다.

5~10g

해열작용
진통작용
혈관수축작용
소염작용

독활(獨活)

독활 전초

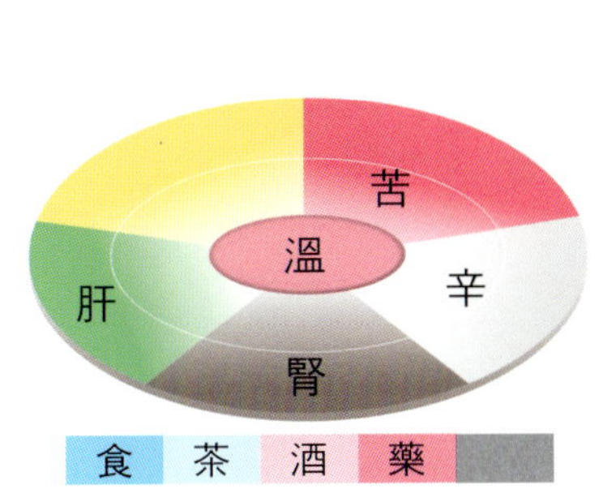

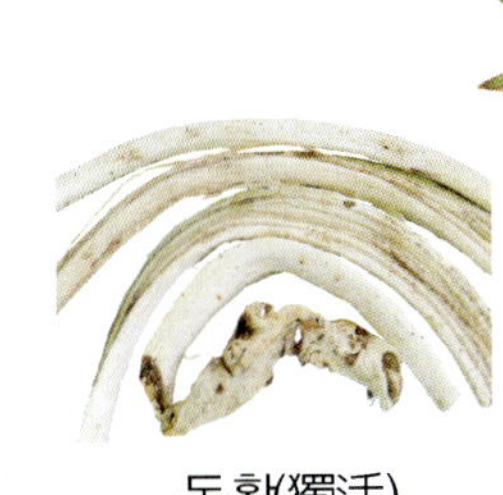

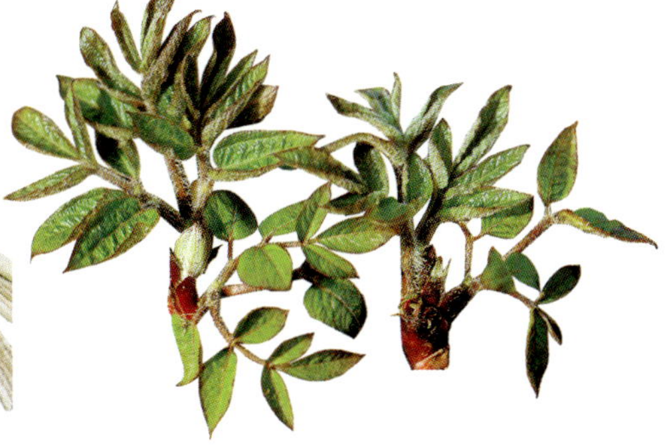

골풀 꽃

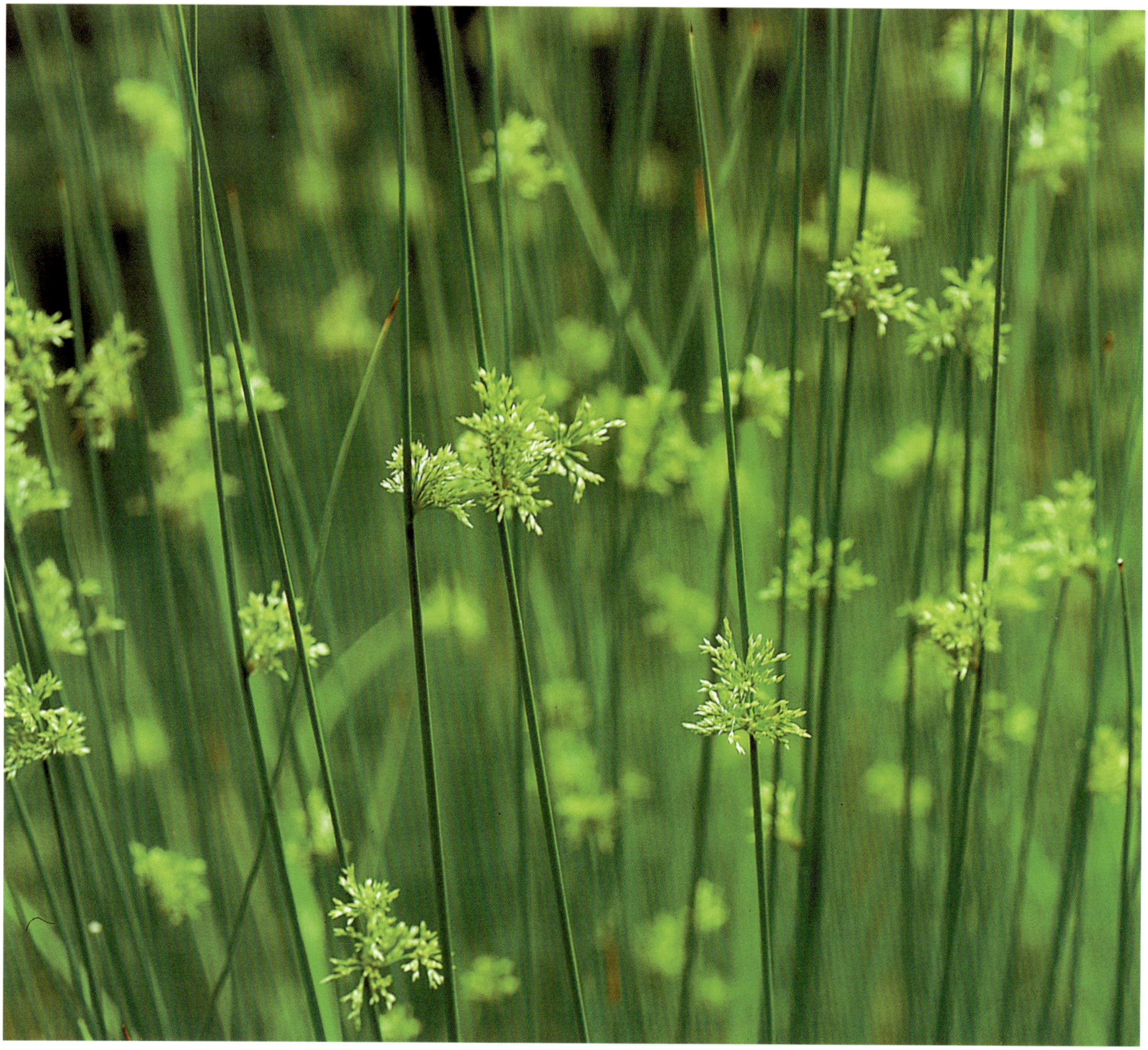

223 등심(燈心)

골풀의 줄기속
Juncus effusus L. var. *decipiens* BUCHENAU

가슴이 답답하고 편안하지 않아서 잠을 못 이루는 데 차(茶)로 마신다.
이뇨작용으로 방광염, 요도염에 쓰인다.

2~5g

이뇨작용
지혈작용
진통작용

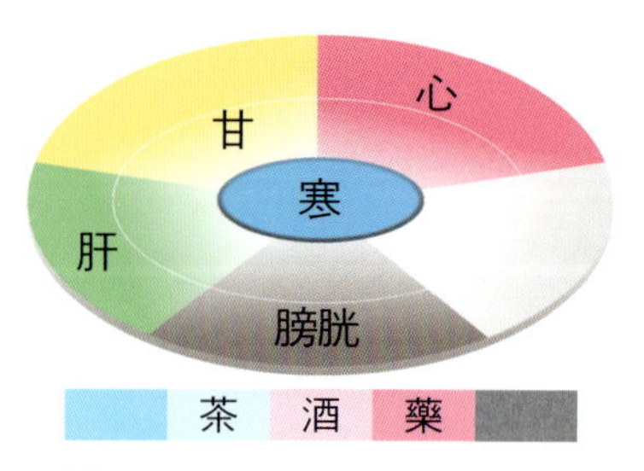

등심(燈心)

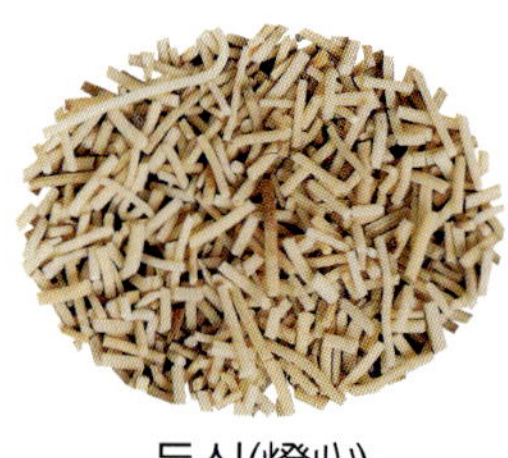

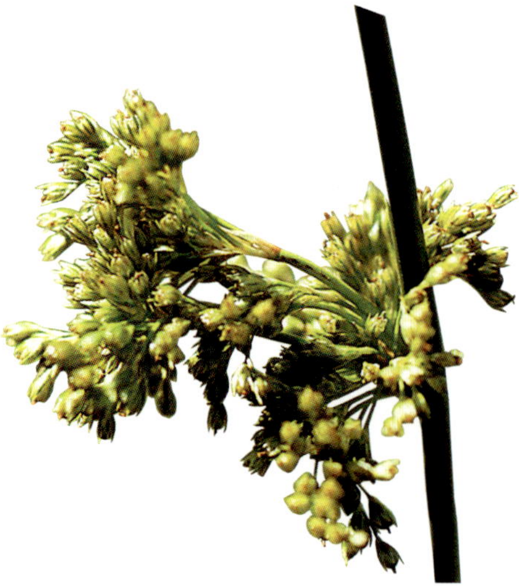

골풀 씨

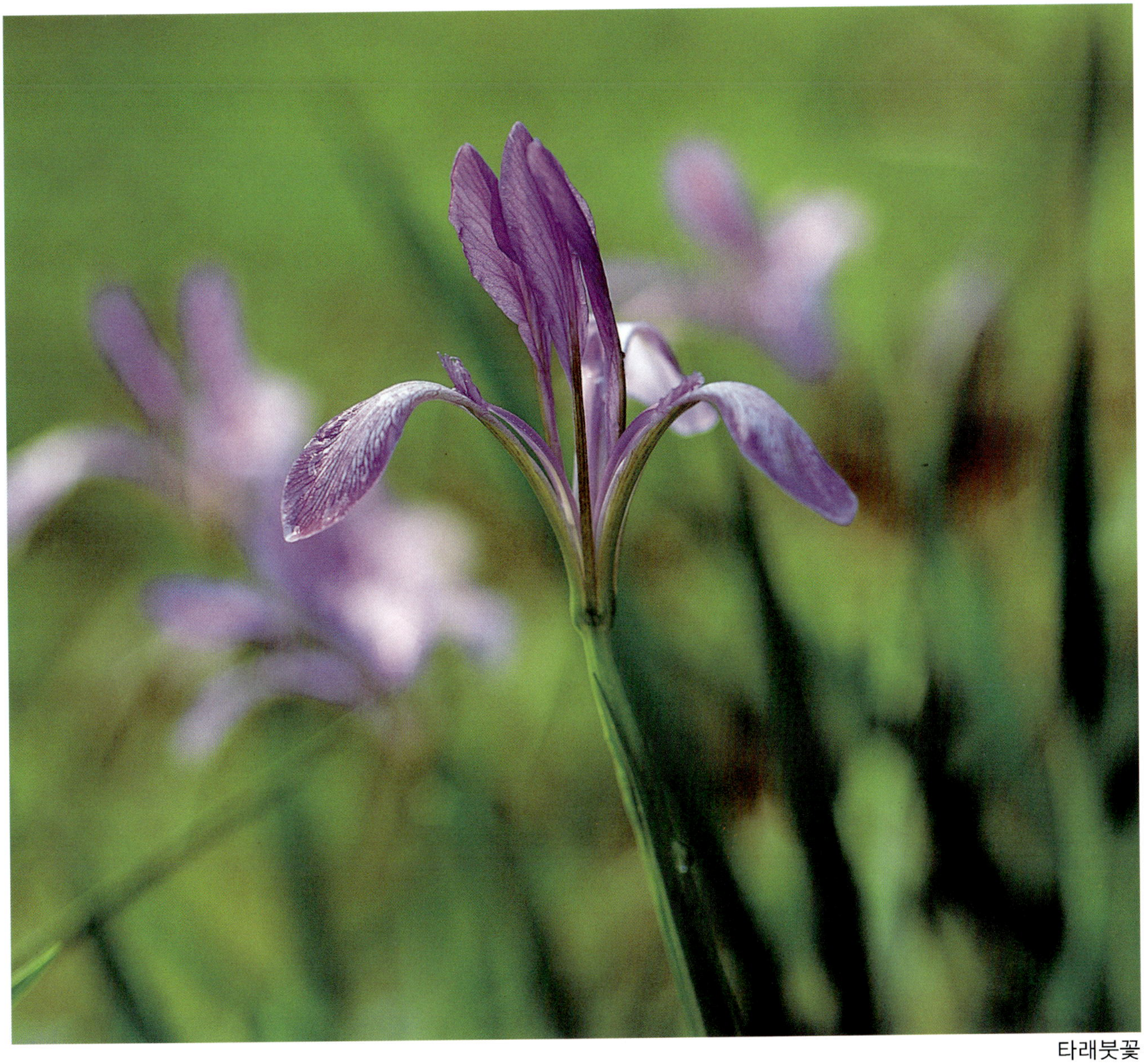

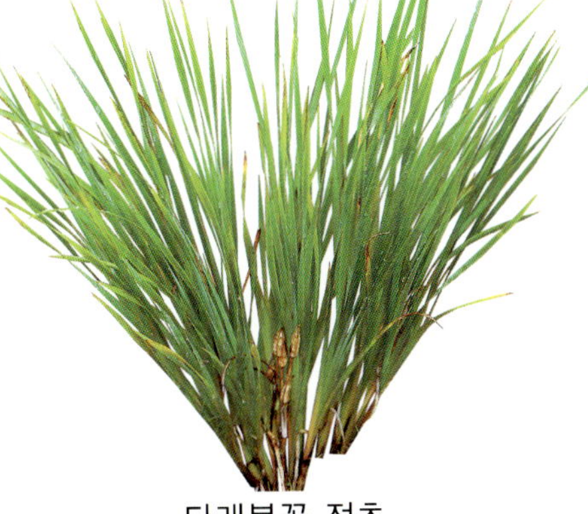

타래붓꽃

224 마린자(馬藺子)

타래붓꽃의 씨
Iris lactea PALL var. *chinensis* (FISCH.) KOIDZ.

인후염에 쓰이며 지혈작용이 있어 토혈, 코피, 자궁출혈 등에 쓰인다.
이뇨작용이 있어 전신부종 등 소변을 잘 보게 하는 데 쓰인다.
※여실(蠡實)이라고도 한다.

10~15g

이뇨작용
지혈작용
거담작용

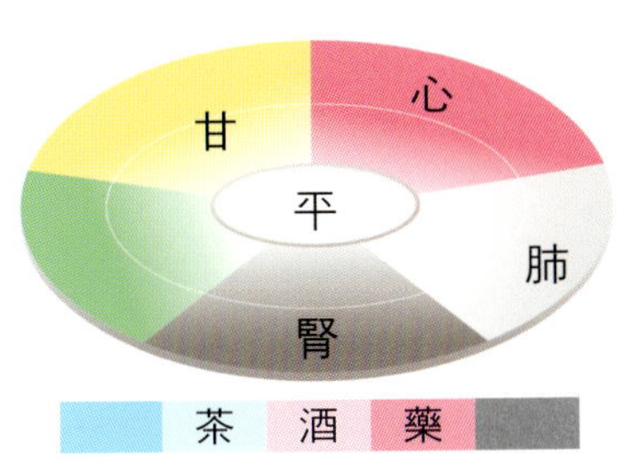

마린자(馬藺子)

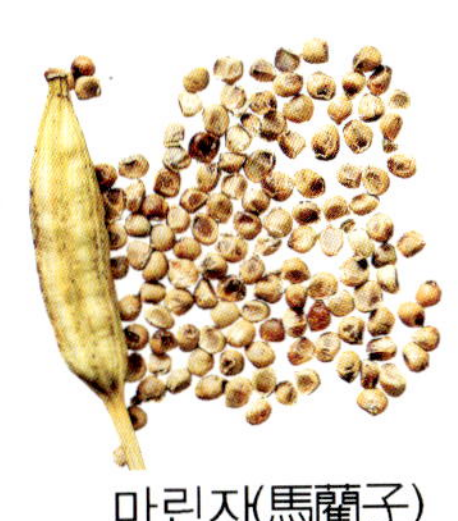

타래붓꽃 전초

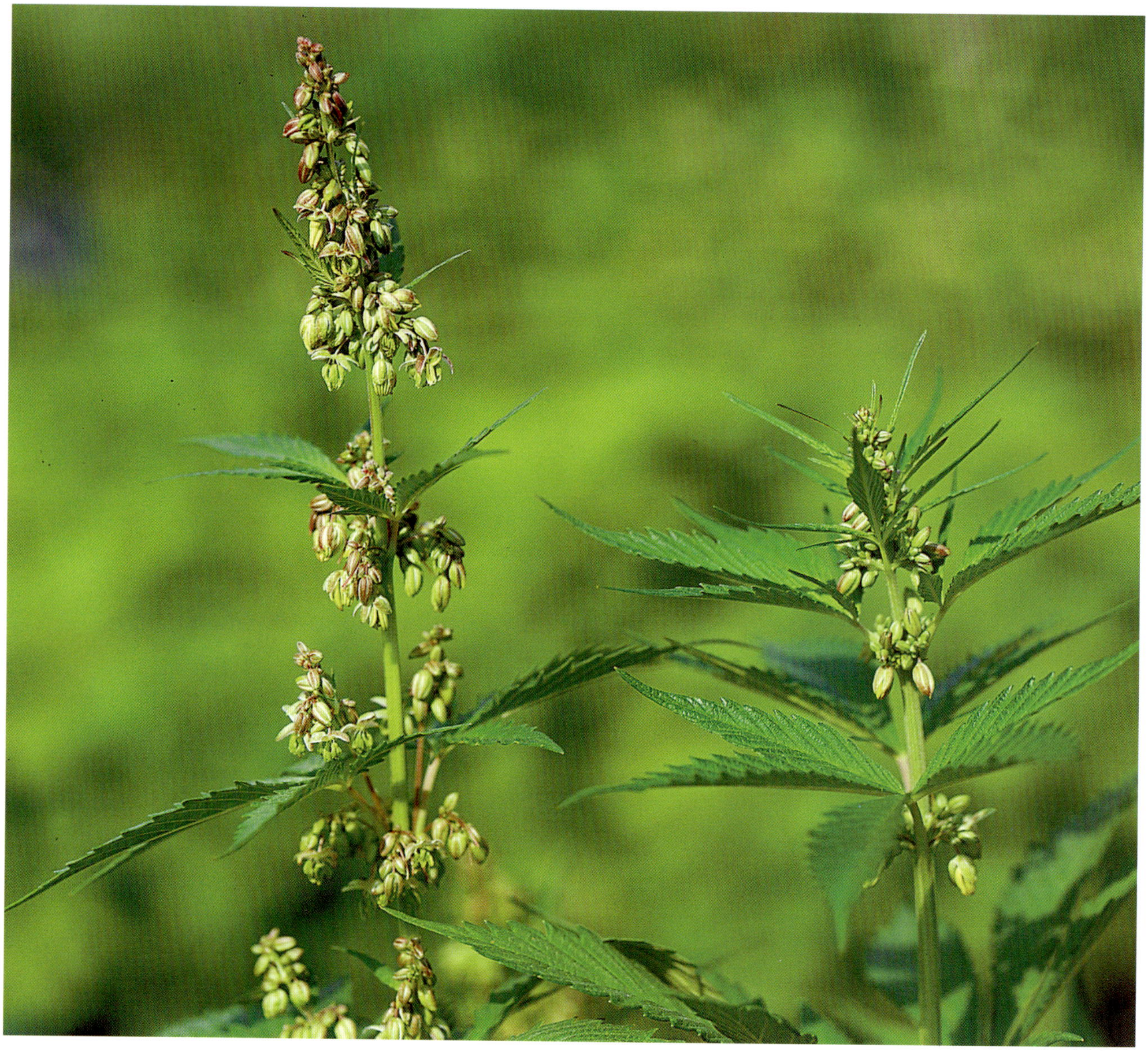

삼 꽃

225 마인(麻仁)

삼의 씨
Cannabis sativa L.

지방유(油)가 배변을 도와 노인성변비, 임산부변비, 습관성변비에 쓰인다.
생(生)으로는 과다 복용하지 않도록 용량에 유의하거나 볶아서 복용해야 한다.
※꽃이나 잎은 환각작용이 있어 유통을 법으로 금한다.

9~15g

사하작용

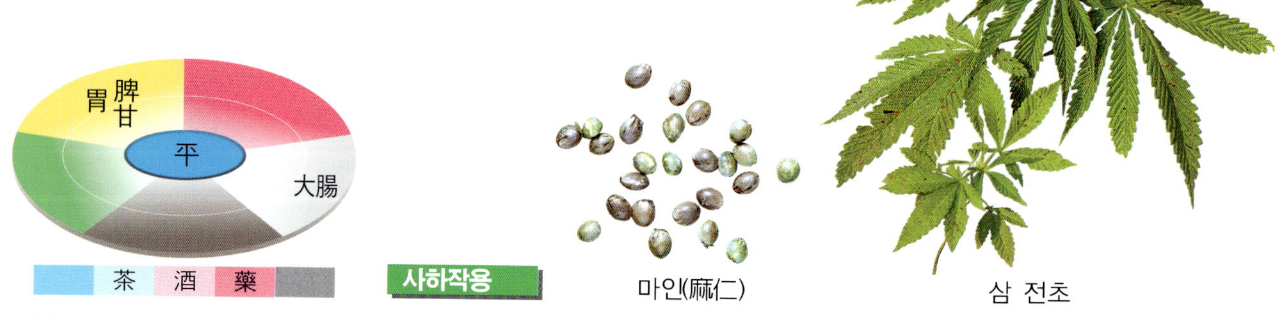

마인(麻仁)

삼 전초

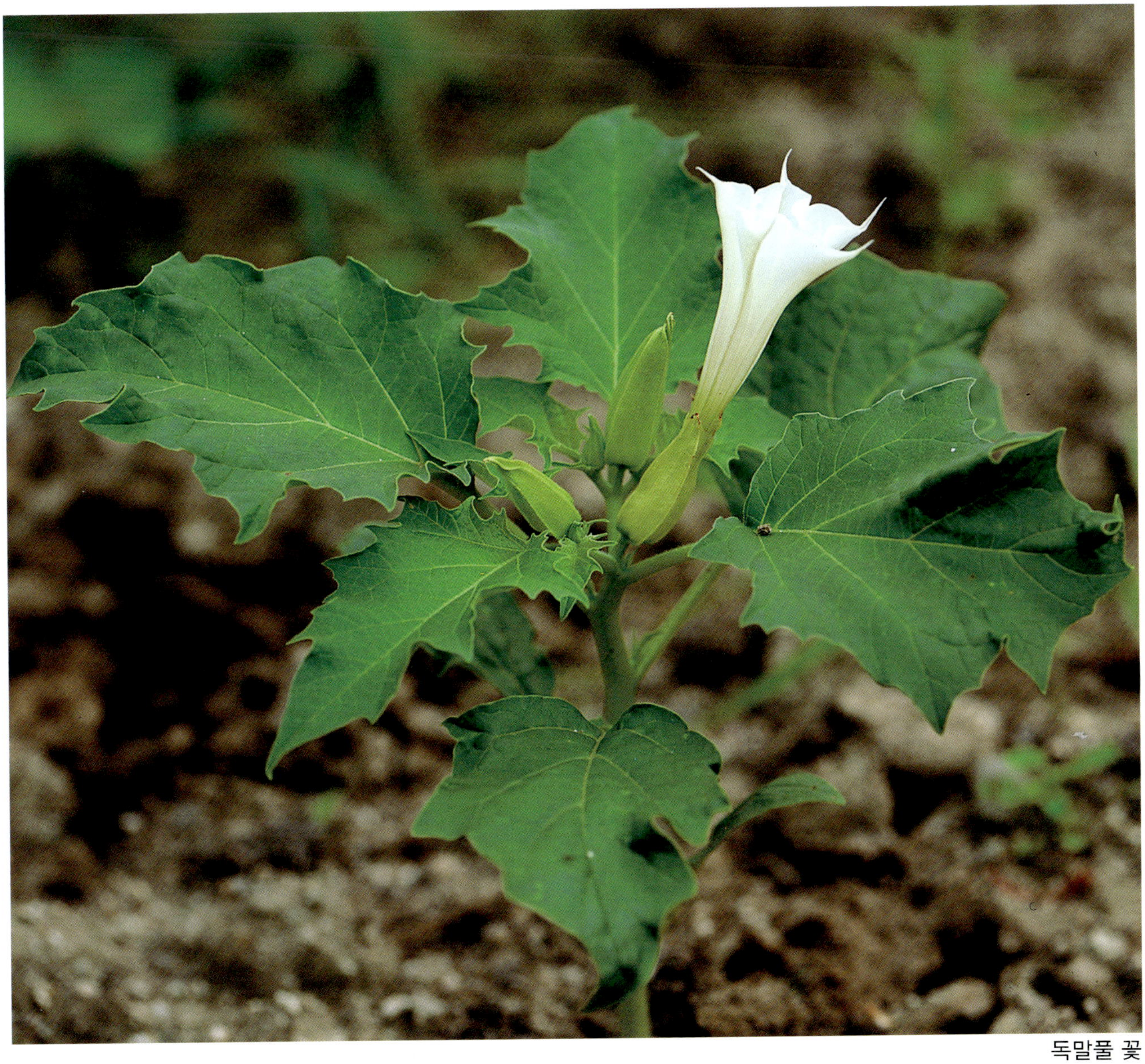

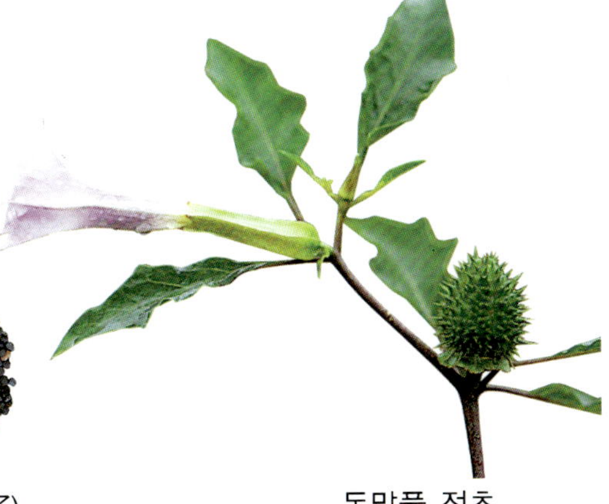

독말풀 꽃

226 만타라자(曼陀羅子)

독말풀의 씨
Datura stramonium var. *chalybea* Koch.

소량으로 복용할 때 기관지염, 만성기관지염 천식에 효력이 있고 복통, 사지통에 쓰인다.
복용량에 유의해야 한다.

0.5~1g

진통작용
진경작용
마비작용

만타라자(曼陀羅子)

독말풀 전초

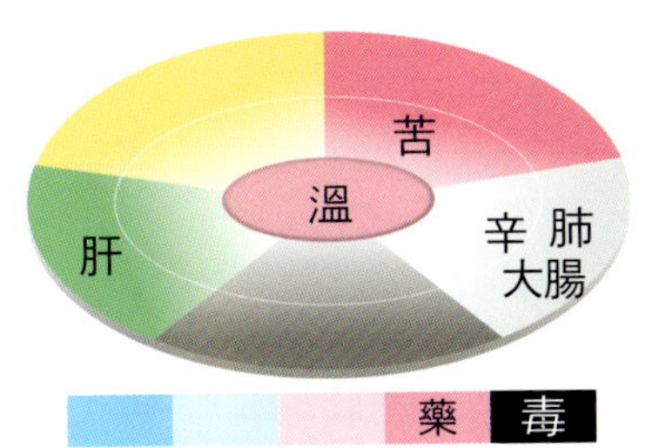

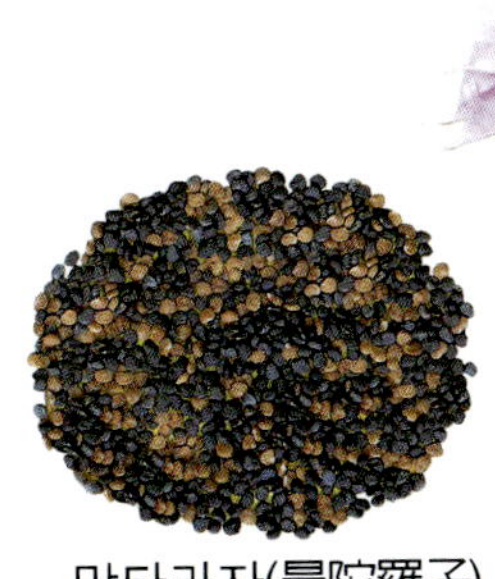

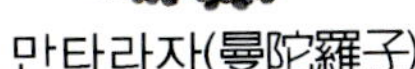

물매화 꽃

227 매화초(梅花草)

물매화의 전초
Parnassia palustris L.

열을 내리며 피를 맑게 하는 데 쓰인다.
해독작용이 있으며 급성황달형 간염에 쓰인다.

🥄5~10g

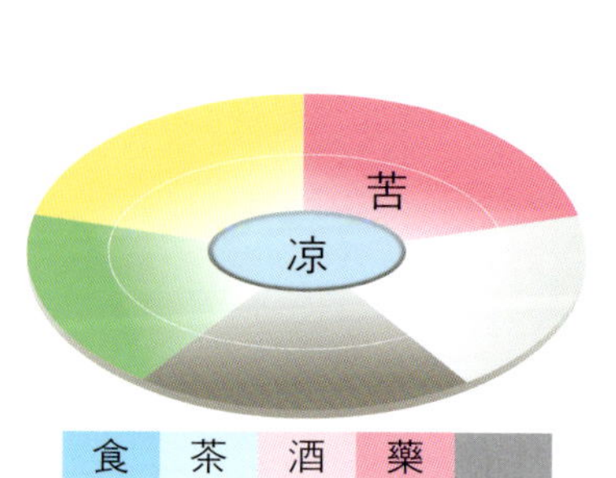

매화초(梅花草)

물매화 전초

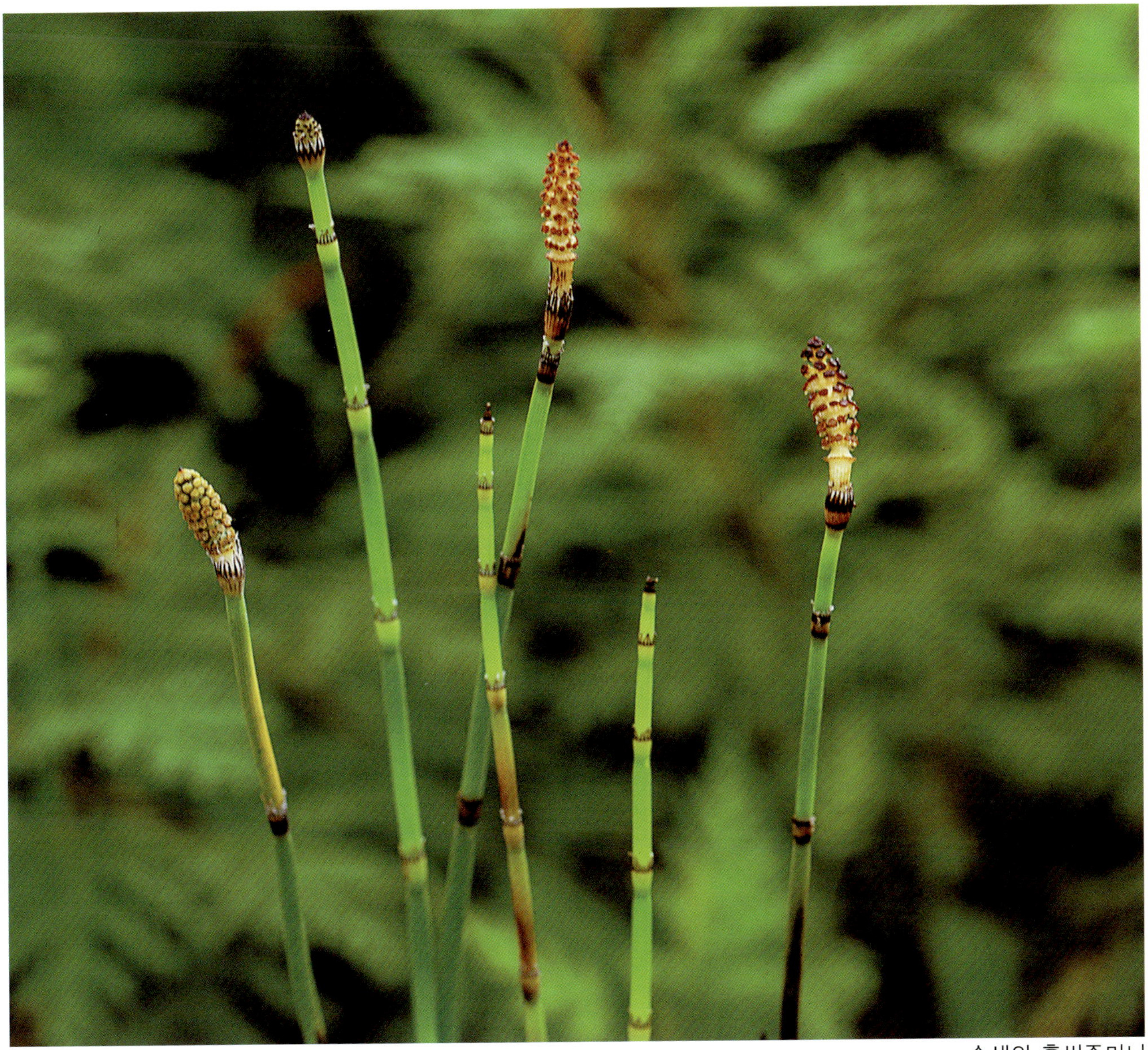

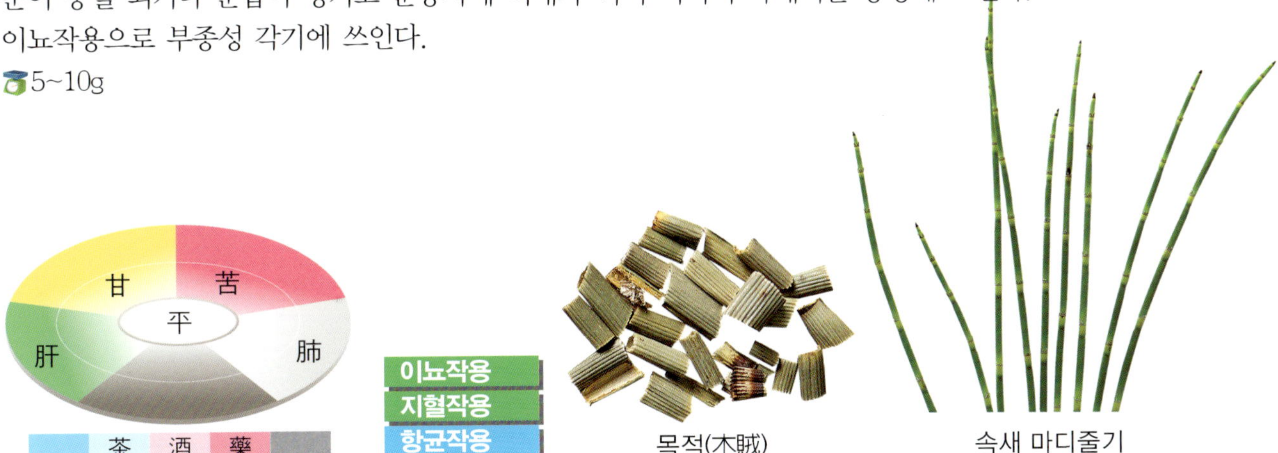

속새의 홀씨주머니

228 목적(木賊)

속새의 전초
Equisetum hyemale L.

눈이 충혈 되거나 눈곱이 생기고 눈동자에 백태가 끼며 시력이 약해지는 증상에 쓰인다.
이뇨작용으로 부종성 각기에 쓰인다.

5~10g

이뇨작용
지혈작용
항균작용

목적(木賊)

속새 마디줄기

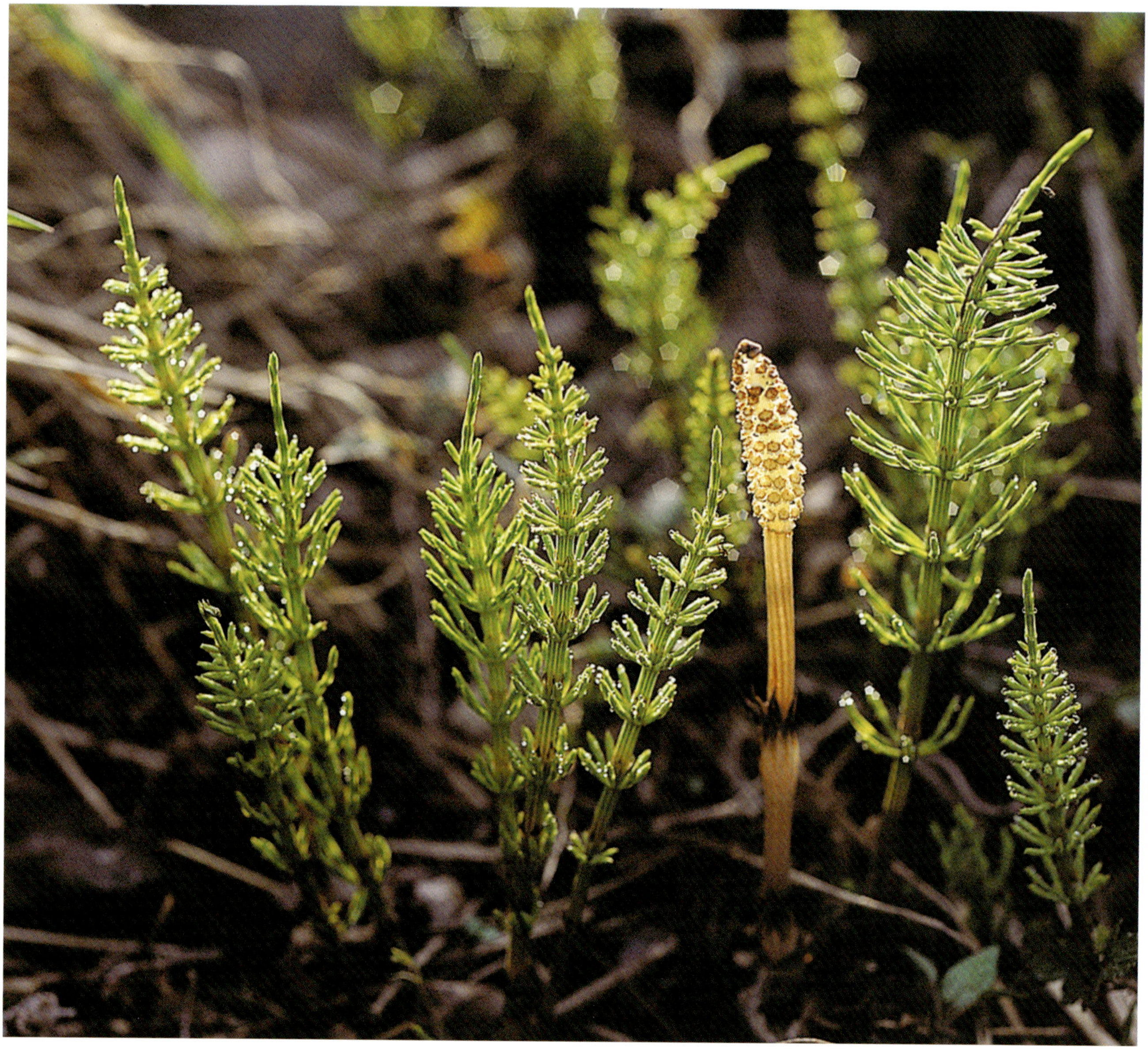

쇠뜨기 새싹

229 문형(問荊)

쇠뜨기의 전초
Eguisetum arvense L.

소변을 잘 나오게 하여 혈압을 내리며 열을 수반한 해수, 천식에 쓰인다. 지혈작용이 있어 토혈, 코피, 장출혈 등에 쓰인다.

4~15g

이뇨작용
지혈작용
혈압강하

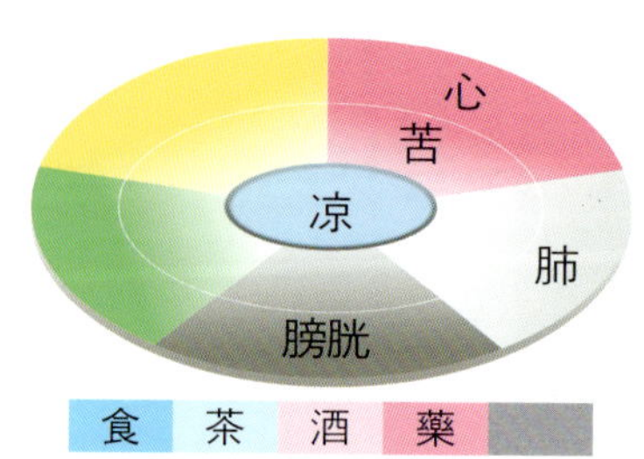

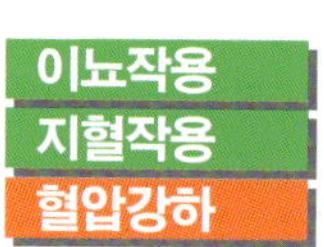

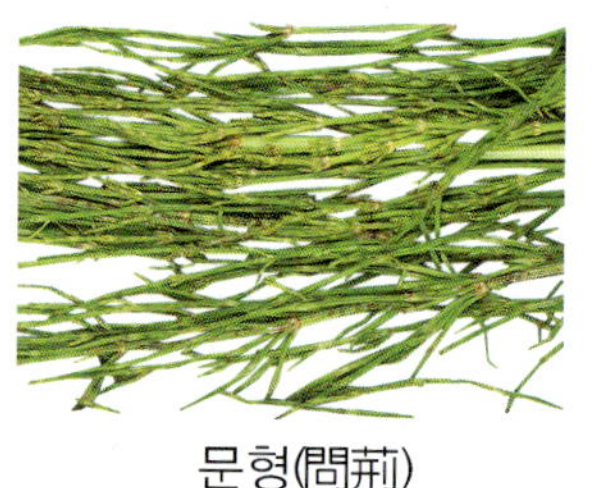

문형(問荊)

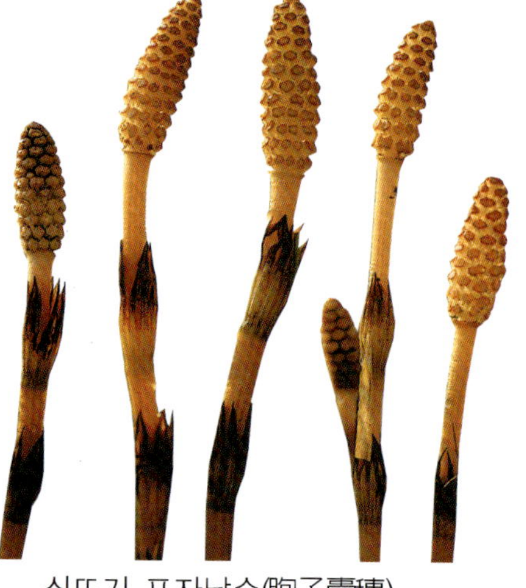

쇠뜨기 포자낭수(胞子囊穗)

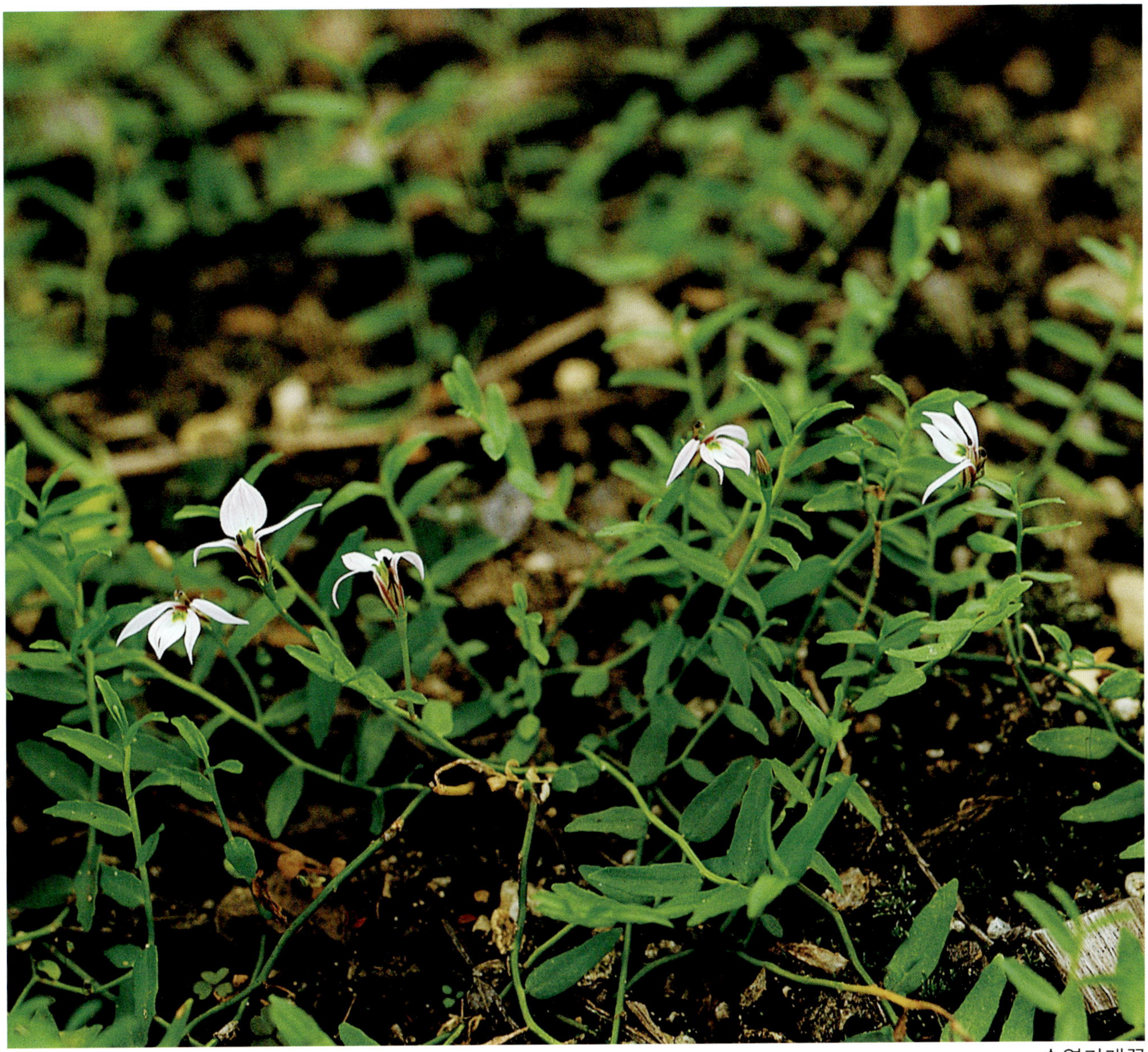

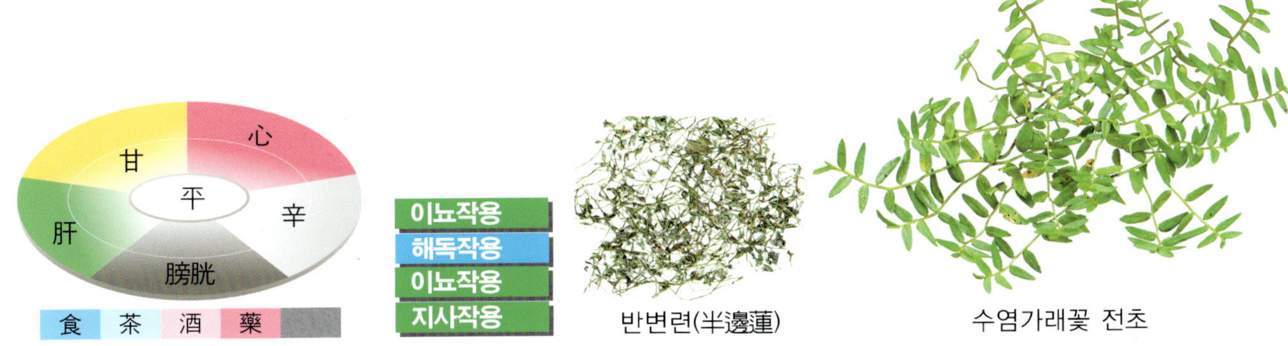

수염가래꽃

230 반변련(半邊蓮)

수염가래꽃의 지상부
Lobelia chinensis LOUR.

열을 내리게 하고 소변을 잘 나오게 하며 부기를 가라 앉히고 해독작용이 있다.
황달, 이질, 설사 등에 쓰인다.

20~60

이뇨작용
해독작용
이뇨작용
지사작용

반변련(半邊蓮)

수염가래꽃 전초

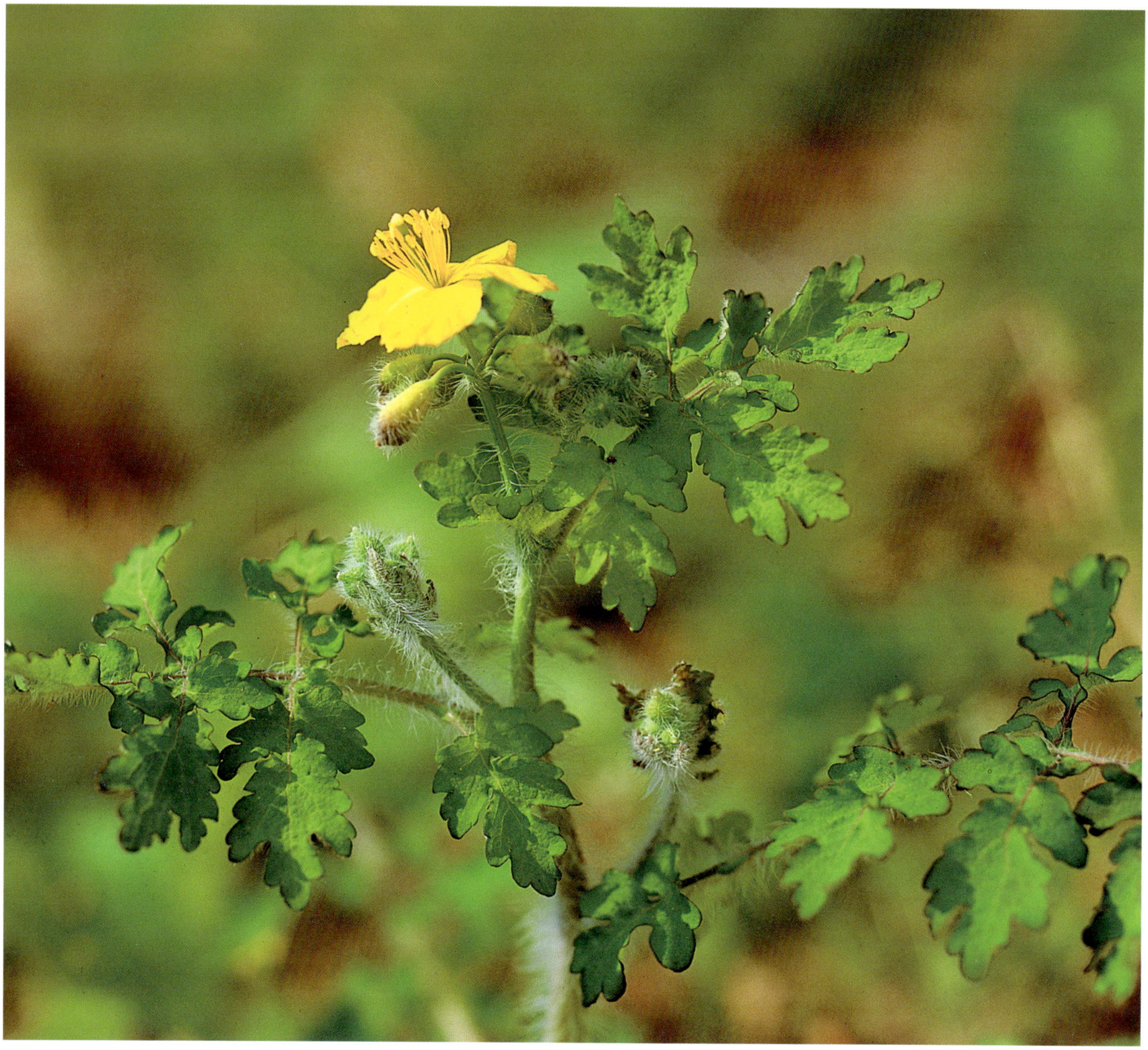

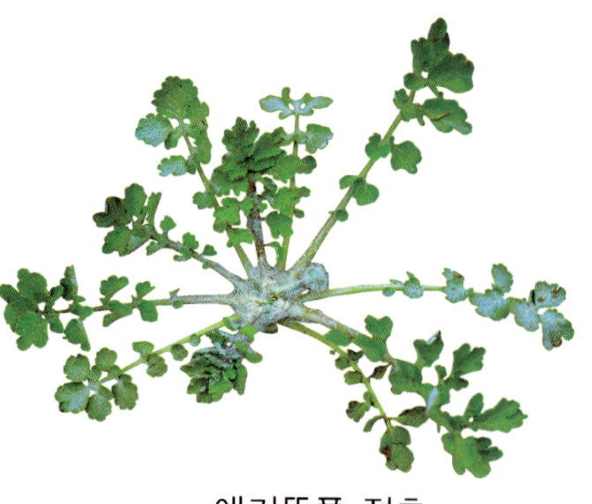

애기똥풀 꽃

231 백굴채(白屈菜)

애기똥풀의 지상부
Chelidonium majus var. *asiaticum* (HARA) OHWI

급 · 만성 위장염, 위 · 십이지장궤양에 쓰인다.
담낭염으로 인한 복통과 이질에 쓰인다.

5g

진경작용
중추신경억제작용
항종양작용

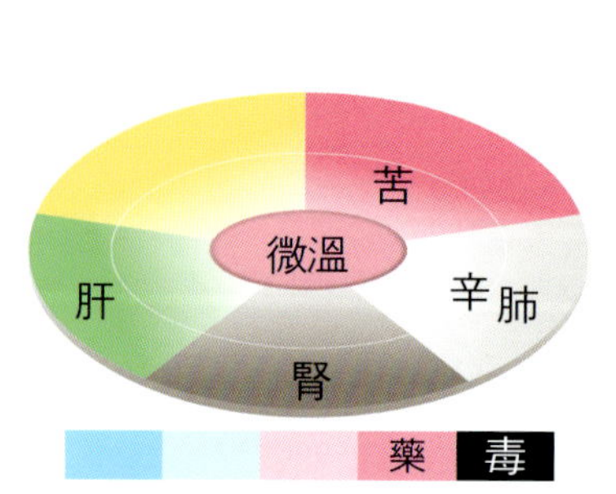

백굴채(白屈菜)

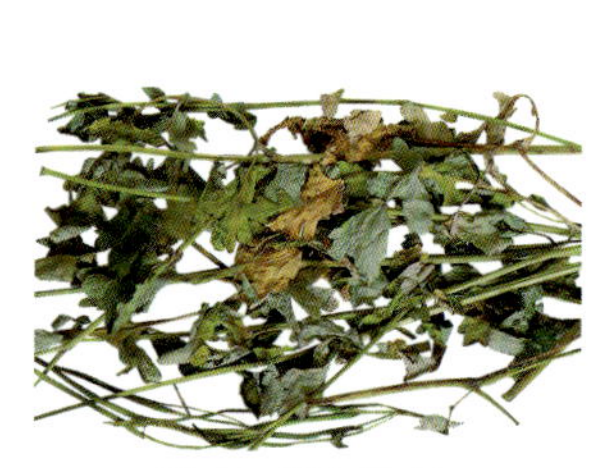

애기똥풀 전초

가회톱 꽃

232 백렴(白蘞)

가회톱의 덩이뿌리
Ampelopsis japonica (THUNB.) MAKINO

탁한 피가 뭉친 것을 풀어주고 새살이 돋아나게 하며 통증을 완화시키는 데 쓰인다.
급·만성이질에 가루를 1회 3g씩 아침, 저녁 복용한다.

5~15g

백렴(白蘞)

가회톱 열매

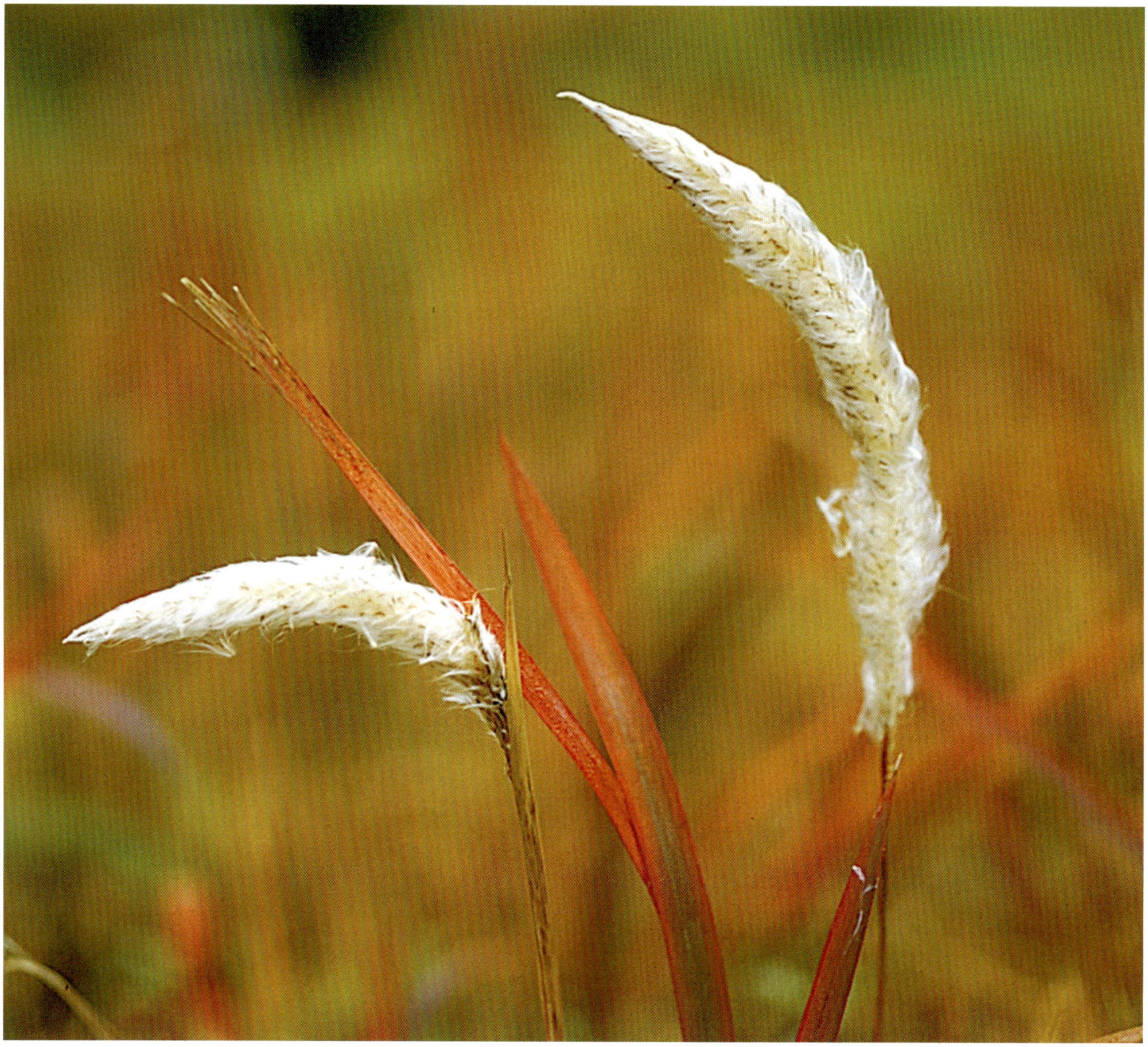

띠 씨

233 백모근(白茅根)

띠의 뿌리줄기
Imperata cylindrica var. *koenigii* (RETZ.) PILG.

지혈작용이 있어 코피 나는데와 각혈에 쓰이며 구토와 해수, 천식에도 쓰인다.
소염, 항균작용으로 구강염에 쓰인다.
이뇨작용이 있어 신장염과 부종 개선에도 쓰인다.

10~20g

食	茶	酒	藥	

- 이뇨작용
- 지혈작용
- 소염작용
- 항균작용

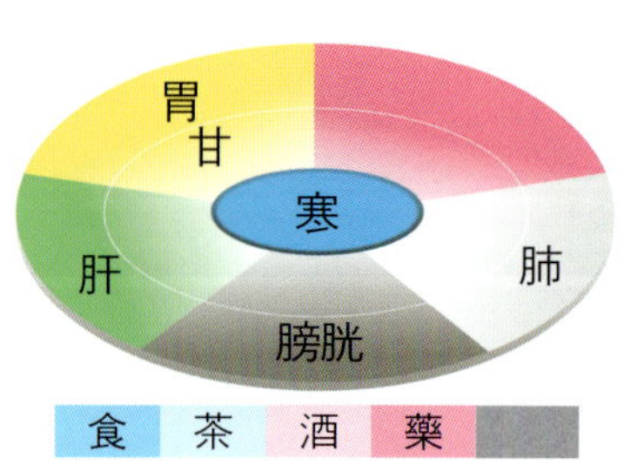

백모근(白茅根)

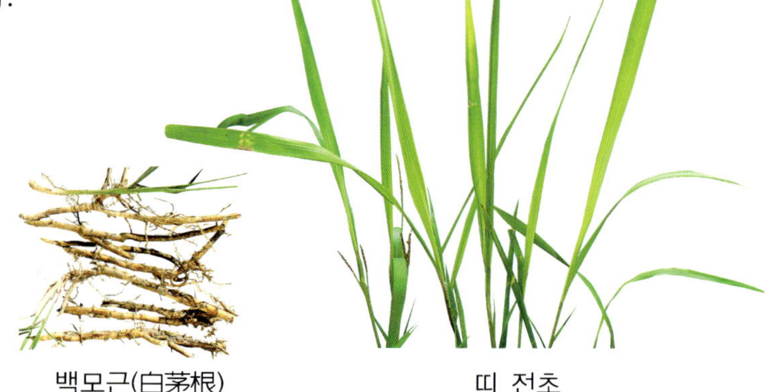

띠 전초

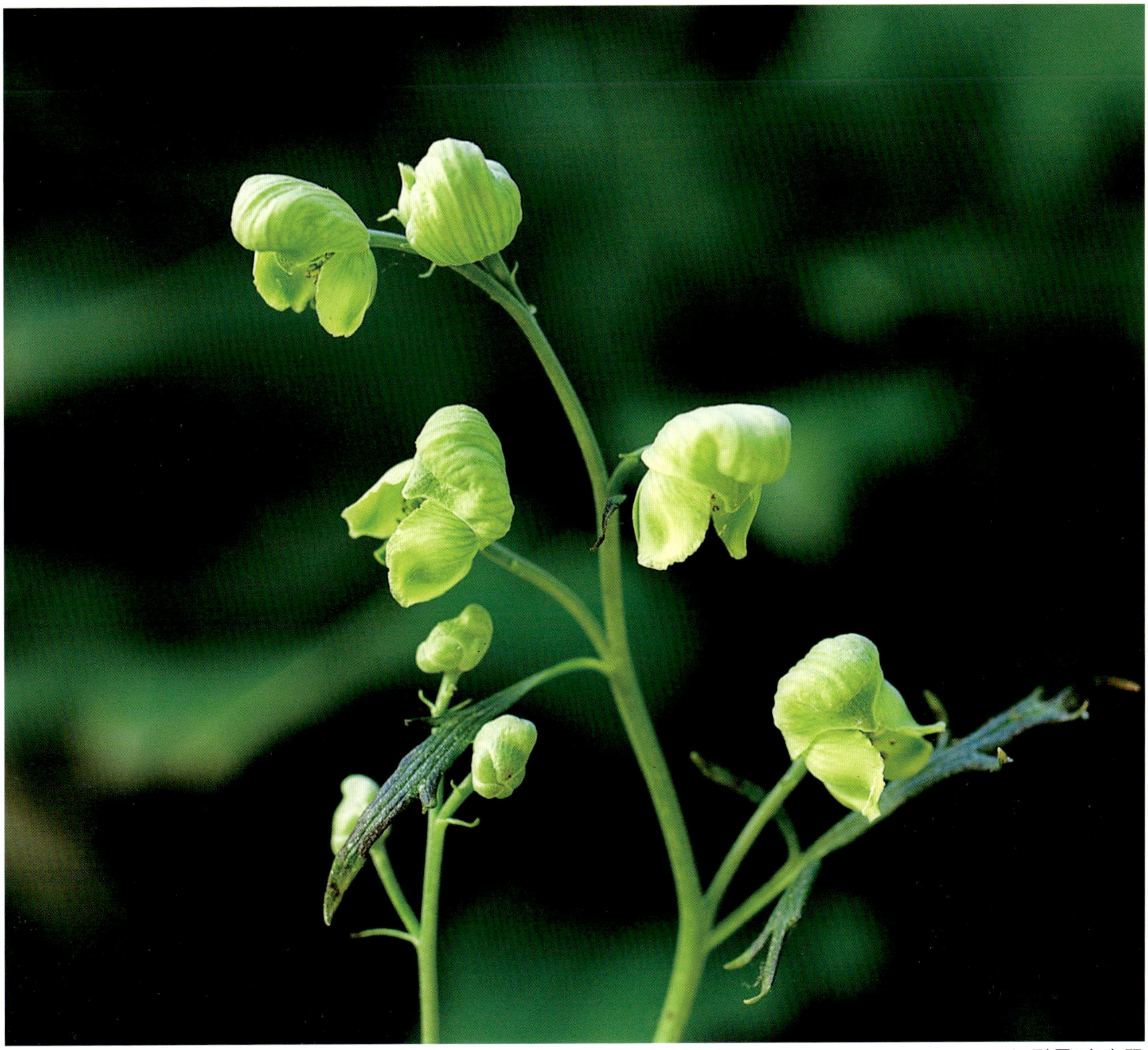

노랑돌쩌귀 꽃

234 백부자(白附子)

노랑돌쩌귀의 덩이뿌리
Aconitum koreanum R. RAYMUND

안면신경마비 및 경련, 사지마비, 관절통, 중풍, 편두통 등에 쓰인다.

3~6g

진경작용
진통작용
해독작용
항균작용

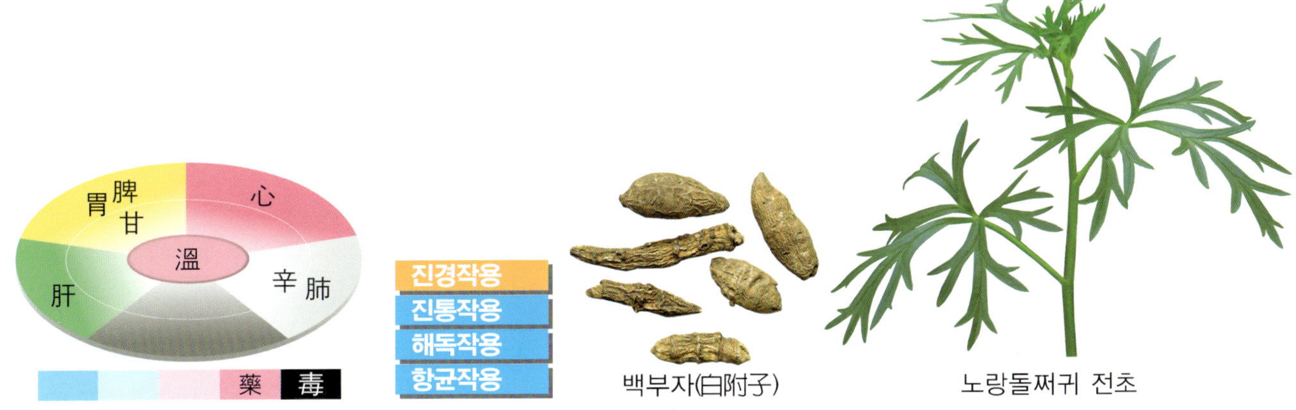

백부자(白附子)

노랑돌쩌귀 전초

235 백전(白前)

민백미꽃의 뿌리
Cynanchum ascyrifolium (FRANCH. & SAV.) MATSUM.

오래된 해수, 기침과 천식에 쓰인다.
건위(健胃)작용이 있어 소화불량에 쓰인다.

4~12g

백전(白前)

민백미꽃 전초

창포 열매

236 백창(白菖)　**창포**의 뿌리줄기
Acorus calamus L.

마음을 안정시키고 기억력을 개선시키며 위장을 튼튼하게 하는 데 쓰인다.
가려움증, 옴, 부스럼과 같은 피부질환에 짓찧어 붙이기도 하며, 달인 물로 목욕하는 데 쓰인다.
3~6g

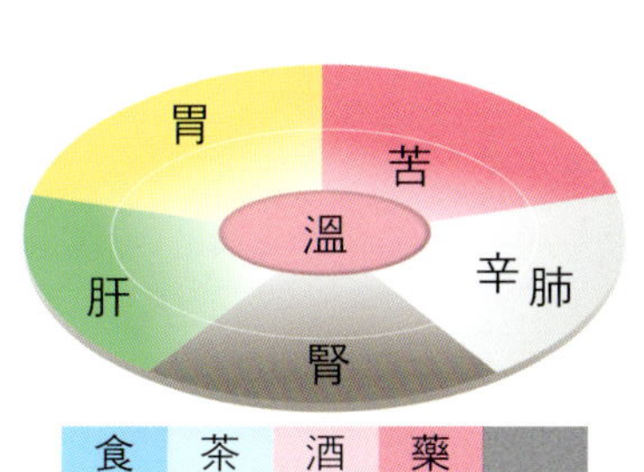
백창(白菖)

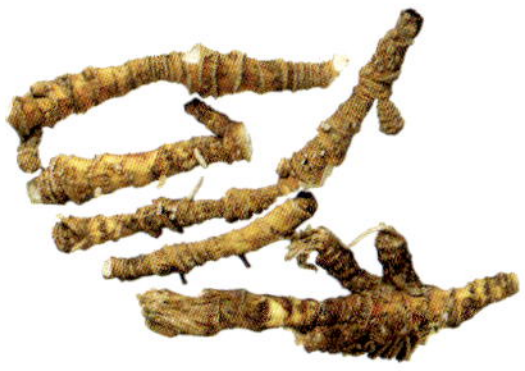

창포 전초

진정작용
진해작용
진경작용

41

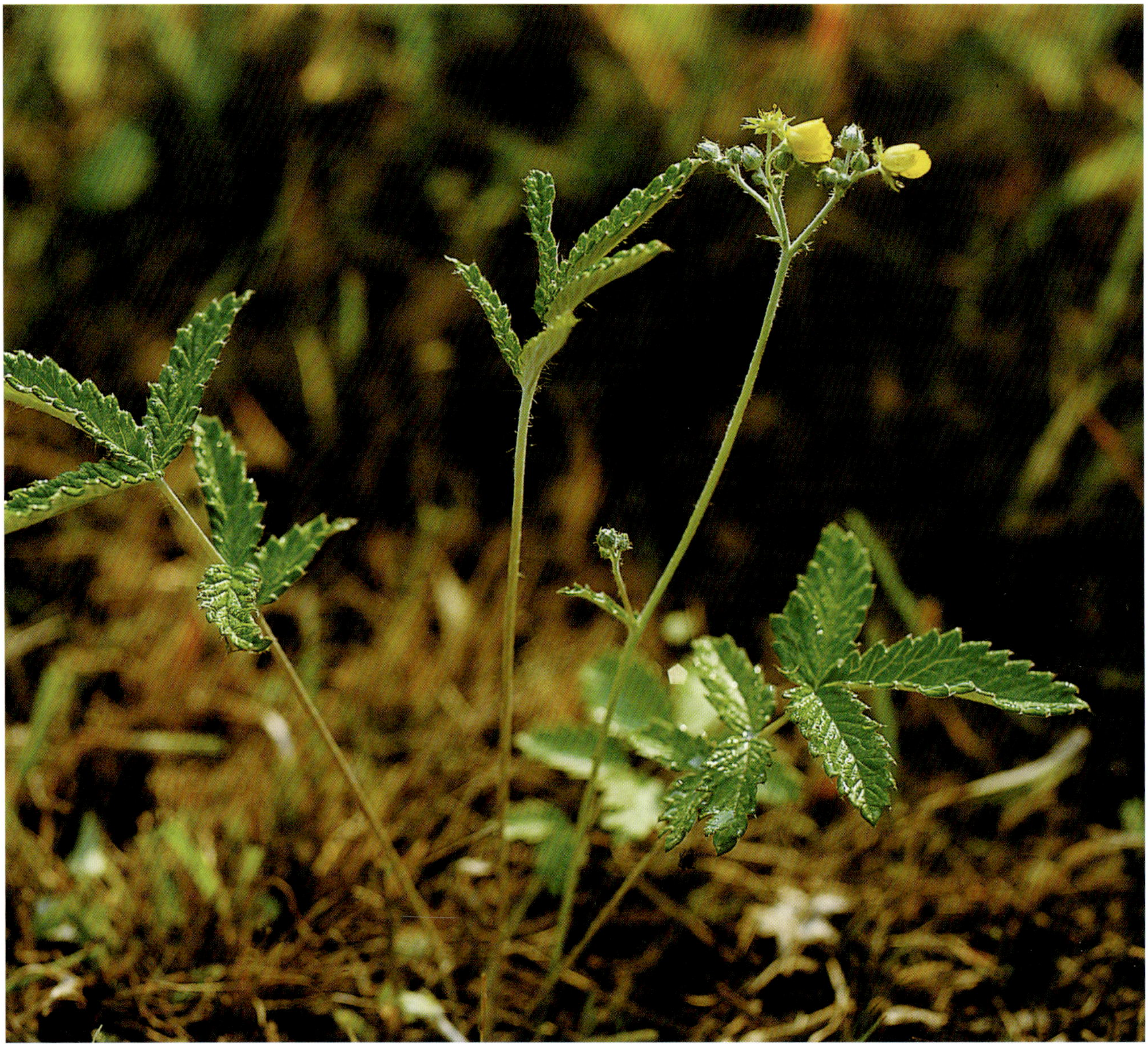

솜양지꽃

237 번백초(翻白草)

솜양지꽃의 뿌리
Potentilla discolor BUNGE

폐결핵, 해수, 천식 및 토혈, 각혈, 자궁출혈, 변혈 등에 쓰인다.
어혈을 풀어주며 새살이 돋아나게 하는 데 쓰인다.

9~15g

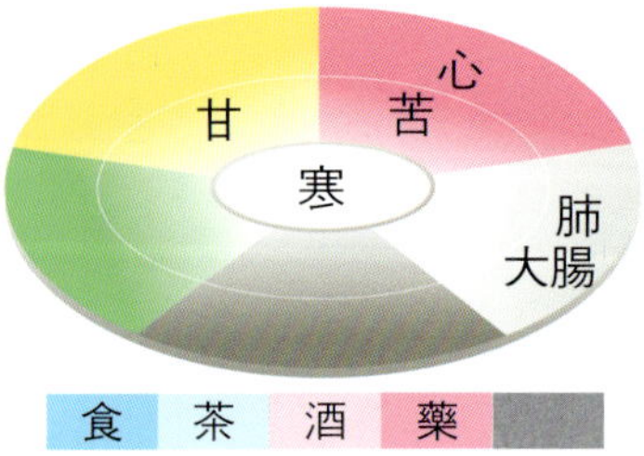

지혈작용
해열작용

번백초(翻白草)

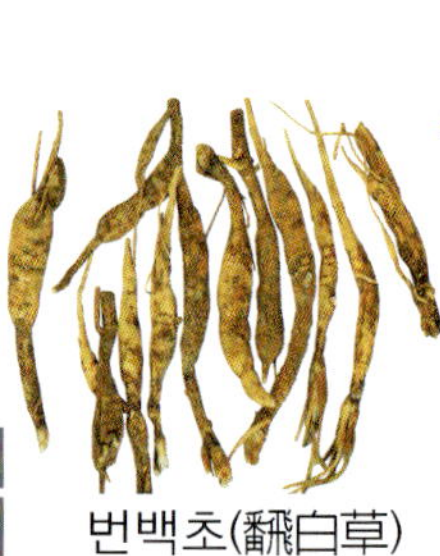

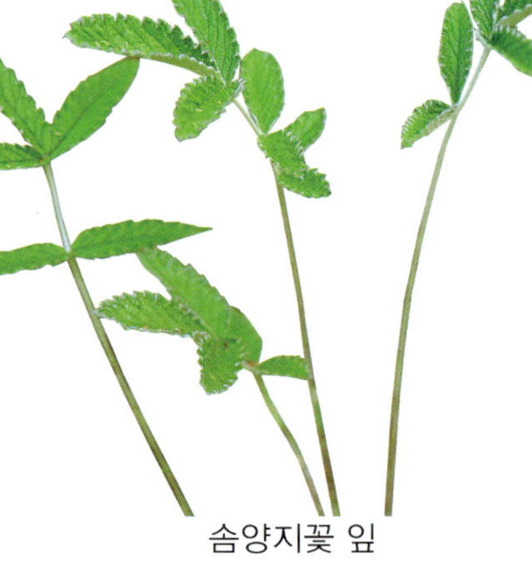

솜양지꽃 잎

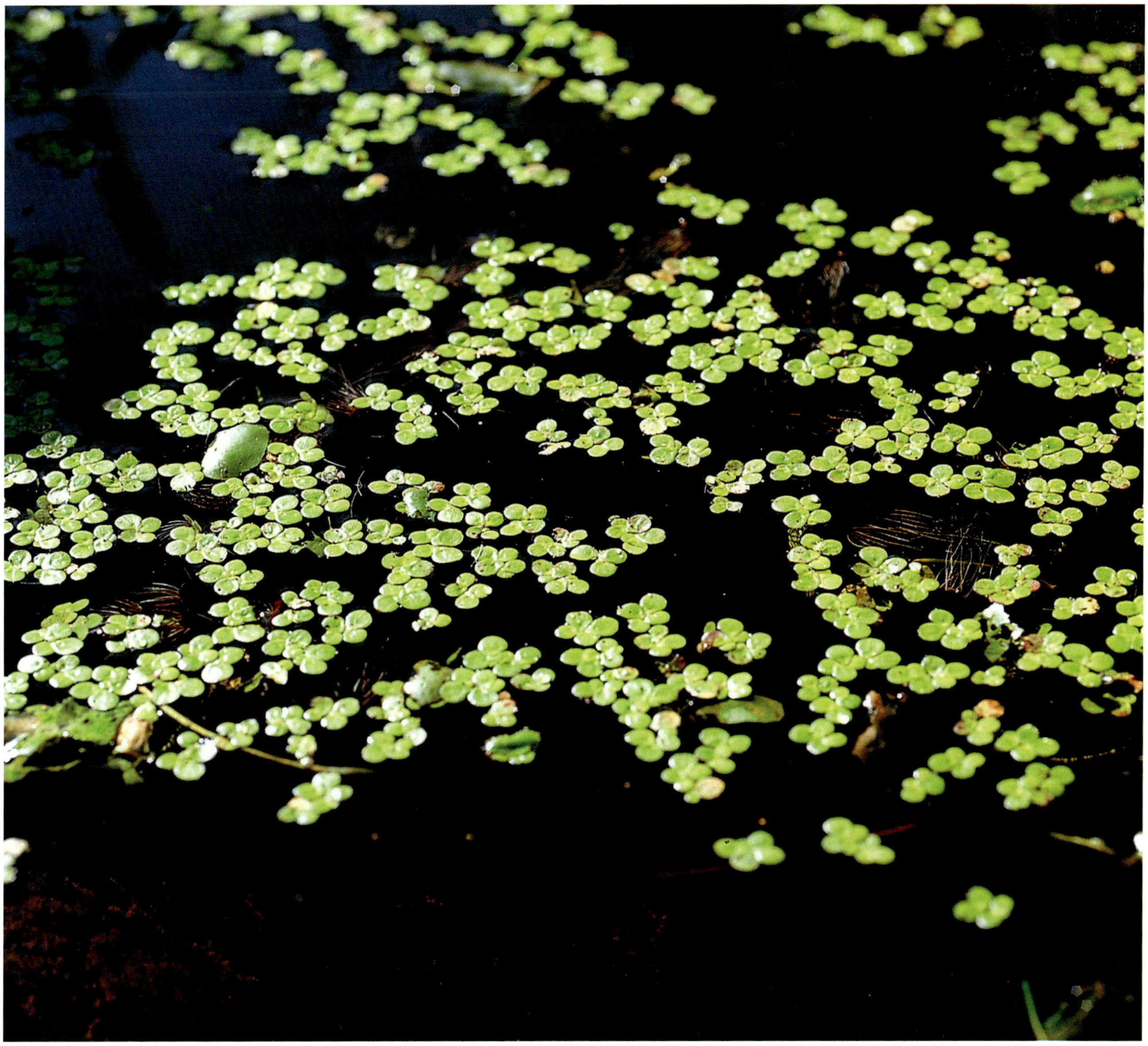

개구리밥 전초

238 부평(浮萍)

개구리밥의 전초
Spirodela polyrhiza (L.) SCH.

약한 해열작용으로 감기에 쓰인다.
피부가려움증을 개선시킨다.
부종을 개선시켜 신장염 증상에 쓰인다.
※수평(水萍)이라고도 한다.
3~9g

강심작용
혈압상승
이뇨작용
해열작용

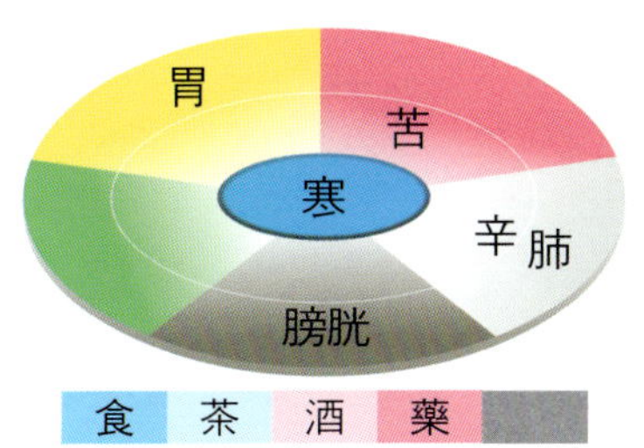

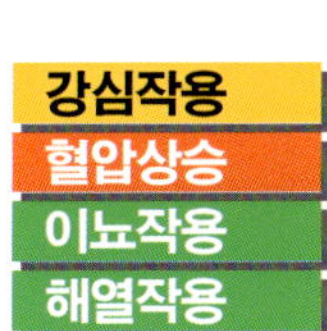

부평(浮萍)

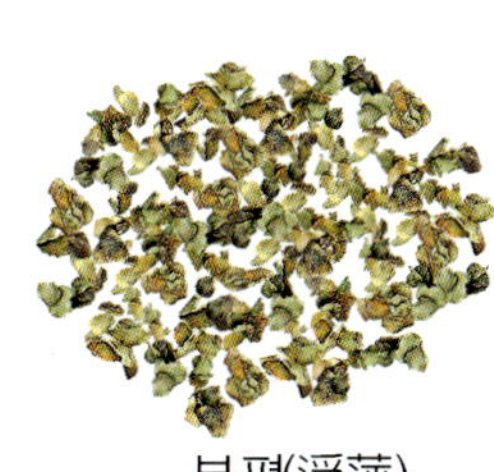

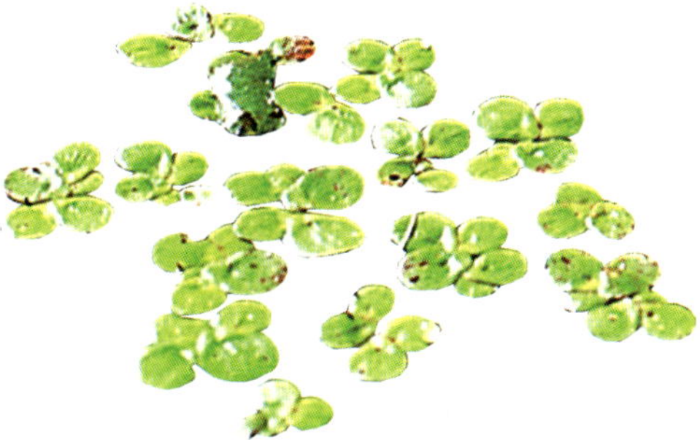

개구리밥 전초

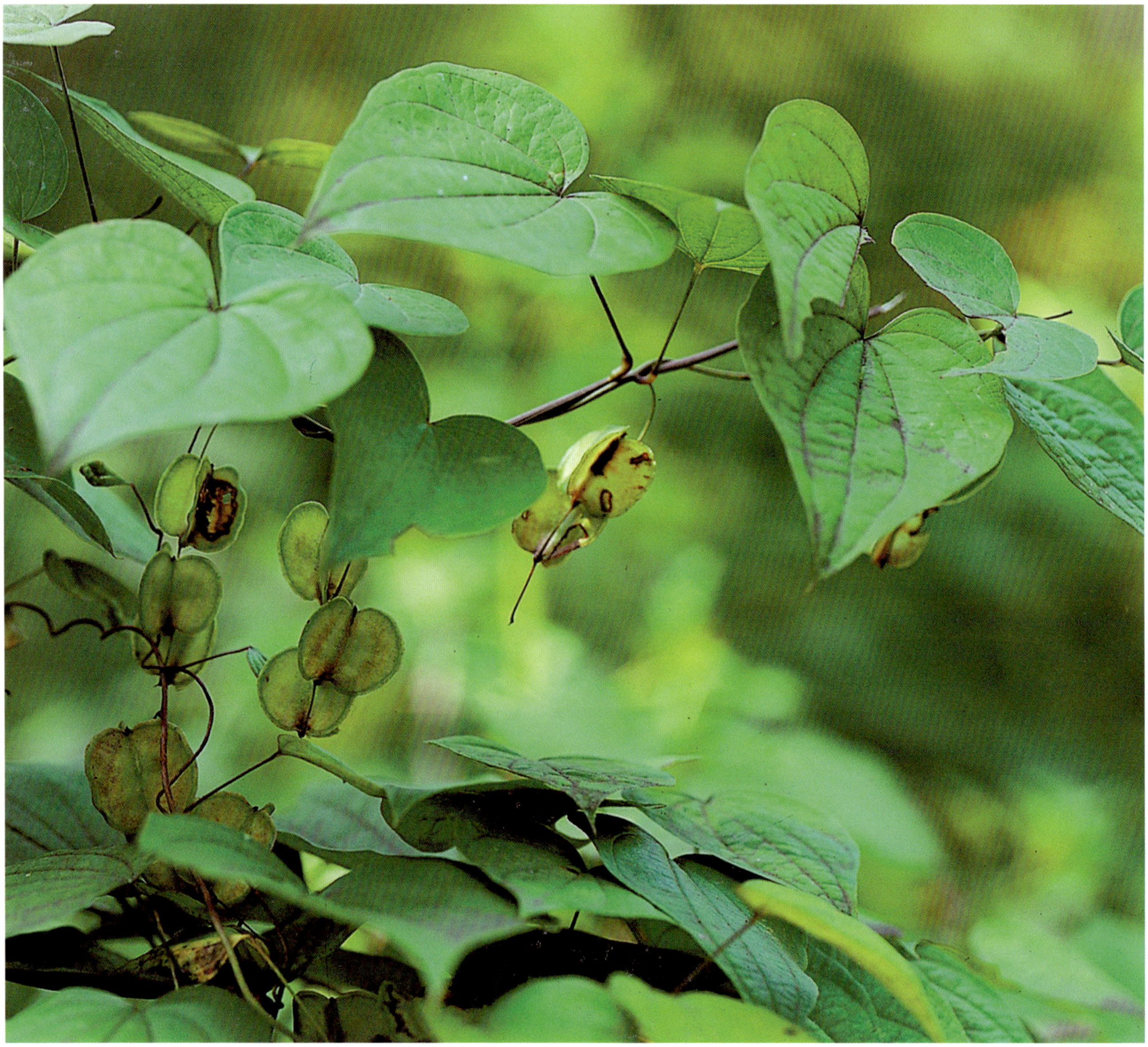

도꼬로마 씨

239 비해(萆薢)

도꼬로마의 뿌리줄기
Dioscorea tokoro MAKINO

도꼬로마 전초

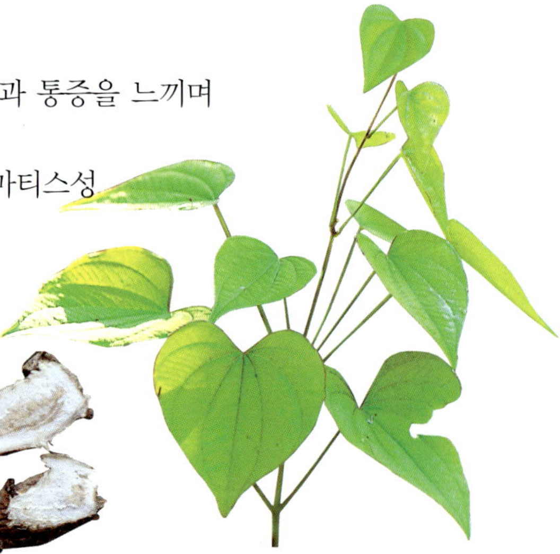

신장 기능을 도와 근육과 뼈를 튼튼하게 하고 소변을 볼 때 열감과 통증을 느끼며 시원하지 않는 데 쓰인다.

풍습(風濕)을 제거하므로 사지신경통, 관절통, 퇴행성 관절염, 류마티스성 관절염에 쓰인다.

5~15g

살충작용
항진균작용

비해(萆薢)

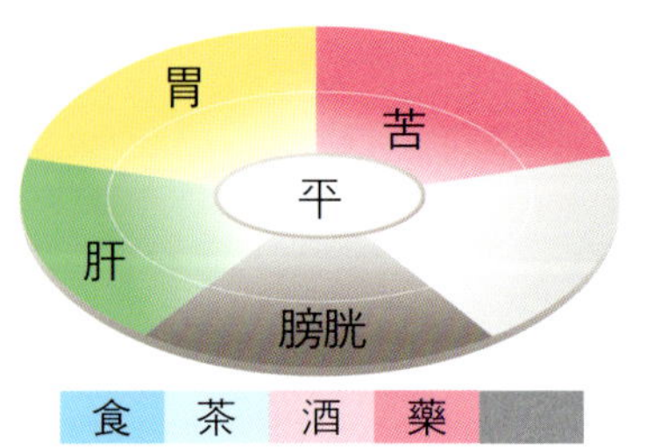

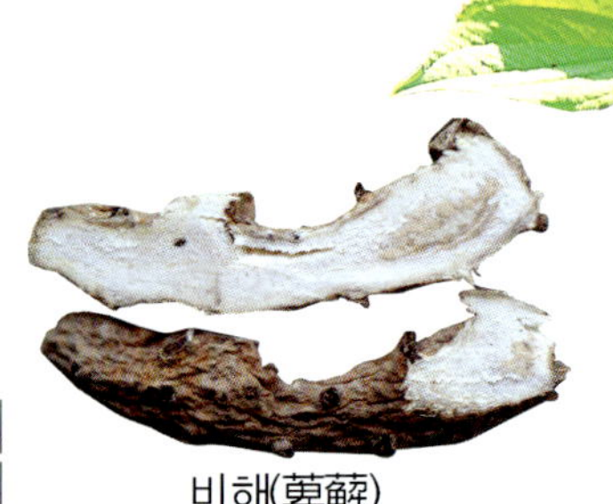

사상자 꽃

240 사상자(蛇床子)

사상자의 씨
Torilis japonica (Houtt.) DC.

성기능을 도와 남자의 음위(陰痿)와 여자의 대하증, 자궁이 냉하여 오는
불임 및 관절을 이롭게 하는 데 쓰인다.
사타구니가 습(濕)하여 가려울 때 달인 물로 씻는 데 쓰인다.

4~12g

사상자(蛇床子)

사상자 전초

241 산약(山藥)

마의 뿌리줄기
Dioscorea batatus DECNE.

비위 기능의 허약으로 인한 권태감과 무력감을 개선시키고 설사를 그치게 하는 데 쓰인다.
신장기능을 도와 허리와 무릎이 시리고 연약한 증상에 쓰인다.

10~20g

산약(山藥)

마 잎

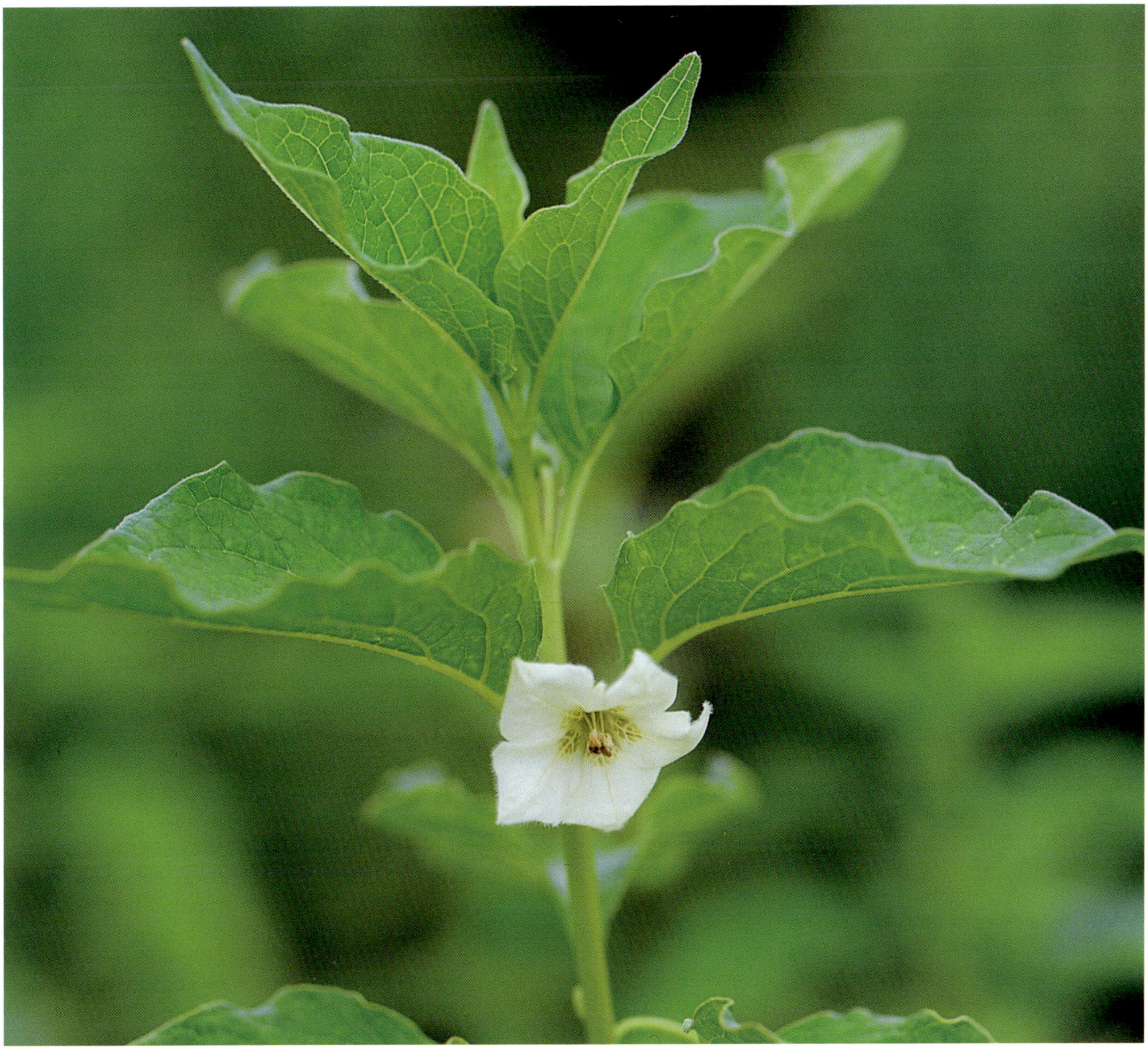

꽈리 꽃

242 산장(酸漿)

꽈리의 씨
Physalis alkekengi var. *francheti* (Mast.) Hort

항균작용으로 인후가 붓고 아픈 데 쓰인다.
황달을 낫게 하고 소변을 잘 나오게 하는 데 쓰인다.
8~15g

항균작용
진해작용
해열작용
이뇨작용
분만유도작용

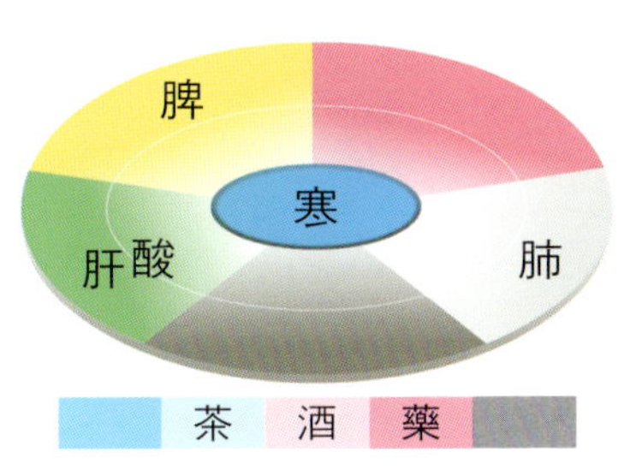

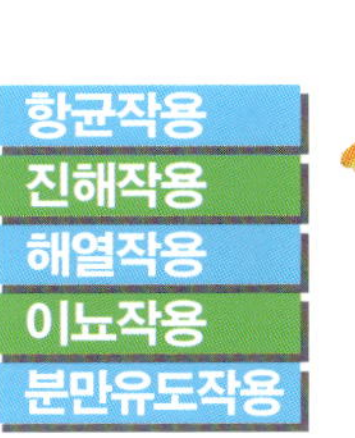

산장(酸漿)

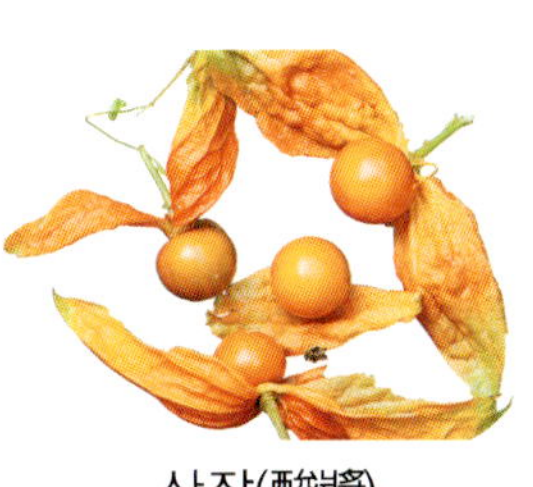

꽈리 씨

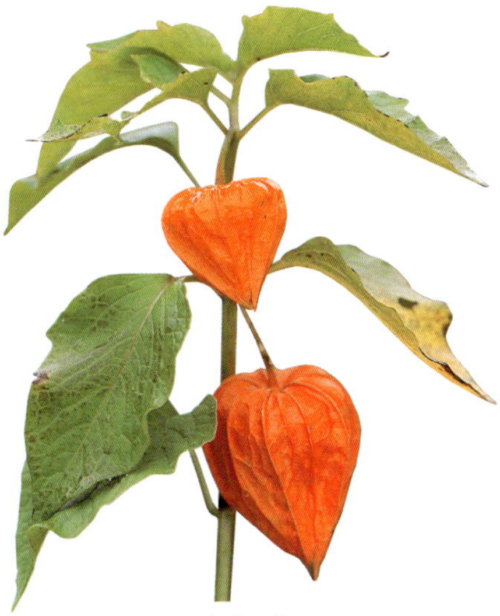

삼백초 꽃

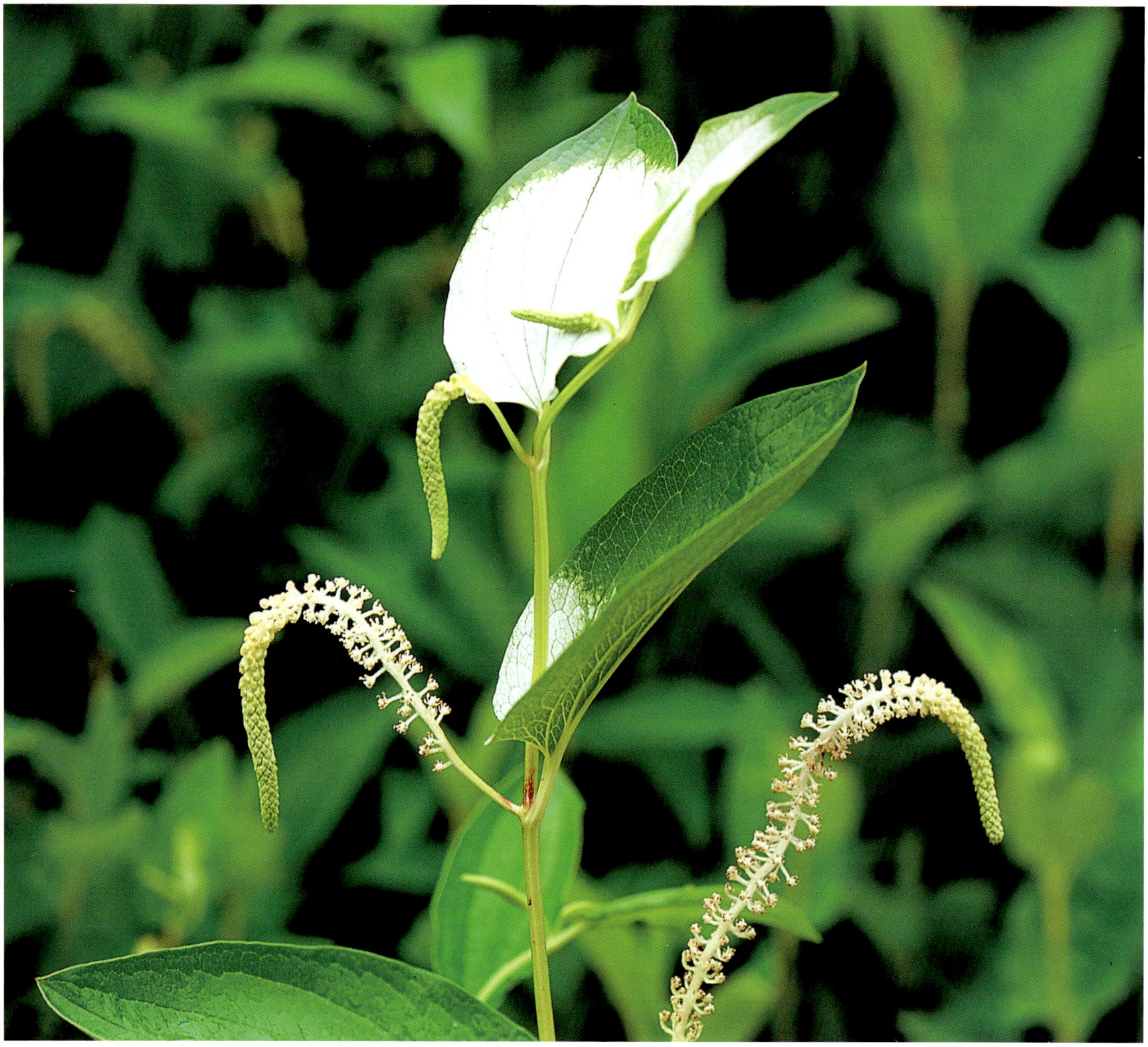

243 삼백초(三白草)

삼백초의 전초
Saururus chinensis (LOUR.) BAILL.

이뇨작용이 있어 소변이 잘 나오지 않고 온몸이 붓는 데 쓰인다.
항균작용으로 여성의 대하증(자궁내막염, 질염)에 훈증(燻蒸)하는 데 쓰인다.

9~15g

항균작용
소염작용
항알러지작용
간보호작용
콜레스테롤저하작용
혈당강하
미백작용
기억력개선작용

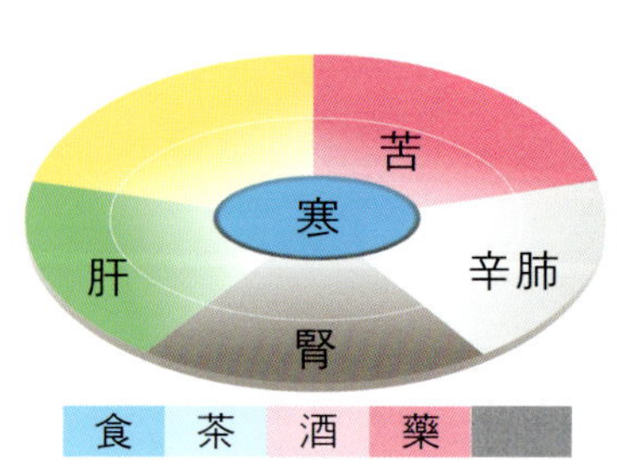

삼백초(三白草)

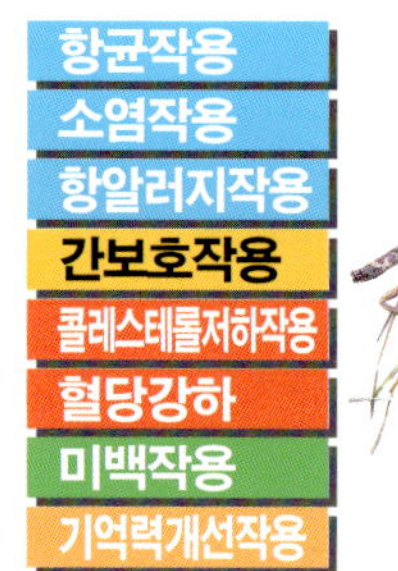

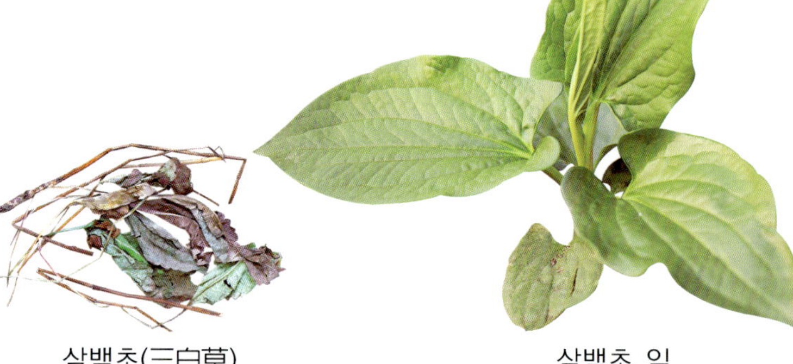

삼백초 잎

말냉이 꽃

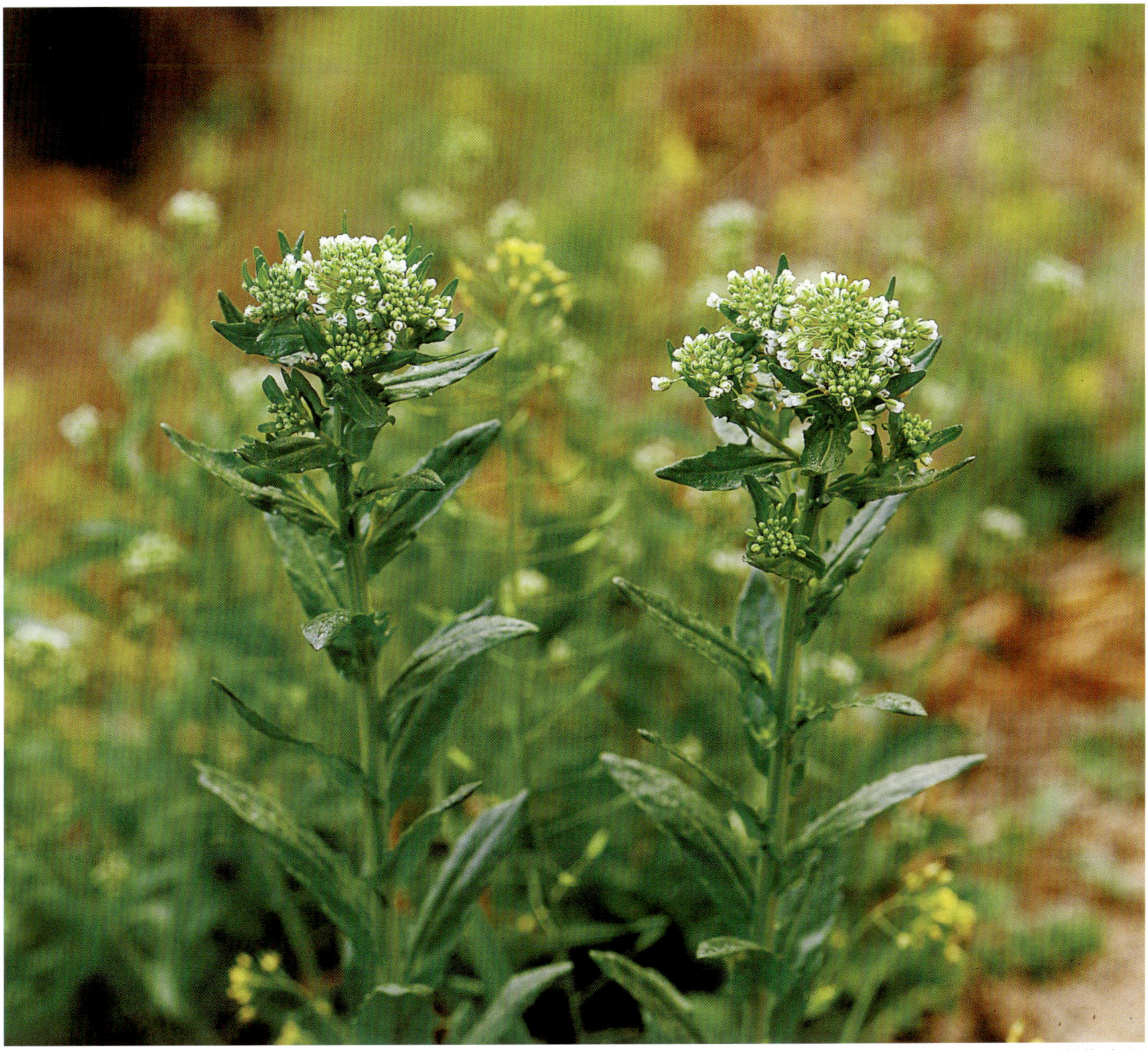

244 석명자(菥蓂子)

말냉이의 씨
Thlaspi arvense L.

눈이 충혈 되면서 통증이 있고 계속 눈물이 나는 데 쓰인다.
통풍과 관절염에 쓰인다.

5~15g

윤장
혈당강하

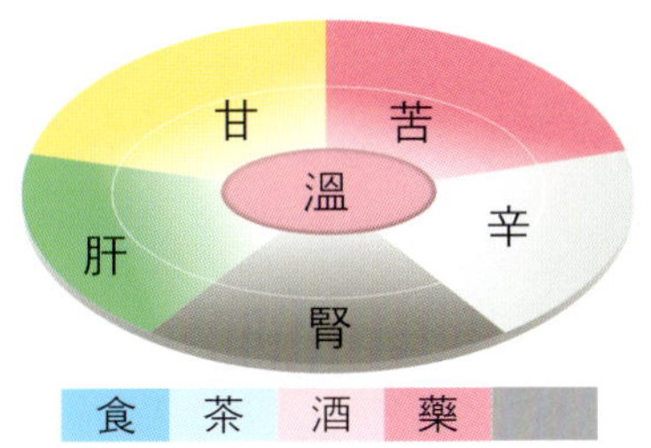

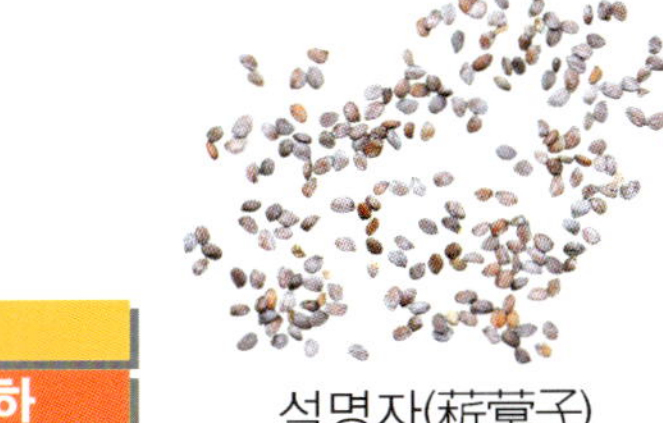

석명자(菥蓂子)

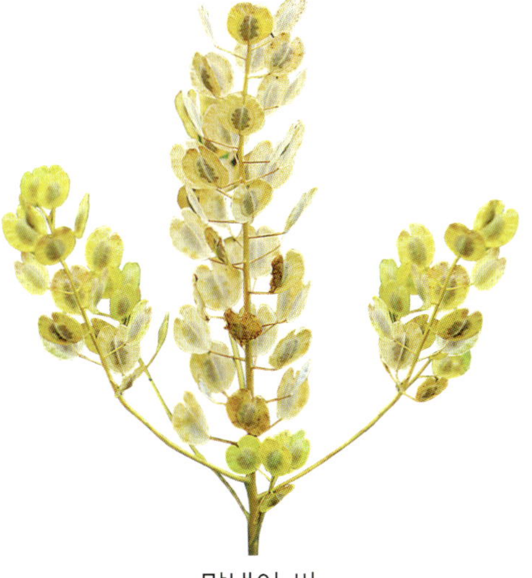

말냉이 씨

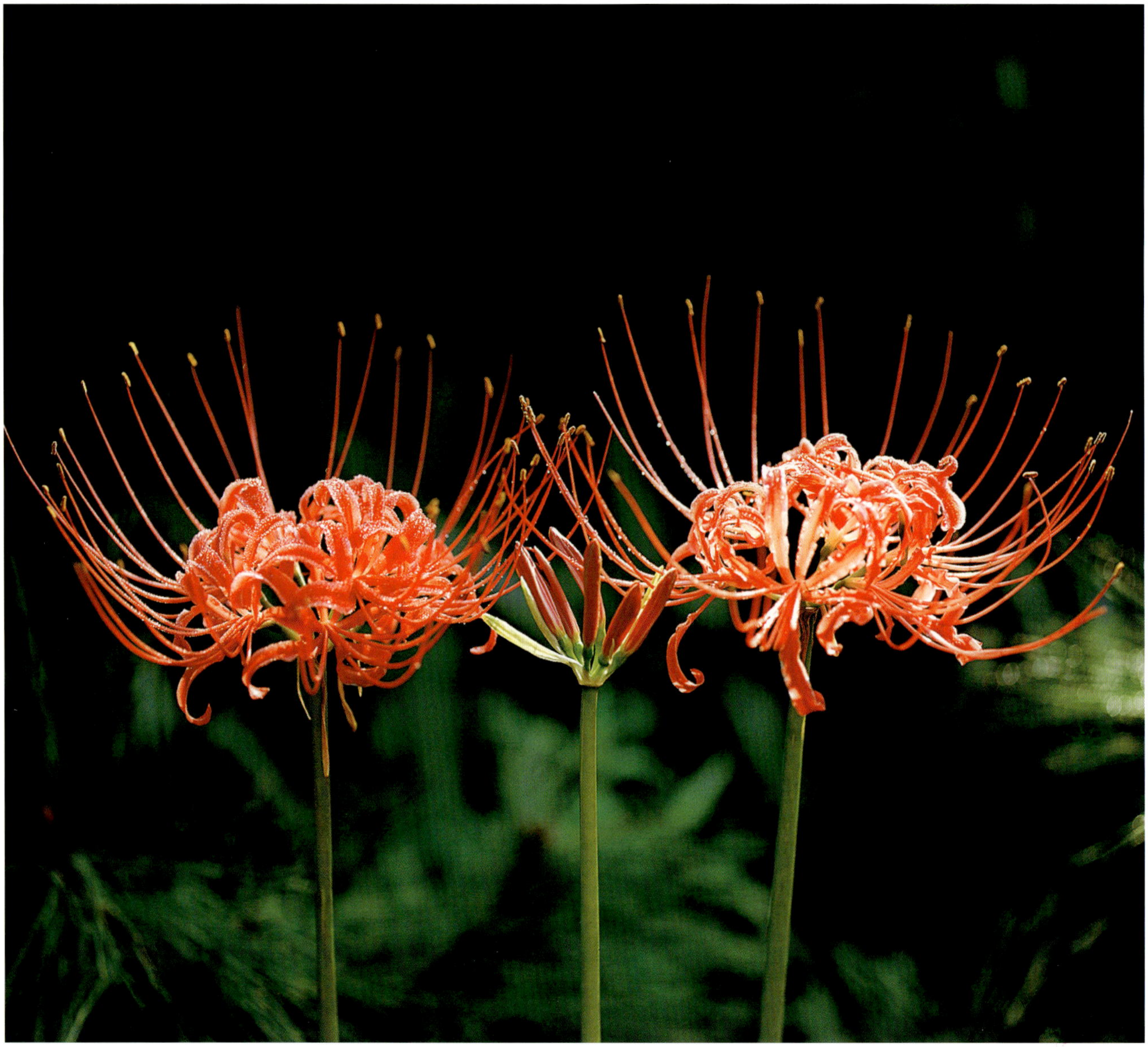

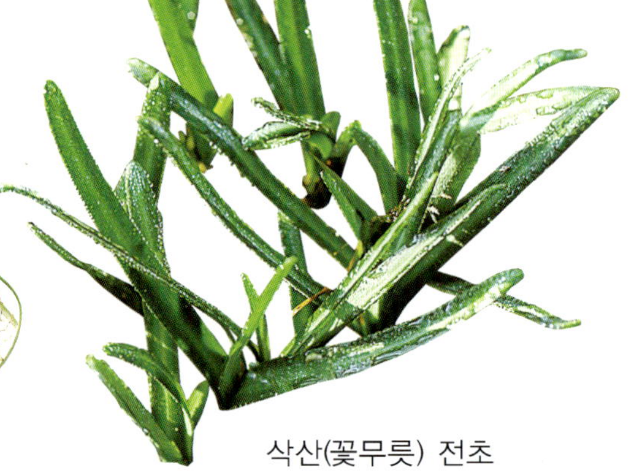

삭산(꽃무릇) 꽃

245 석산(石蒜)

석산(꽃무릇)의 비늘줄기
Lycoris radiata (L' HER.) HERB.

인후염, 편두선염, 림프절염 등에 쓰인다. 단, 복용 시 용량에 유의해야 하며 임산부는 복용을 금한다. 종기에 짓찧어 환부에 붙이는 데 쓰인다.

1~5g

- 진해작용
- 진정작용
- 최토작용
- 해열작용
- 진통작용
- 이뇨작용
- 혈압강하작용

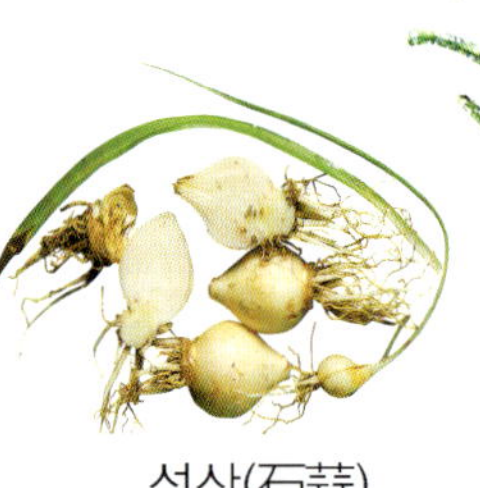

석산(石蒜)

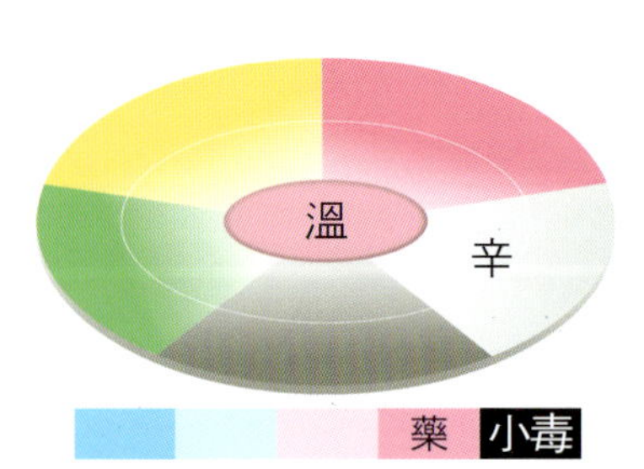

삭산(꽃무릇) 전초

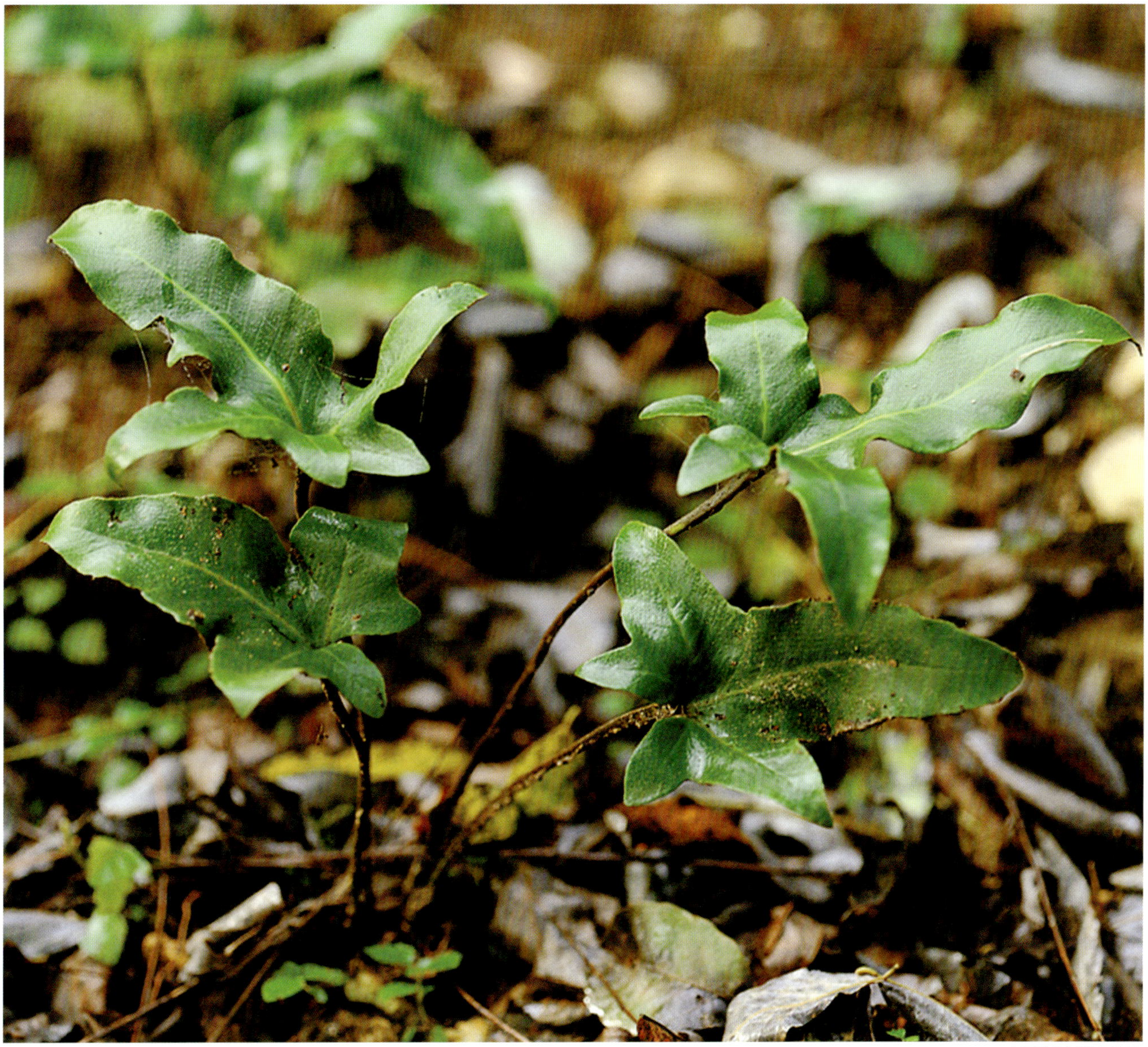

세뿔석위 전초

246 석위(石韋)

세뿔석위의 잎
Pyrrosia hastata (Thunb. ex Houtt.) Ching

소변을 잘 못 보고 통증이 있거나 소변에 피가 나오는 데 쓰인다.
진해 거담작용이 있어 만성기관지염에 쓰인다.

5~10g

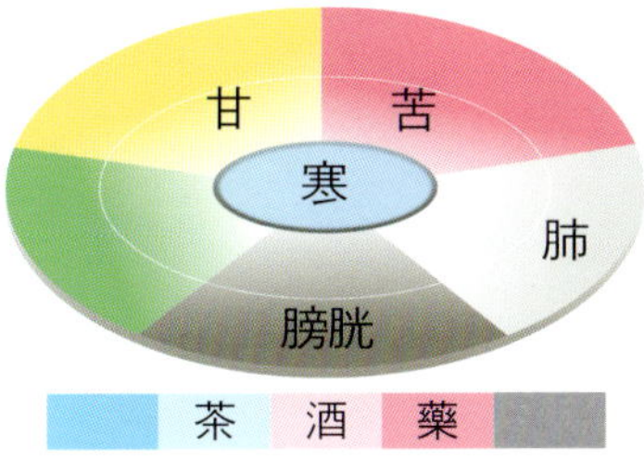

석위(石韋)

세뿔석위 전초

51

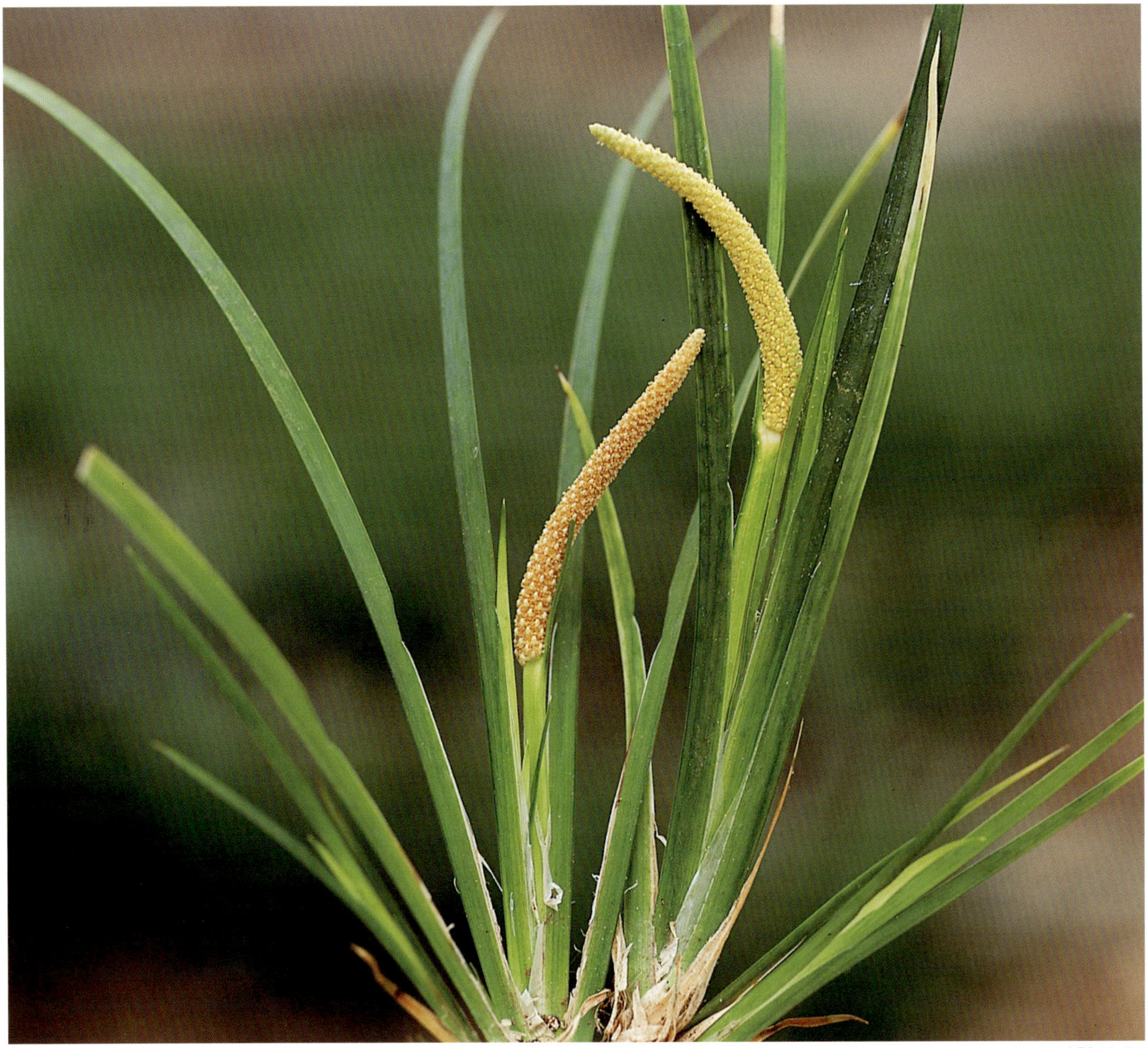

석창포 꽃

247 석창포(石菖蒲)

석창포의 뿌리
Acorus gramineus Sol.

마음을 안정시켜며 건망증과 불면증에 쓰인다.
뇌혈류를 증가시켜 중풍후유증을 개선시키며
성대부종으로 인해 음성이 변한 데 쓰인다.
기억력을 개선시키는 작용이 있어 총명하게
하는 데와 치매, 건망증 예방에 쓰인다.

5~10g

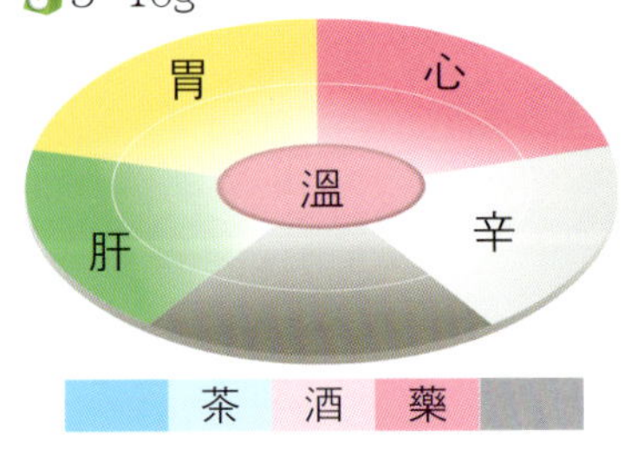

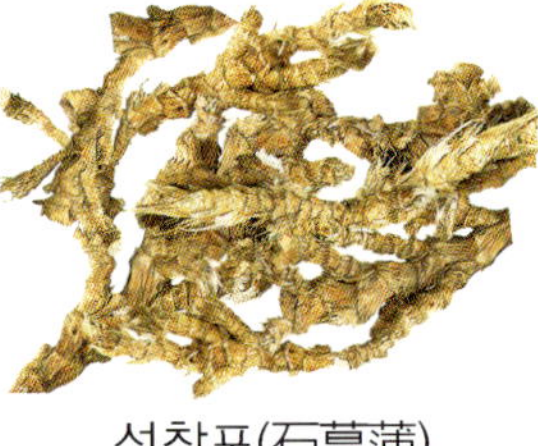
석창포(石菖蒲)

석창포 전초

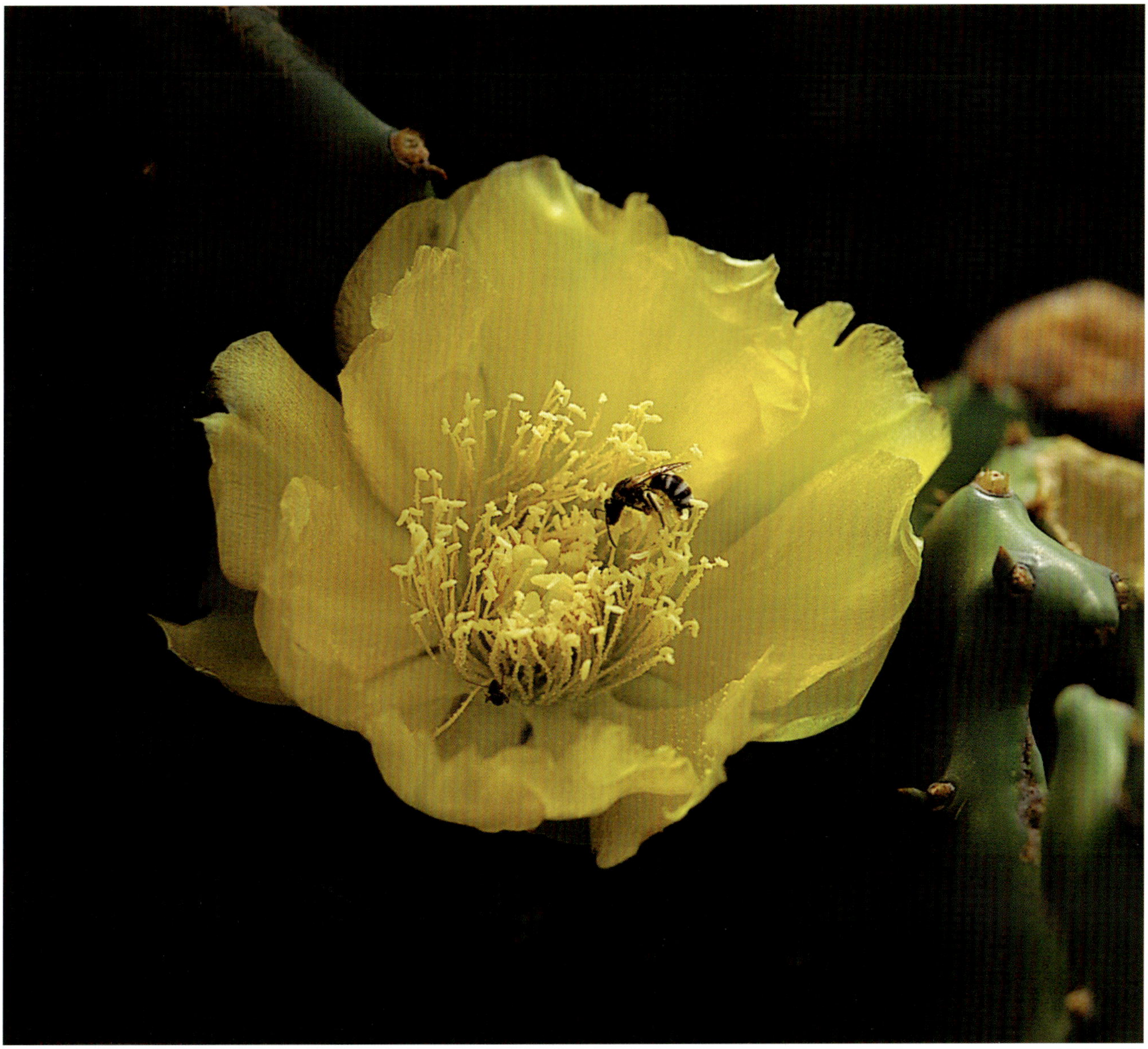

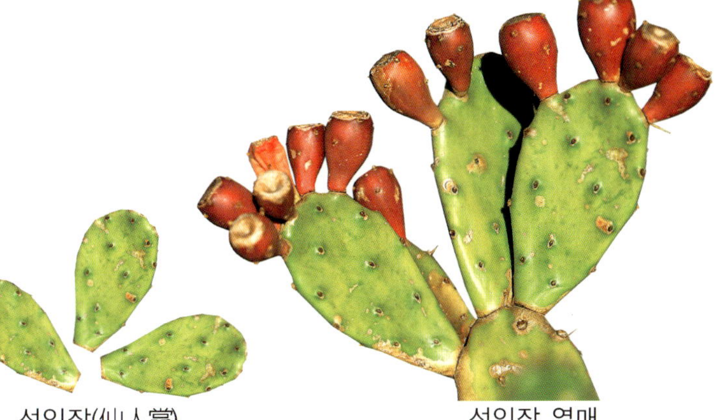

선인장 꽃

248 선인장(仙人掌)

선인장의 줄기
Opuntia ficus-indica MILL.

치질출혈 및 화상, 종기에 외용한다.
기관지천식 및 해수, 폐결핵 등에 쓰인다.
손바닥선인장열매는 당뇨에 쓰인다.

8~20g

소염작용
항암효과
이뇨작용

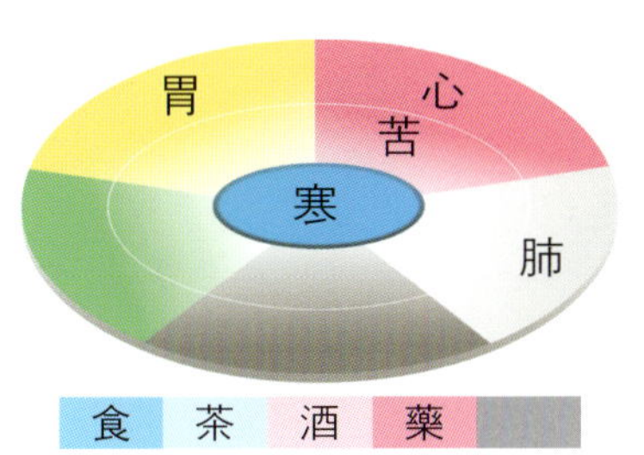

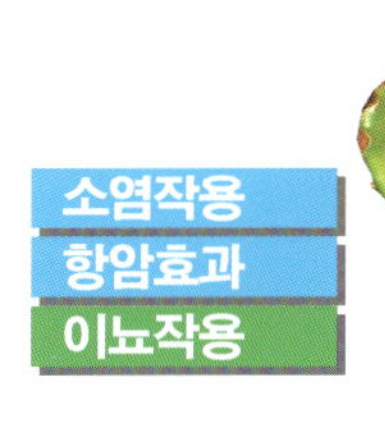

선인장(仙人掌)

선인장 열매

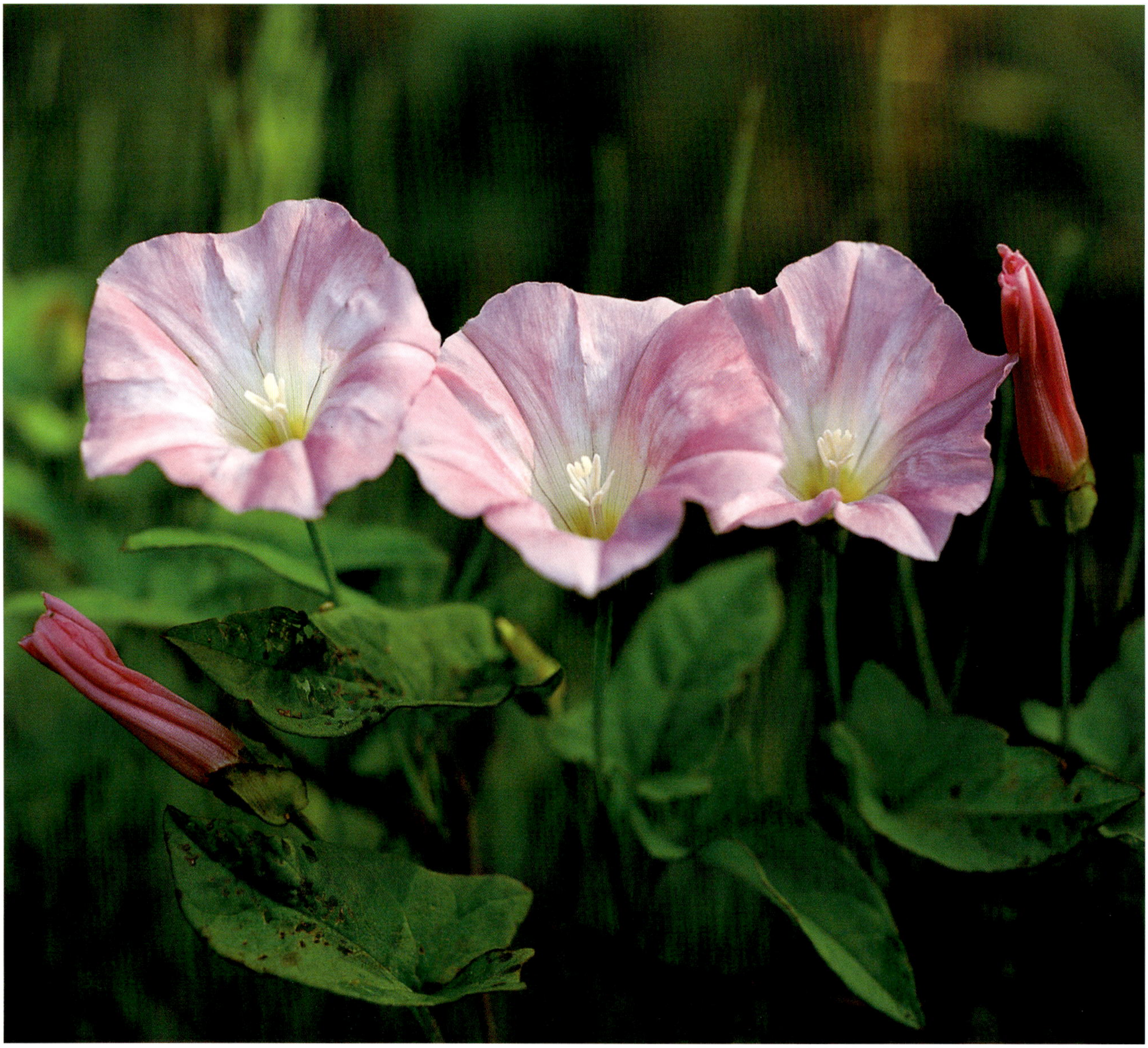

메꽃

249 선화근(旋花根)

메꽃의 뿌리

Calystegia sepium var. *japonicum* (CHOISY) MAKINO

혈압을 내리게 하고 소변이 잘 나오게 하는 데 쓰인다.
건위작용이 있어 소화불량에 쓰인다.
※구구앙(狗狗秧)이라고도 한다.

10~20g

혈압강하

이뇨작용

건위작용

선화근(旋花根)

메꽃 전초

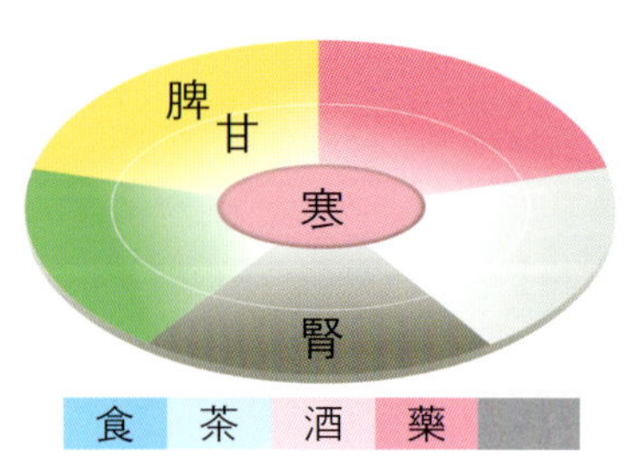

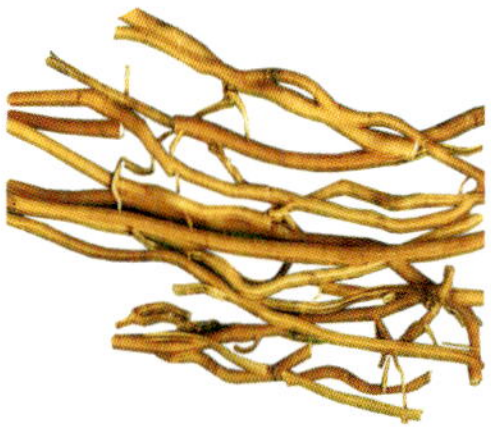

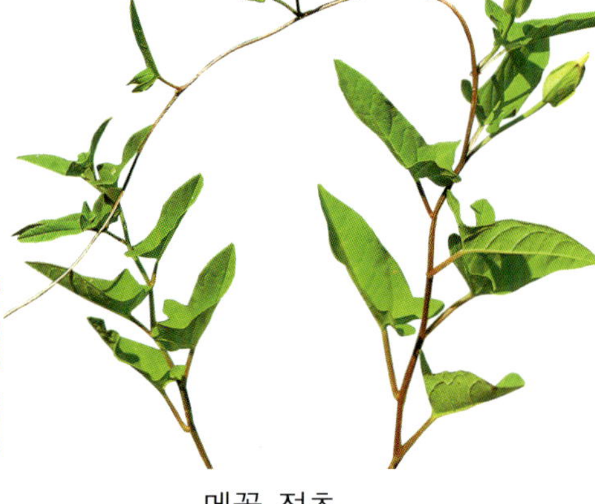

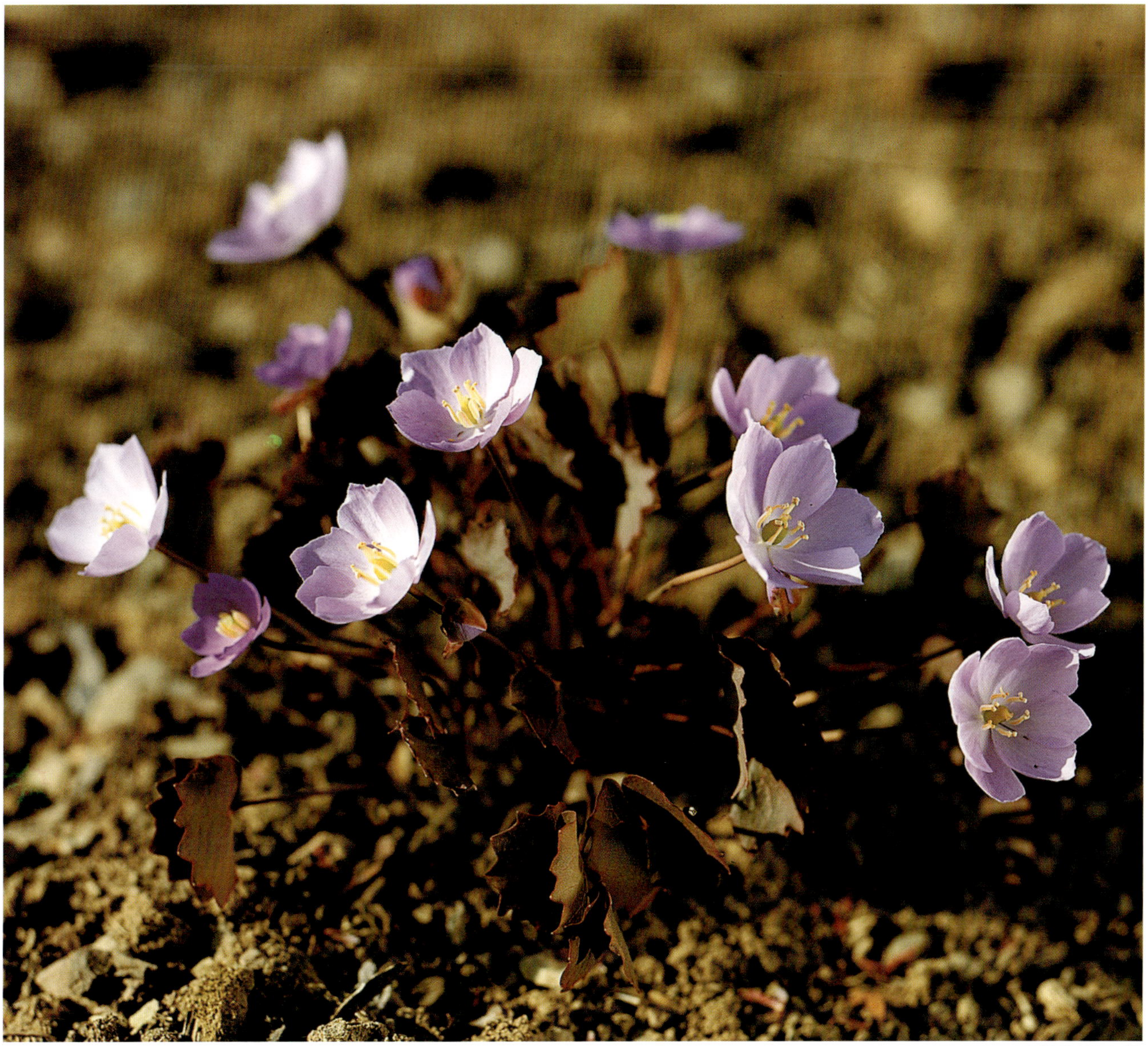

깽깽이풀 꽃

250 선황련(鮮黃連)

깽깽이풀의 뿌리
Jeffersonia dubia (MAXIM.) BENTH. & HOOK. f. ex BAKER & S. MOORE

편도선염, 인후염, 결막염 등 염증을 개선시키며, 이질, 장염, 설사에 쓰인다.
코피, 토혈(吐血)에 쓰인다.
※모황련(毛黃連)이라고도 한다.
5~10g

해열작용
항균작용
건위작용
지사작용

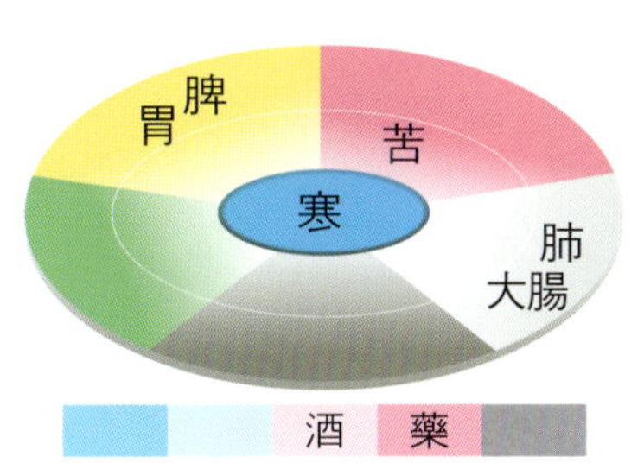

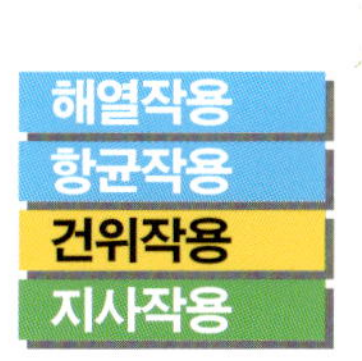

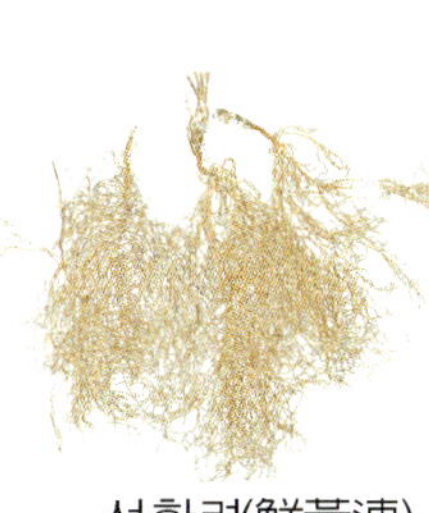

선황련(鮮黃連)

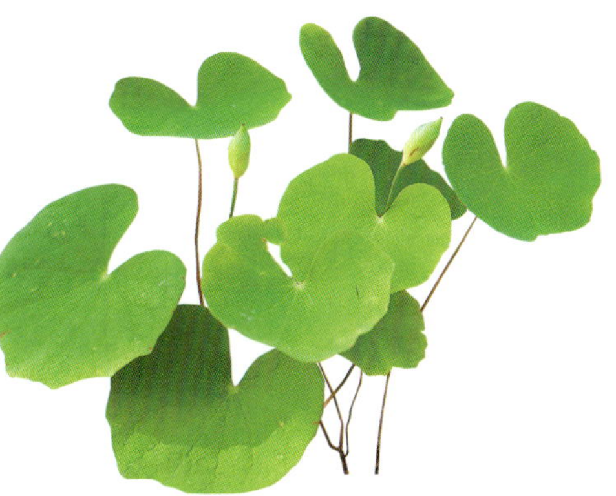

깽깽이풀 전초

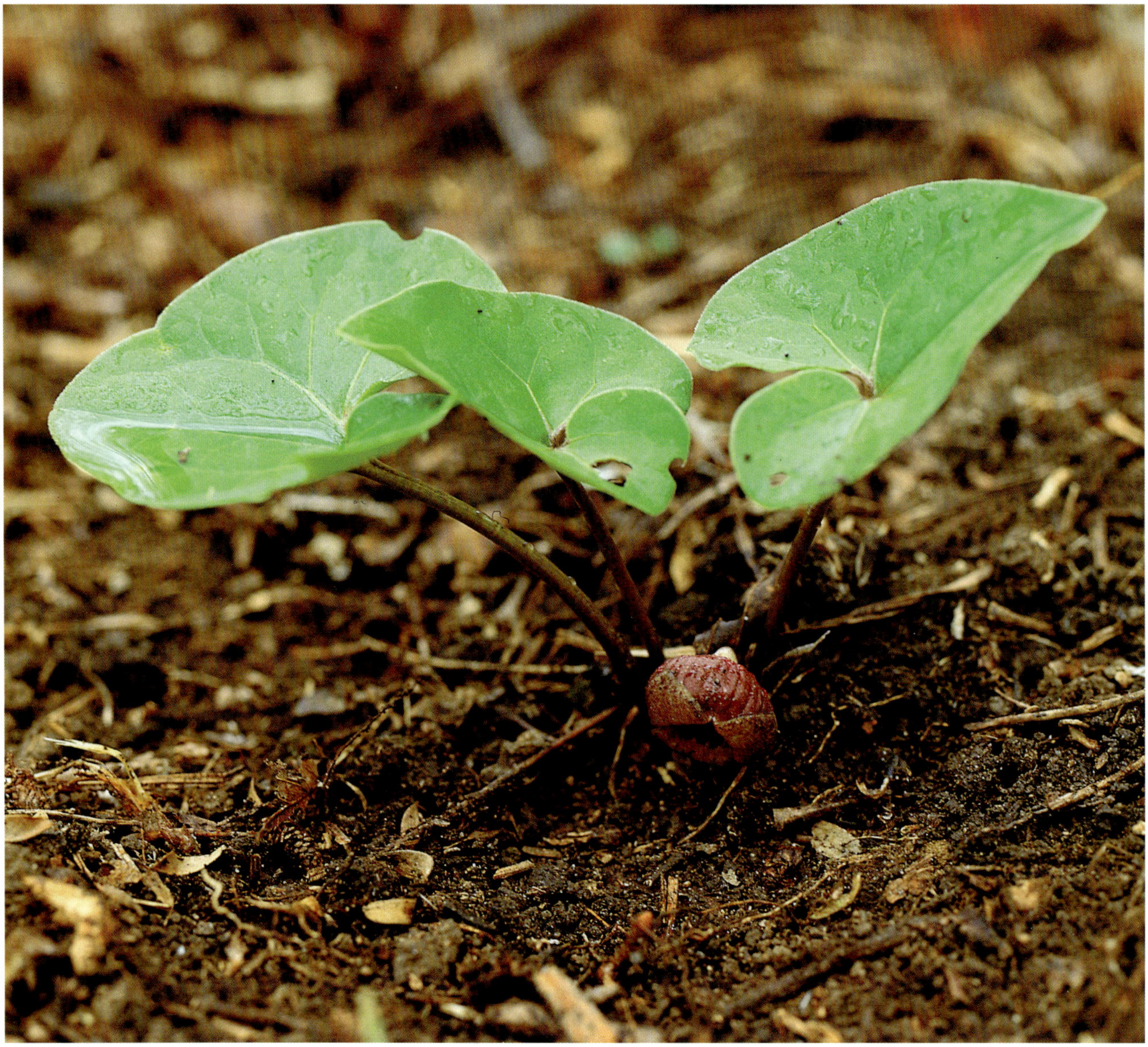

족도리풀 꽃

251 세신(細辛)

족도리풀의 뿌리
Asarum sieboldii MIQ.

감기로 인한 두통, 오한, 발열 및 코가 막히고 콧물이 나는 증상에 쓰인다.
기관지 평활근 이완과 천식, 축농증에 쓰이며 특히 코가 막히고 콧물이 흐르는 증상에 쓰인다.

10~15g

- 해열작용
- 진경작용
- 진통작용
- 소염작용
- 항균작용
- 강심작용
- 미백작용
- 국소마취작용
- 면역조절작용

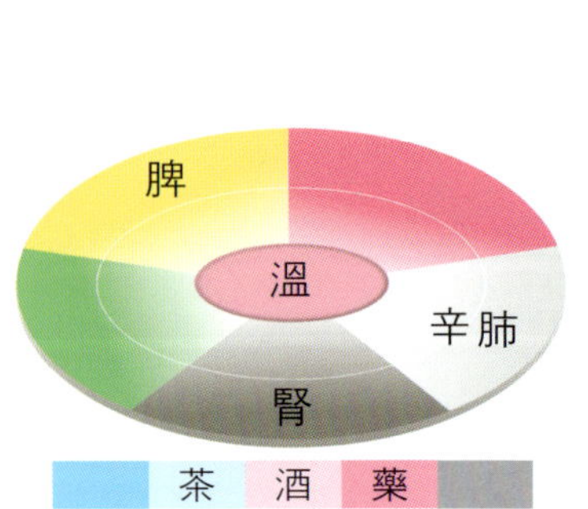

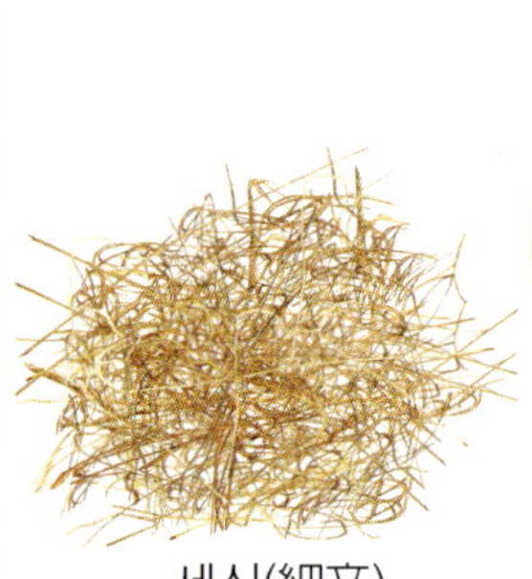

세신(細辛)

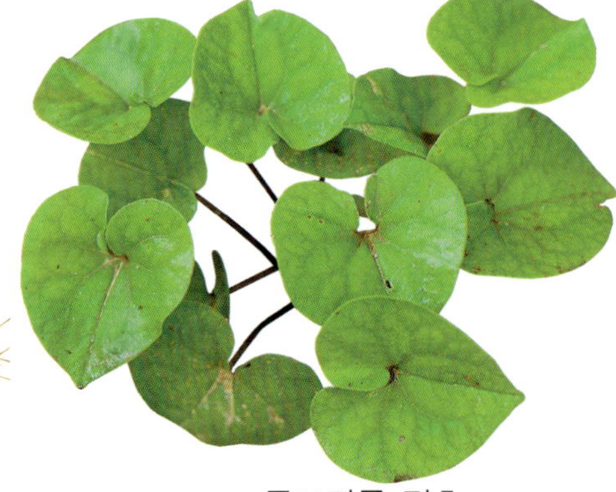

족도리풀 전초

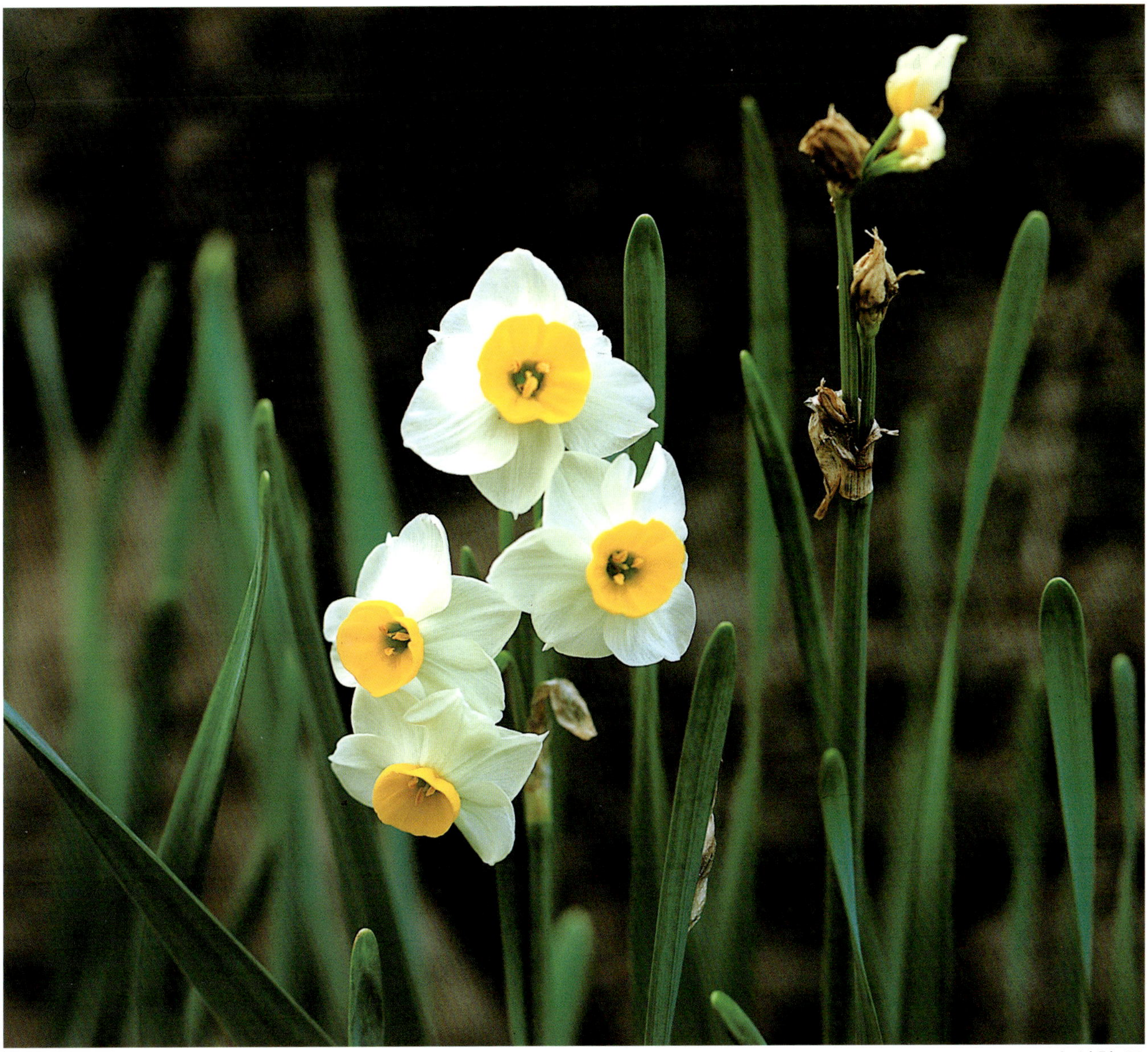

수선화 꽃

252 수선근(水仙根)

수선화의 비늘줄기

Narcissus tazetta var. *chinensis* ROEM.

유선염, 벌레 물린 상처에 수선화뿌리를 짓찧어 붙이거나 즙(汁)을 내어 바르는 데 쓰인다. 열을 내리고 혈액순환을 촉진시키며 생리조절 작용이 있다.

2~4g

지혈작용
해열작용
거담작용

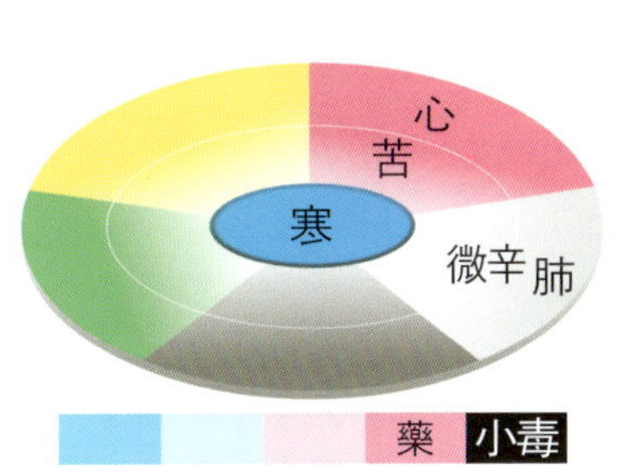

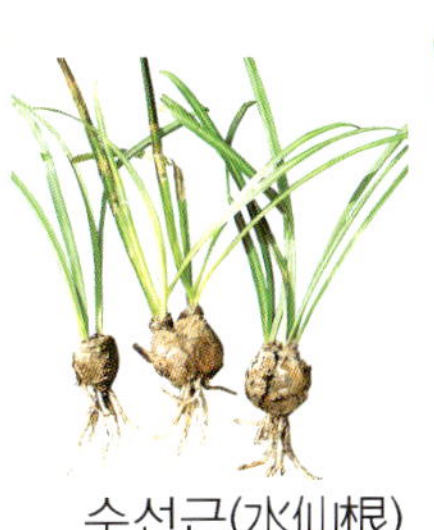

수선근(水仙根)

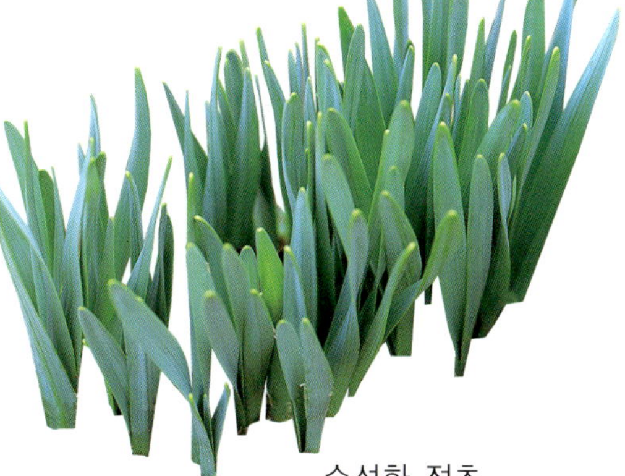

수선화 전초

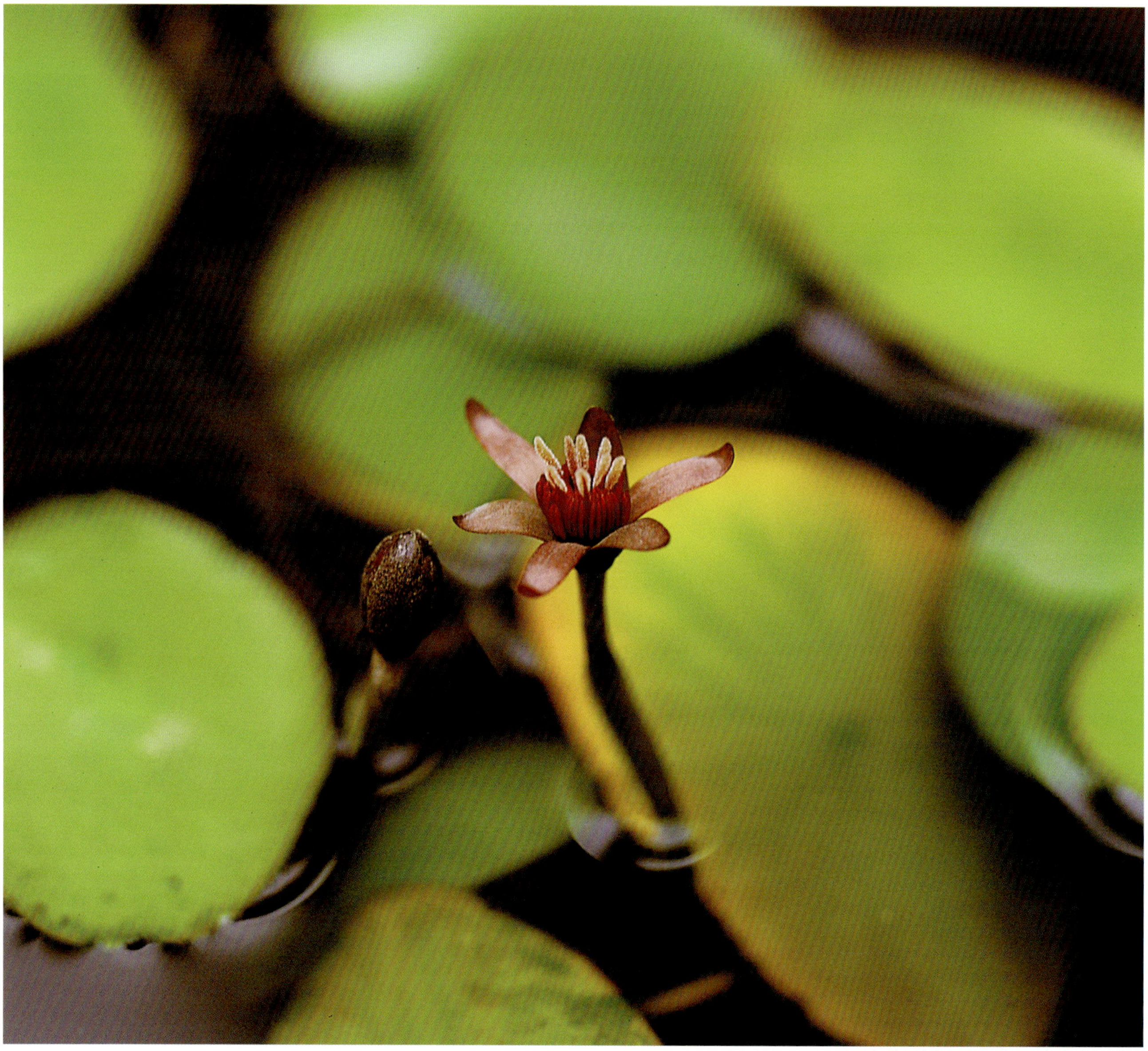

순채 꽃

253 순채(蓴菜)

순채의 지상부
Brasenia schreberi J. F. GMELIN

열을 내리고 소변이 잘 나오게 하며 부기를 가라앉히고 해독하는 데 쓰인다. 미끈미끈한 점액질이 위궤양, 위암을 억제한다고 알려져 있다.

15~30g

해독작용
지혈작용
건위작용
이뇨작용

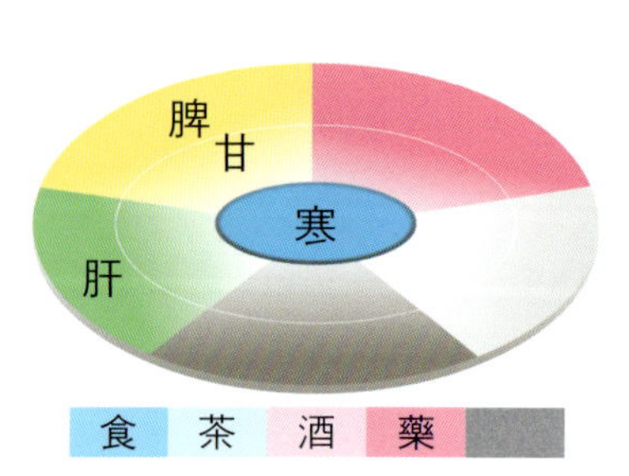

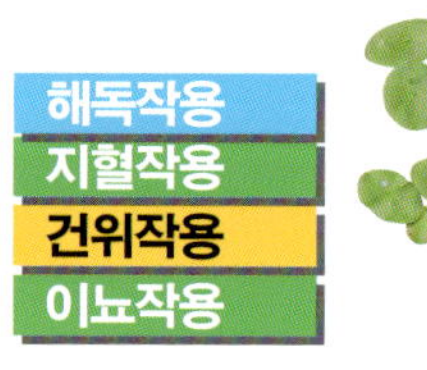

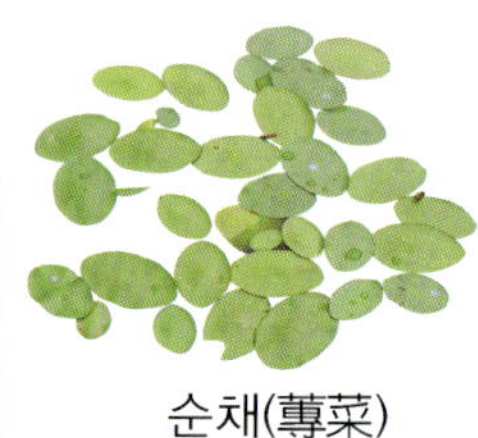

순채(蓴菜)

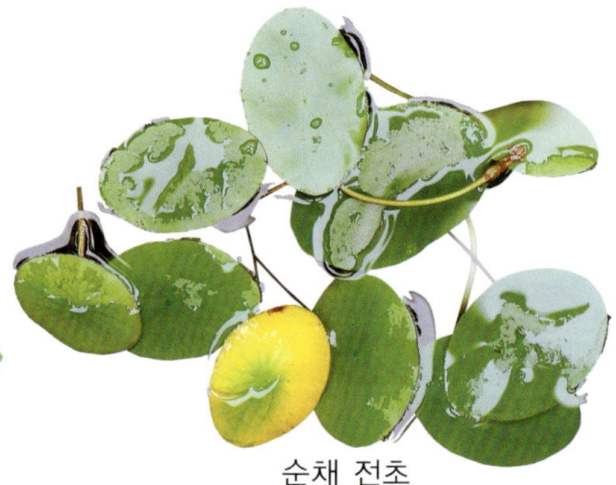

순채 전초

승마 꽃

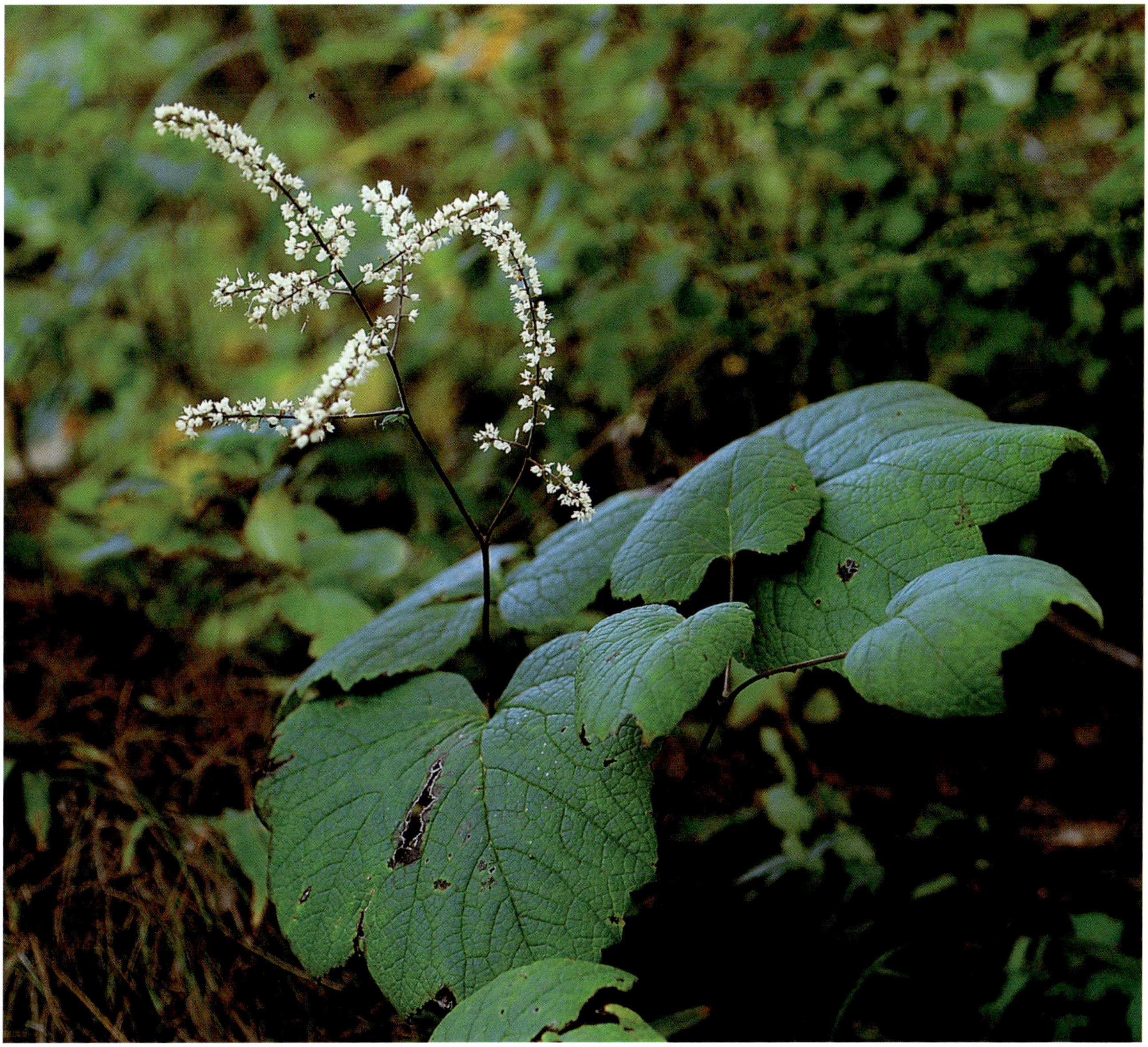

254 승마(升麻)

승마의 뿌리줄기
Cimicifuga heracleifolia KOM.

비기(脾氣)의 허약에 의한 조직의 이완 및 만성설사, 만성이질, 탈항, 자궁하수 등에 쓰인다.
감기로 인한 발열과 두통을 다스리는 데 쓰인다.

5~10g

해열작용
진통작용
소염작용
혈압강하작용

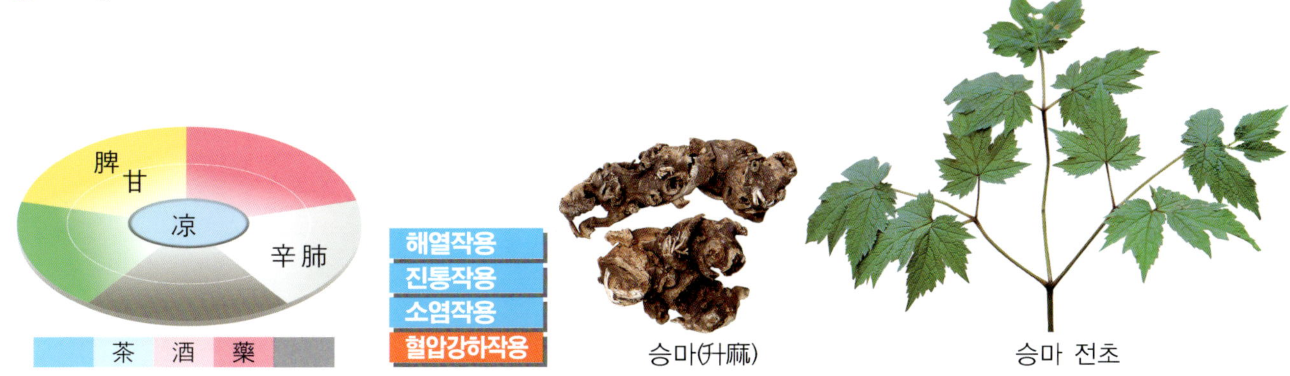

승마(升麻)

승마 전초

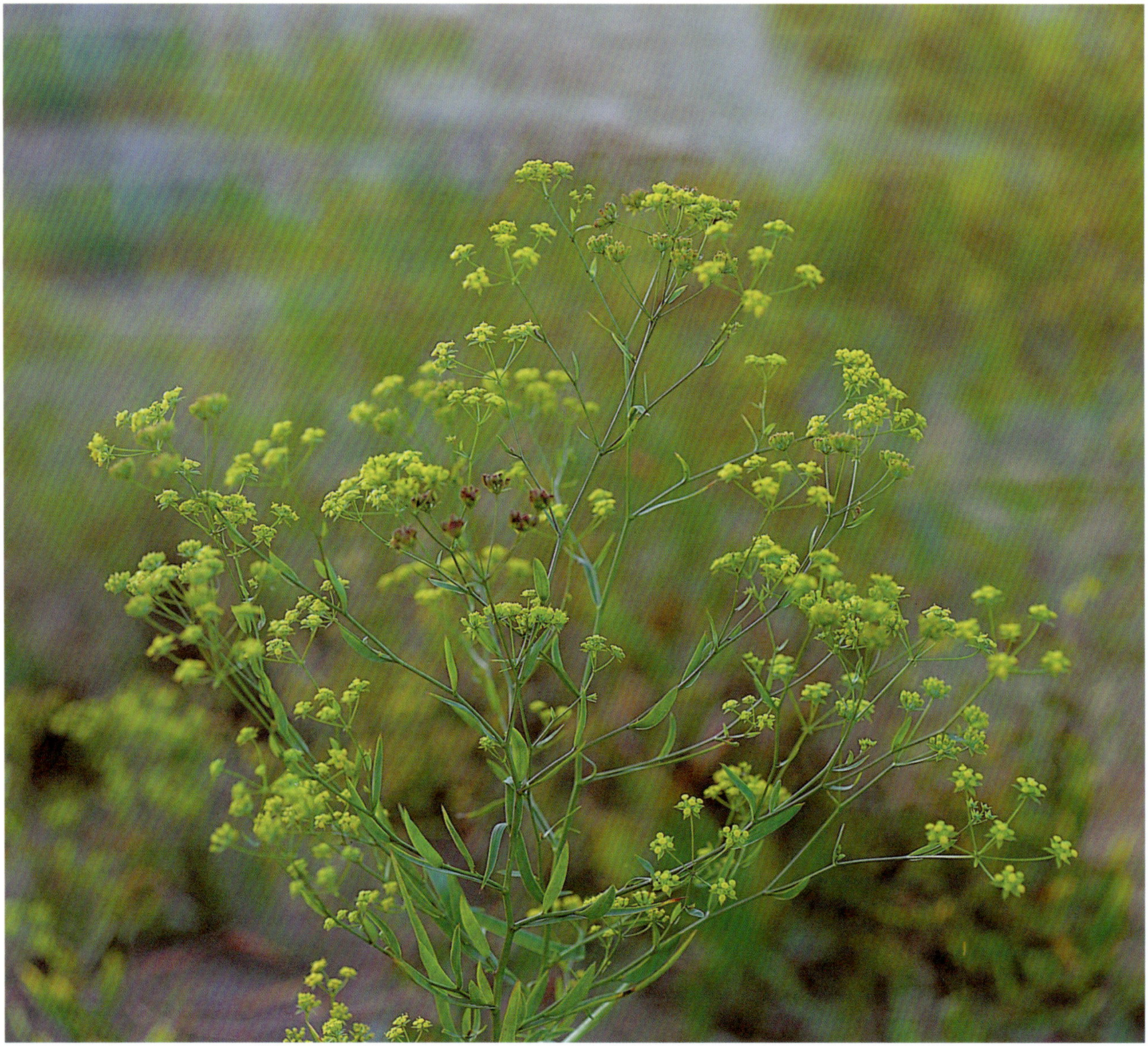

시호 꽃

255 시호(柴胡)

시호의 뿌리
Bupleurum falcatum L.

감기로 인한 기침 증상을 개선시키며 지방간 및 간경화를 예방하는 데 쓰인다.
입 안이 쓰(苦)며 가슴이 답답한 증상에 쓰인다.
헬리코박터균을 억제하여 위궤양을 예방하는 데 쓰인다.
5~10g

해열작용
진정작용
진통작용
항균작용
소염작용
항알러지작용
간보호작용

시호(柴胡)

시호 전초

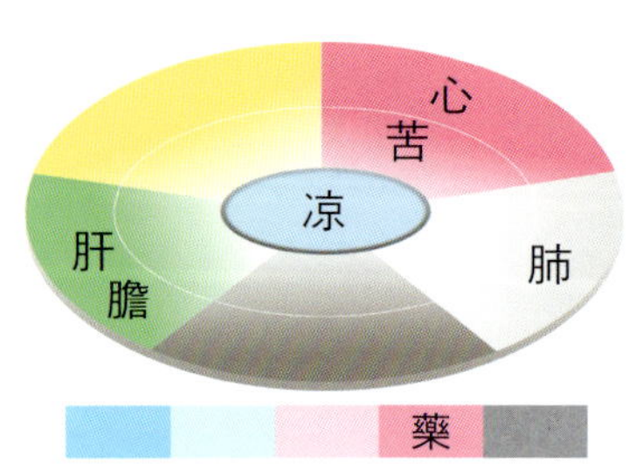

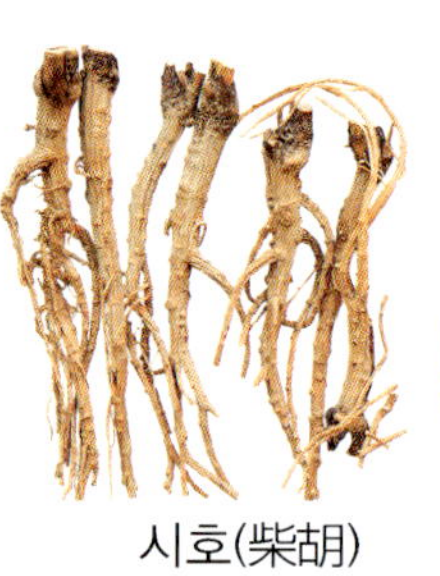

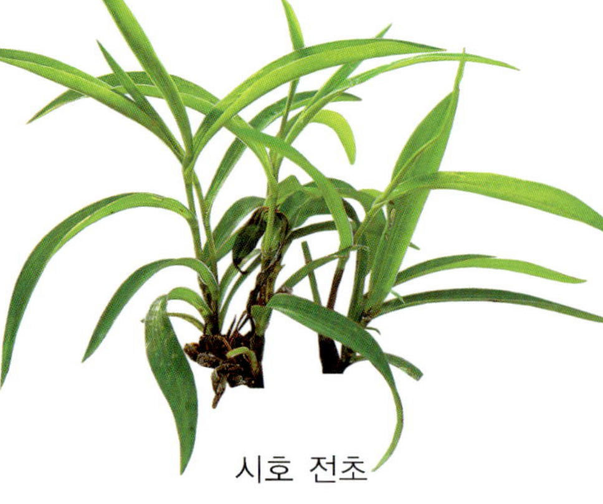

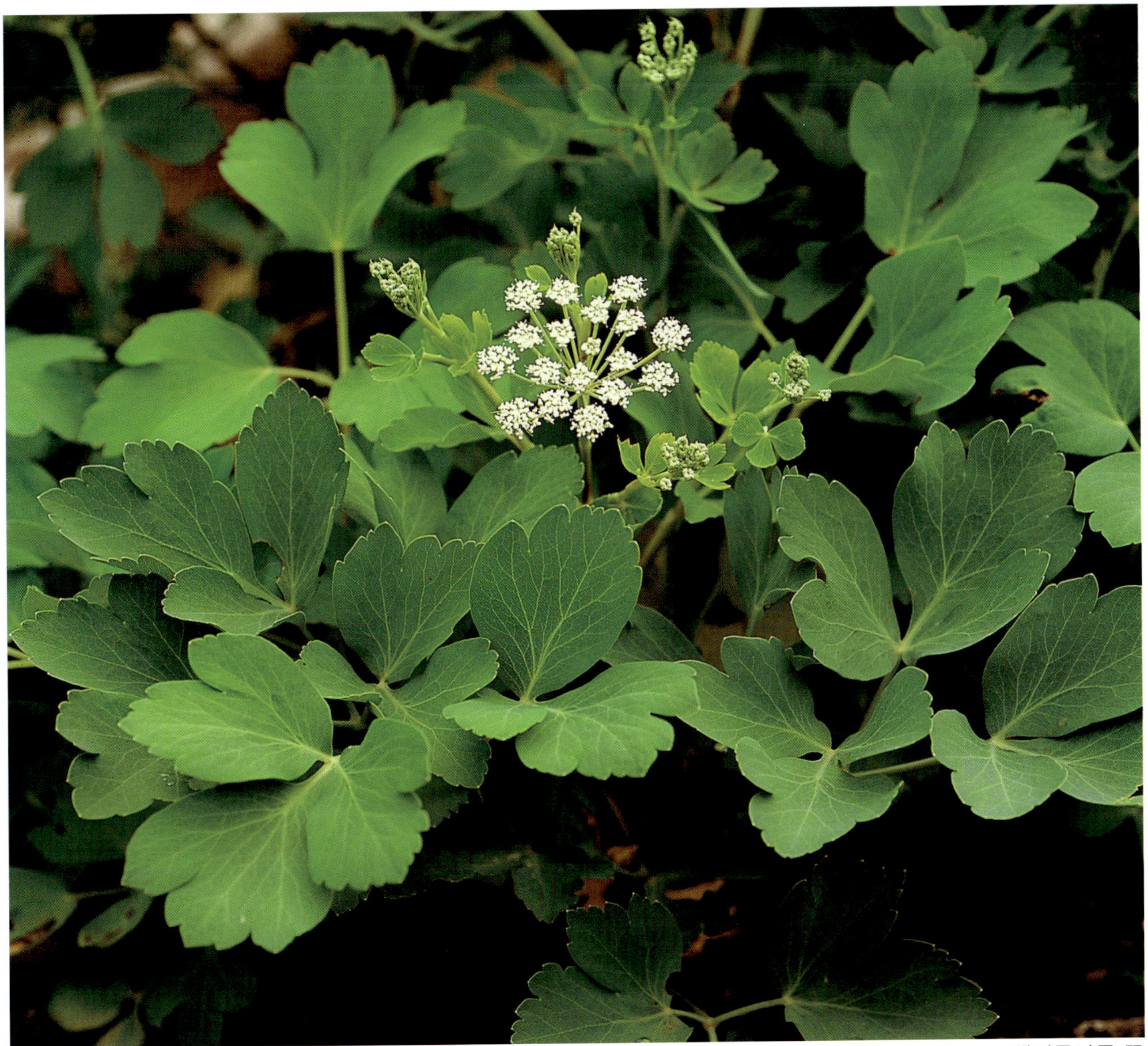

갯기름나물 꽃

256 식방풍(植防風)

갯기름나물의 뿌리
Peucedanum japonicum THUNB.

감기로 열이 나고 온몸이 아플 때와 인후통, 두통 등에 쓰인다.

10~15g

거담작용
진통작용
소염작용

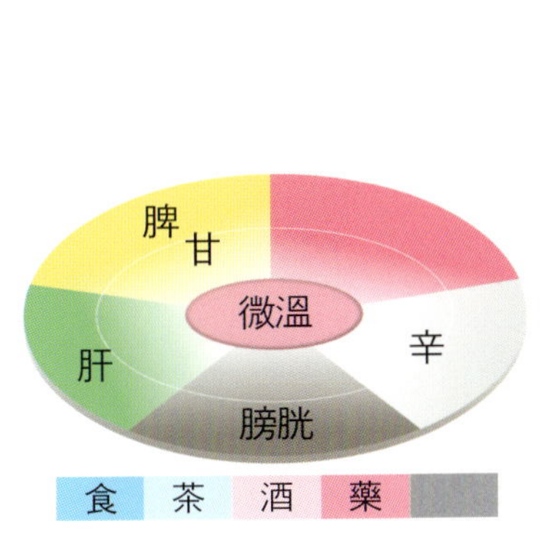

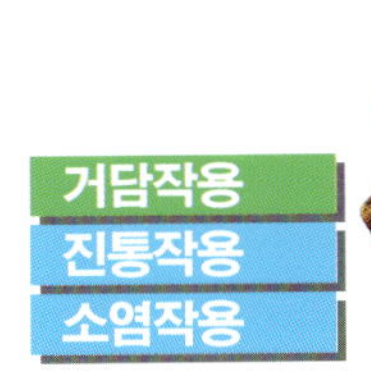

식방풍(植防風)

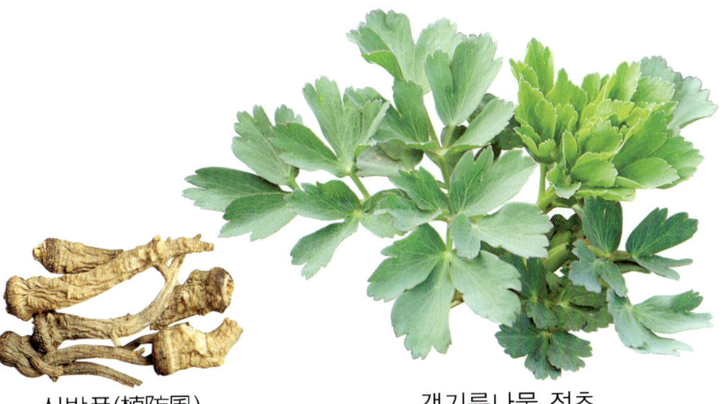

갯기름나물 전초

황해쑥 전초

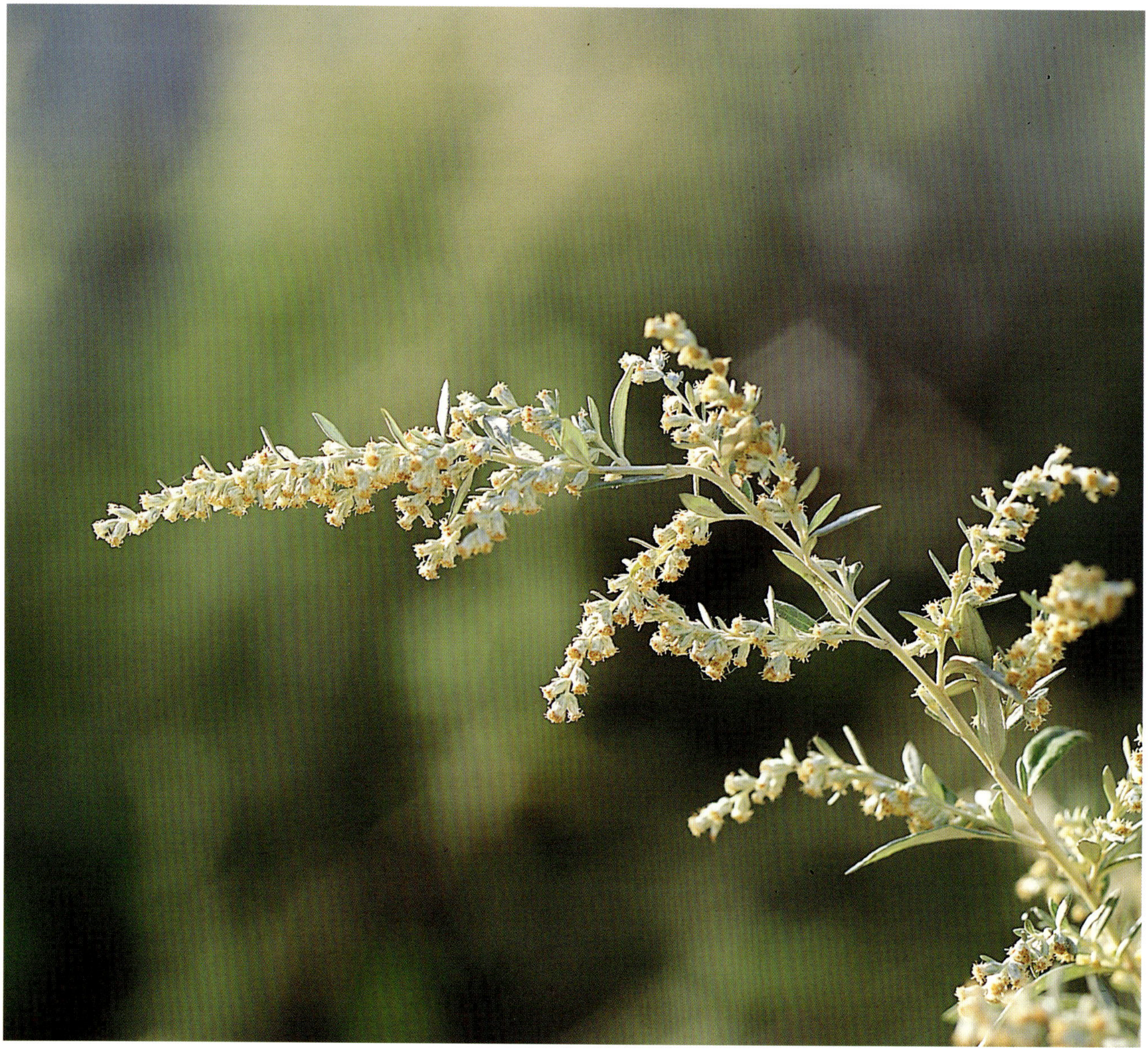

257 애엽(艾葉)

황해쑥의 지상부
Artemisia argyi LEV. et VANIOT

아랫배가 허약하고 차며 복부의 냉감(冷感)과 동통이 있는 데 쓰인다.
임신중 하혈, 자궁출혈, 생리불순, 생리통, 대하증 등에 쓰인다.
습진, 냉 · 대하에 훈증(燻蒸)하면 증상을 개선시킨다.
10~20g

- 지혈작용
- 항균작용
- 소염작용
- 진해작용
- 거담작용

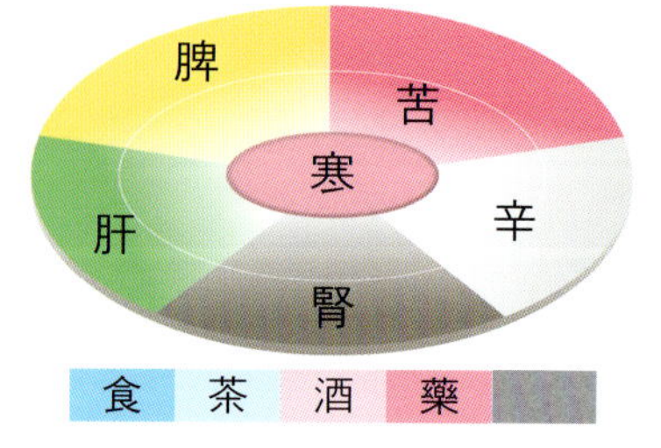

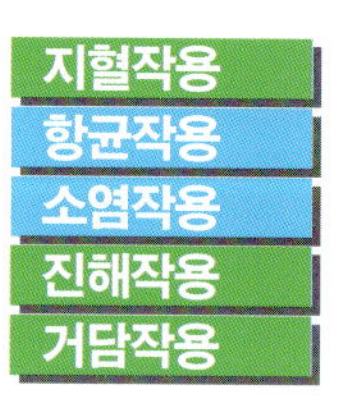

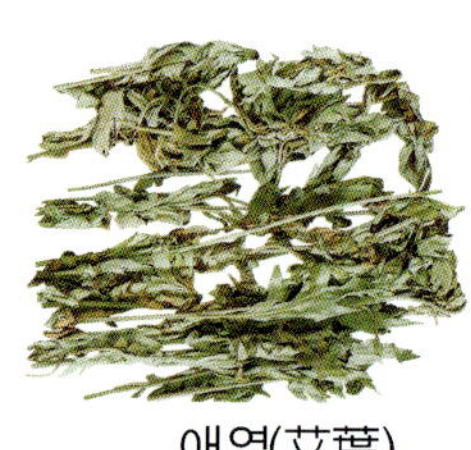

애엽(艾葉)

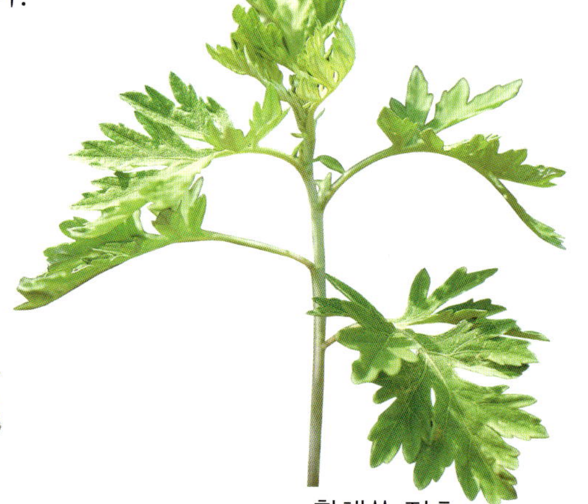

황해쑥 전초

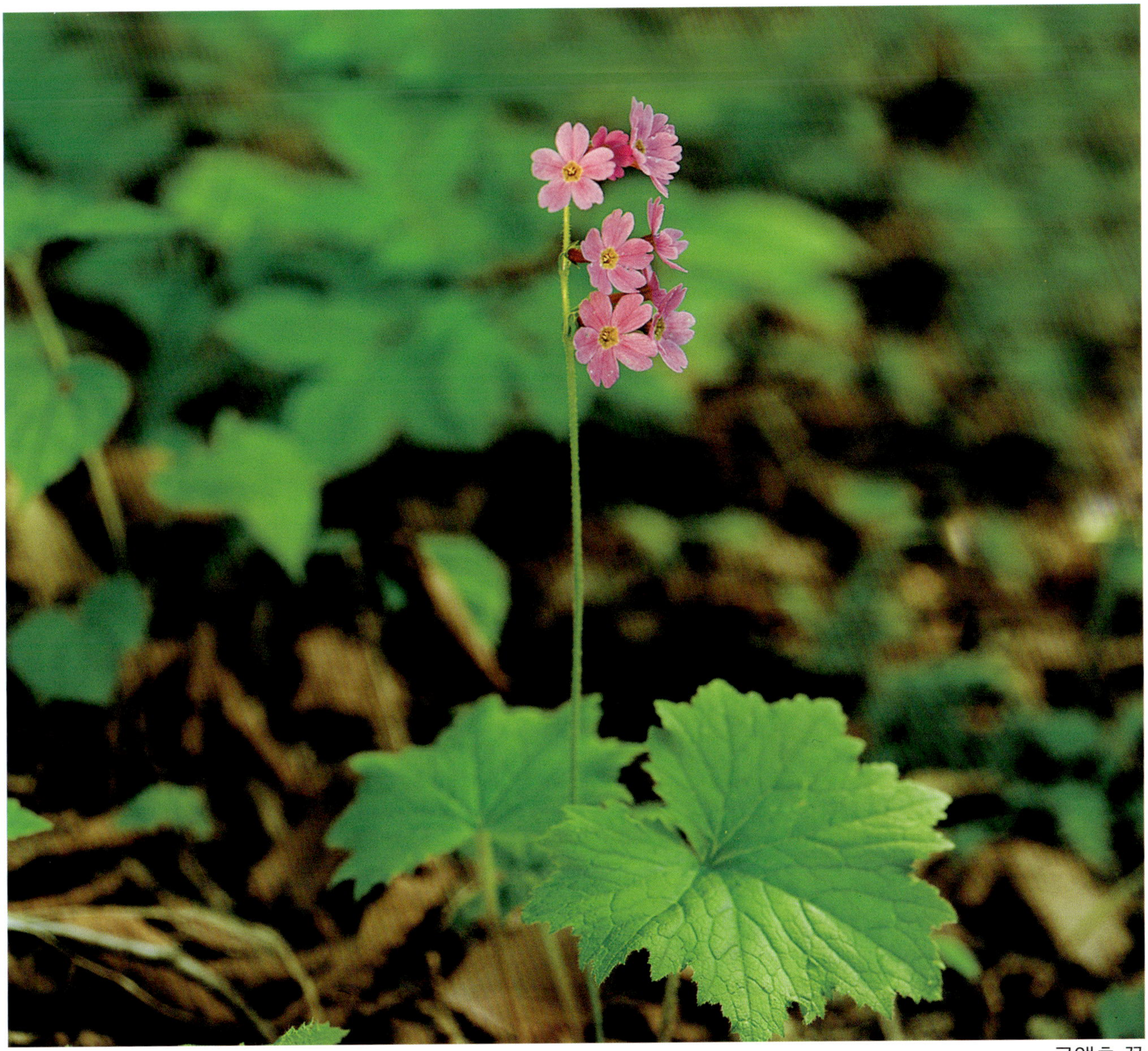

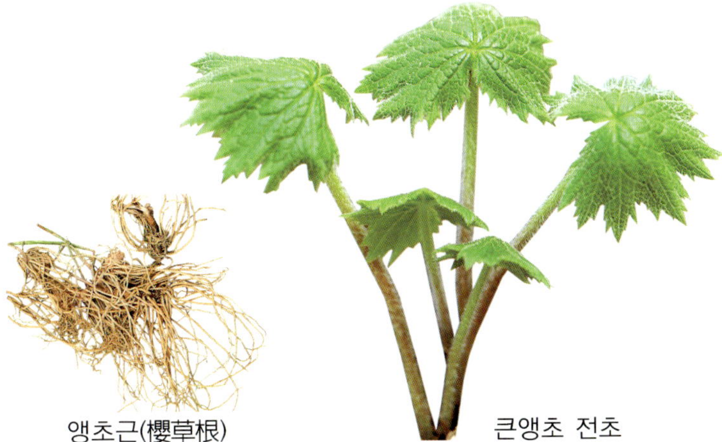

큰앵초 꽃

258 앵초근(櫻草根)

큰앵초의 뿌리
Primula jesoana MIQ.

해수를 멈추게 하고 가래를 삭여 인후염, 기관지염 증상을 개선시키는 데 쓰인다.

5~10g

진해작용
거담작용

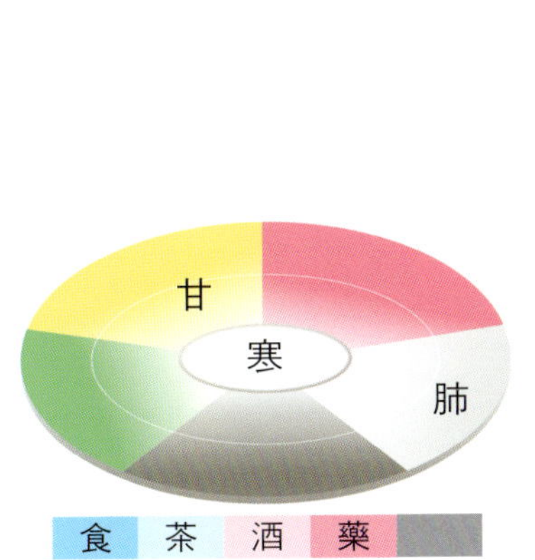

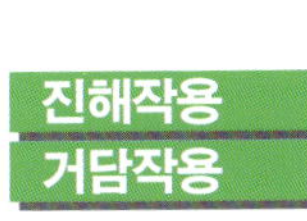

앵초근(櫻草根)

큰앵초 전초

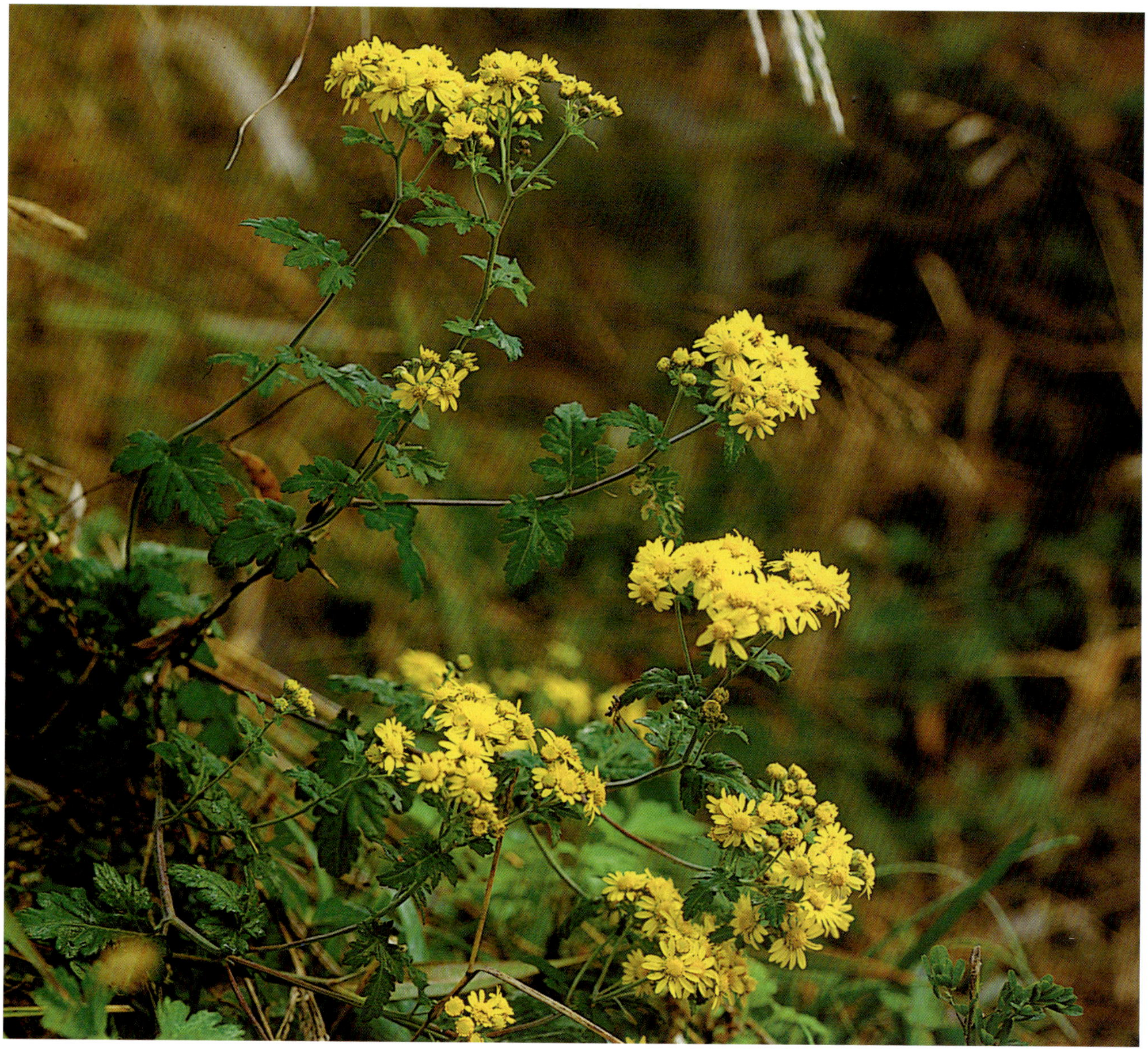

산국 꽃

259 야국화(野菊花)

산국의 꽃봉오리
Dendranthema boreale (MAKINO) LING ex KITAM.

눈이 충혈 되고 머리가 어지러운 증상을 개선시키며, 혈압을 내리게 하므로 고혈압에 쓰인다.

5~10g

항균작용
해열작용
혈압강하작용

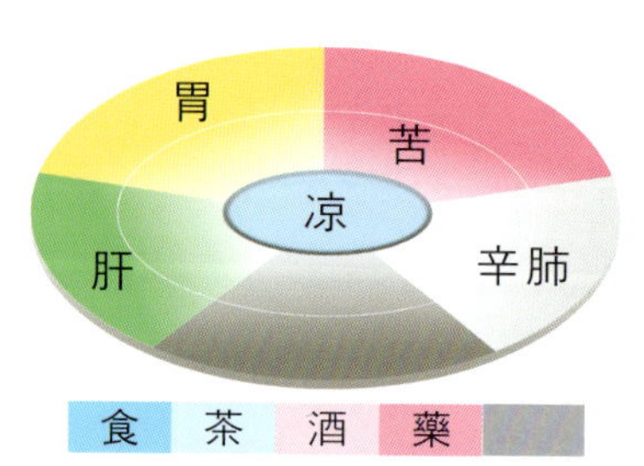

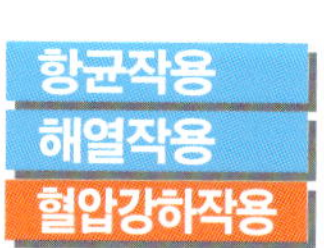

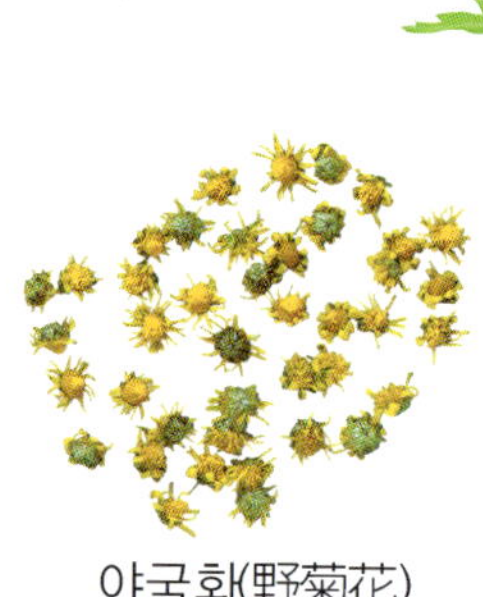

야국화(野菊花)

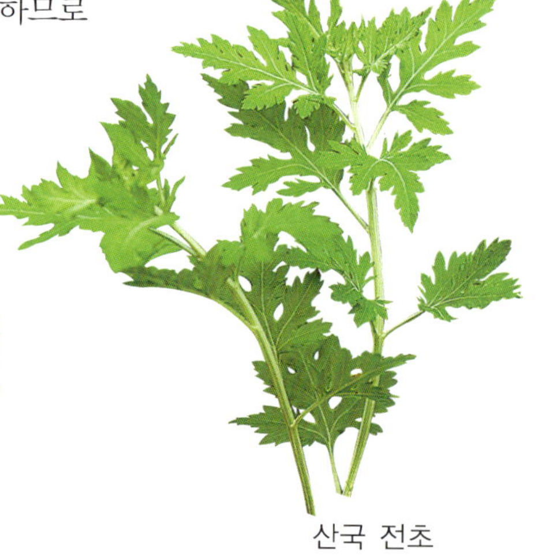

산국 전초

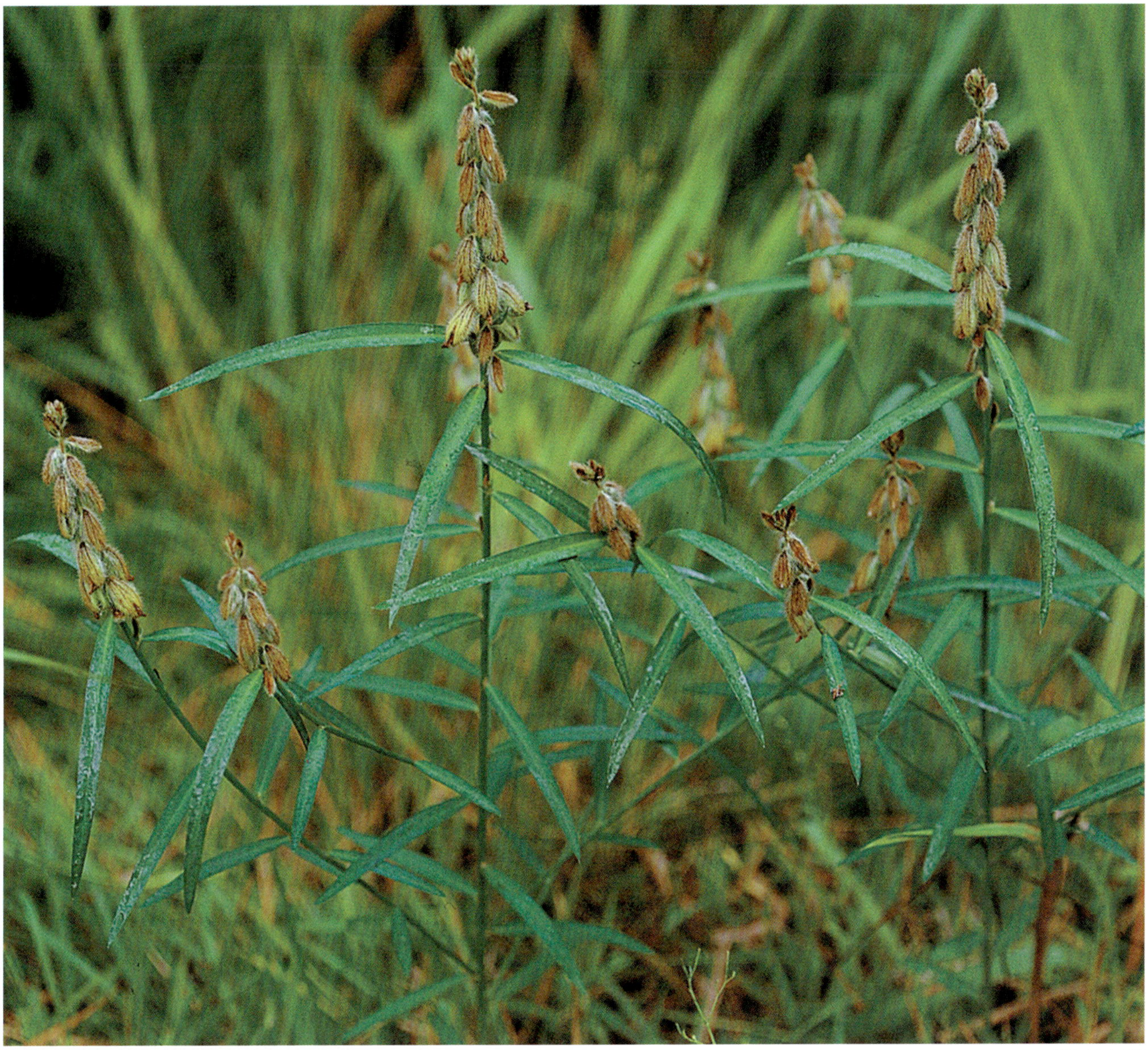

활나물 씨

260 야백합(野白合)

활나물의 전초
Crotalaria sessiliflora L.

열을 내리게 하고 습(濕)을 거두며 해독하는 작용이 있어 이질, 설사에 쓰인다.
최근에 항암작용이 있는 것으로 알려져 있다.
※농길리(農吉利)라고도 한다.

10~20g

항암작용
이뇨작용
해독작용

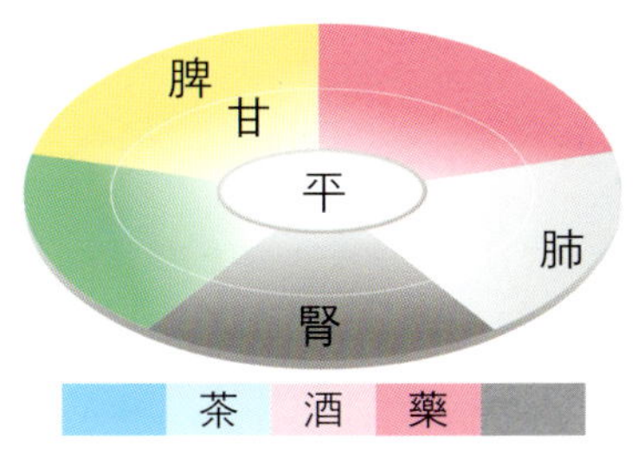

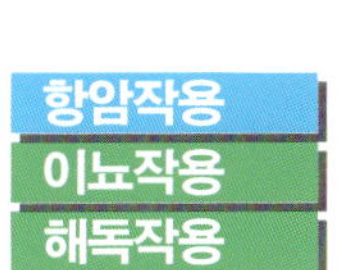

야백합(野白合)

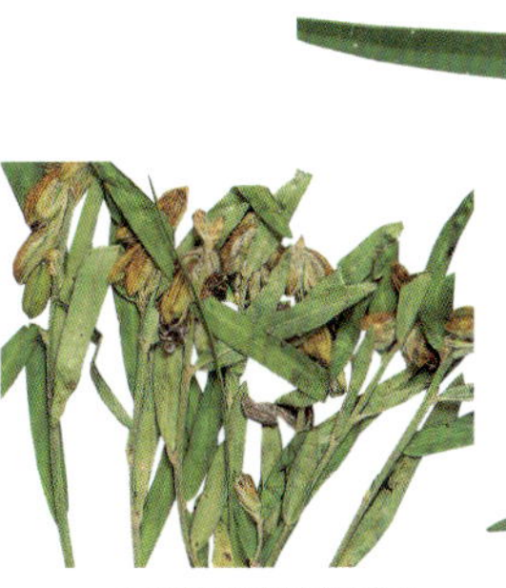

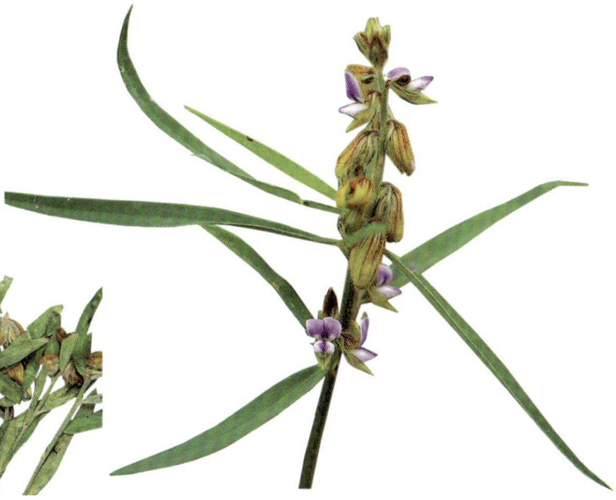

활나물 꽃

소리쟁이 꽃

261 양제근(羊蹄根)

소리쟁이의 뿌리
Rumex crispus L.

지혈작용이 있어 코피, 토혈, 각혈, 대변출혈, 자궁출혈 등에 쓰이고 변비에 쓰인다.
외용(外用)하여 피부 소양감을 개선하며 백반증에도 쓰인다.

10~15g

양제근(羊蹄根)

소리쟁이 전초

66

262 여지초(荔枝草)

배암차즈기의 전초
Salvia plebeia R. Br.

소변을 잘 나오게 하여 부종을 개선시킨다.
지혈작용이 있어 토혈, 비혈, 자궁출혈, 치질출혈에 쓰인다.
민가에서는 술(酒)에 담가 천식에 복용하기도 한다.

5~20g

心
凉
辛 肺
膀胱

食 茶 酒 藥

이뇨작용
지혈작용
항균작용
항알러지작용
미백작용

여지초(荔枝草)

배암차즈기 전초

263 연봉초(蓮蓬草) **털머위**의 전초
Farfugium japonicum (L.) KITAM.

감기와 인후염에 쓰이며 종기에 짓찧어 외용하는 데 쓰인다.
민가에서는 타박상과 관절통에 뿌리를 끓인 물로 식혜(甘酒)를
만들어 복용하기도 한다.
※독성이 있다. 머위 잎으로 오인하여 쌈으로 먹는 경우가
있으니 주의해야 한다.

3~5g

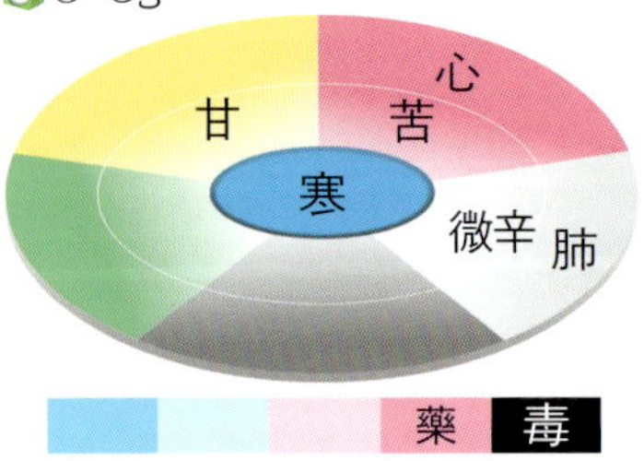

甘 心 苦
寒
微辛 肺

藥 毒

해열작용
항균작용

연봉초(蓮蓬草)　　　　　　털머위 전초

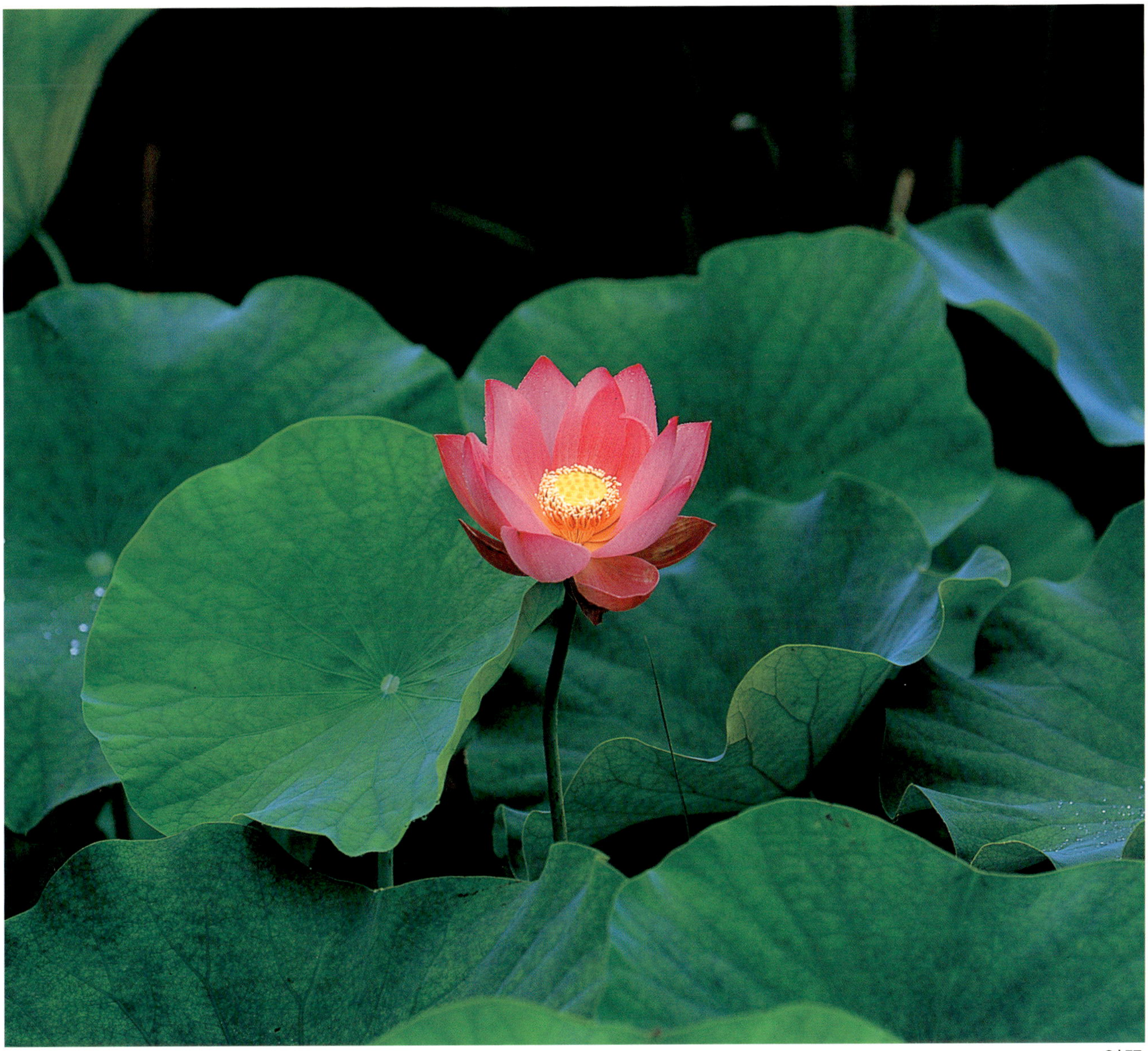

연꽃

264 연자육(蓮子肉)

연꽃의 씨
Nelumbo nucifera GAERTN.

비장의 기능이 허약하여 설사를 하거나, 신장 기능이 약하여 생기는 유정, 몽정에 쓰인다.
가슴이 두근거리고 잘 놀라며 잠을 못 자는 증상에 쓰인다.

 10~20g

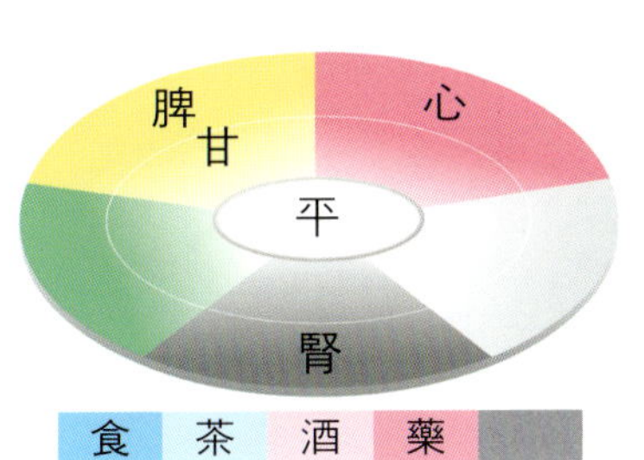

연자육(蓮子肉)

연 잎

69

연전초(連錢草) 꽃 사진

긴병꽃풀 꽃

265 연전초(連錢草)

긴병꽃풀의 지상부
Glechoma grandis (A. GRAY) KUPRIAN.

소변을 잘 나오게 하며 전신 부종에 쓰인다.

지혈작용이 있어 토혈, 코피, 자궁출혈, 변혈, 하혈 등에 쓰인다.

담즙분비를 촉진시켜 담석증, 황달 등의 증상을 완화시키는 데 쓰인다.

15~20g

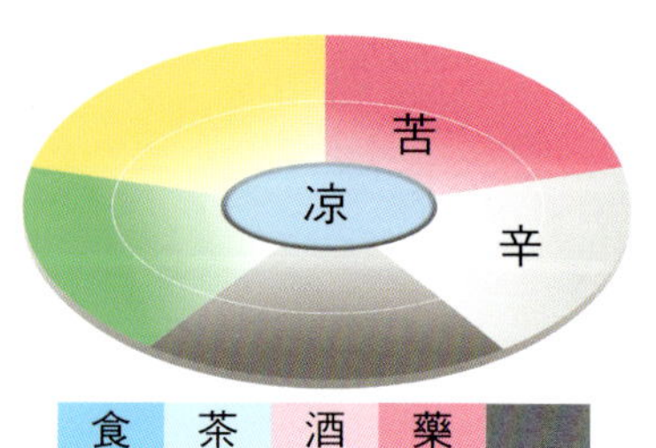

苦
凉
辛

食　茶　酒　藥

혈당강하작용
이뇨작용
이담작용

연전초(連錢草)

긴병꽃풀 전초

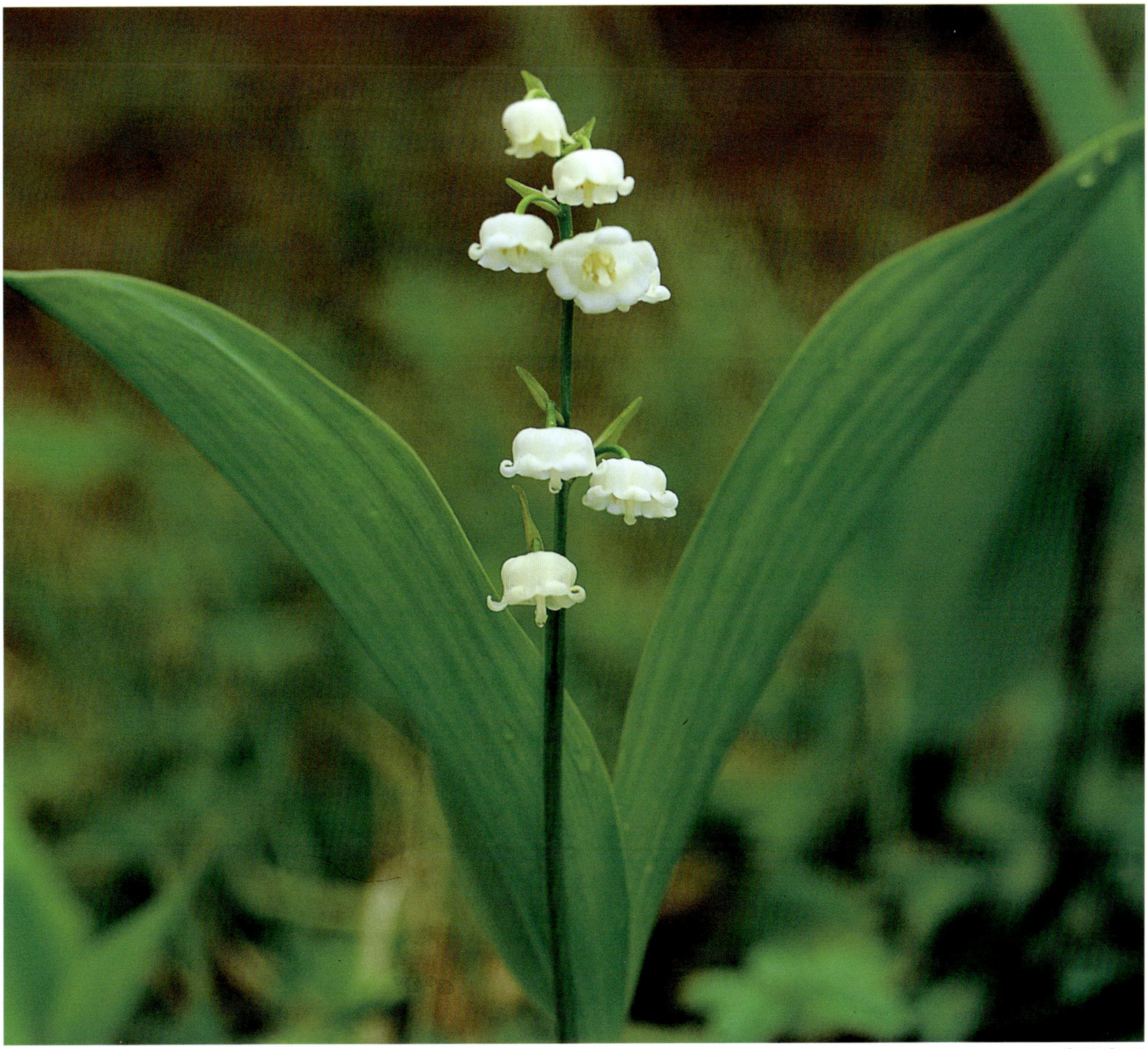

은방울꽃

266 영란(鈴蘭) **은방울꽃**의 뿌리

Convallaria keiskei MIQUEL

이뇨작용이 있어 전신 부종에 쓰이며 혈액순환을 잘 되게 하는 데 쓰인다. 과량 복용 시 심장에 부담을 주므로 용량에 주의해야 한다.

1~5g

이뇨작용

강심작용

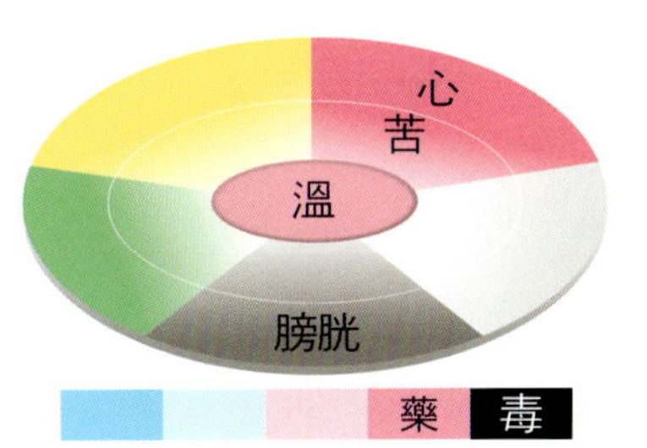

영란(鈴蘭)

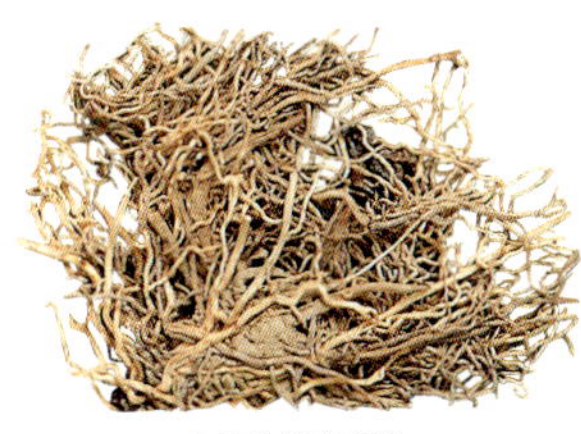

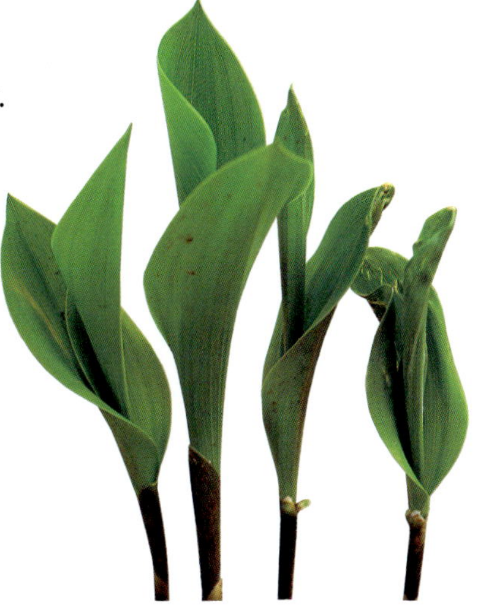

은방울꽃 전초

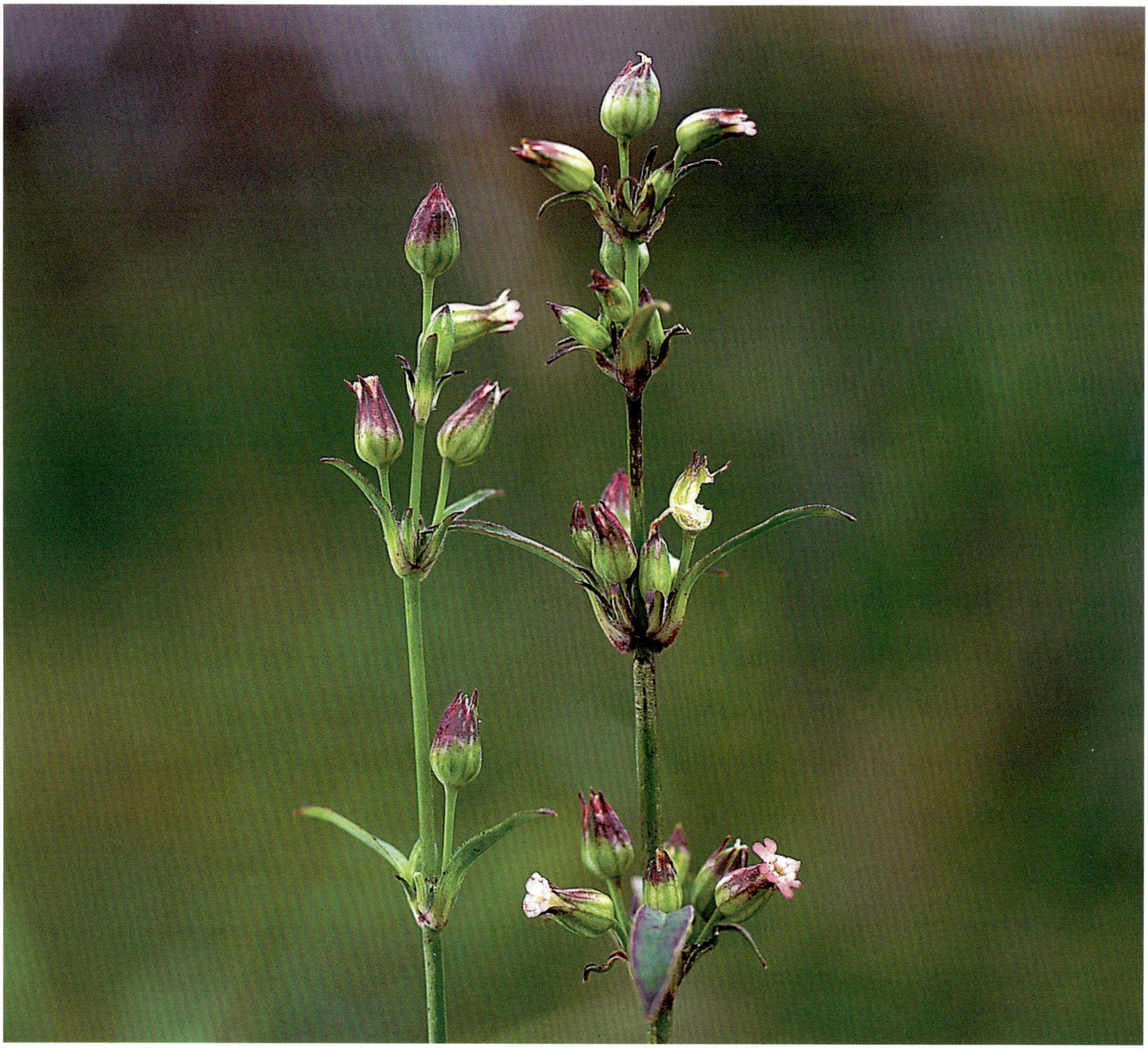

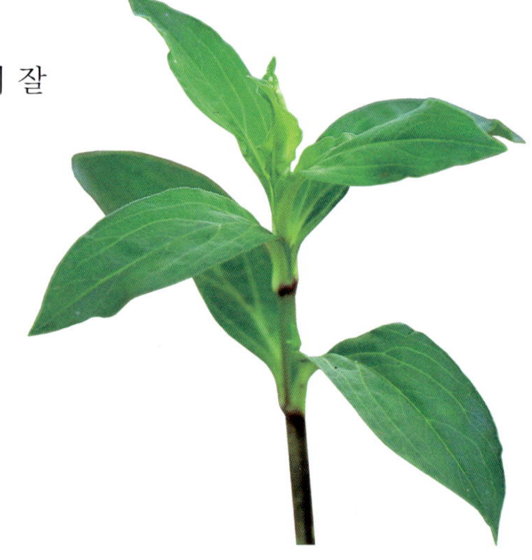

장구채 꽃

267 왕불류행(王不留行)

장구채의 지상부
Silene firma SIEBOLD & ZUCC.

산후에 젖이 부족할 때와 유방염에 쓰이며, 이뇨작용이 있어 소변이 잘 나오지 않거나 요로결석, 부종 등의 증상에 쓰인다.
여성의 생리불순, 생리통에 쓰인다.

10~15g

이뇨작용
유즙분비

왕불류행(王不留行)

장구채 전초

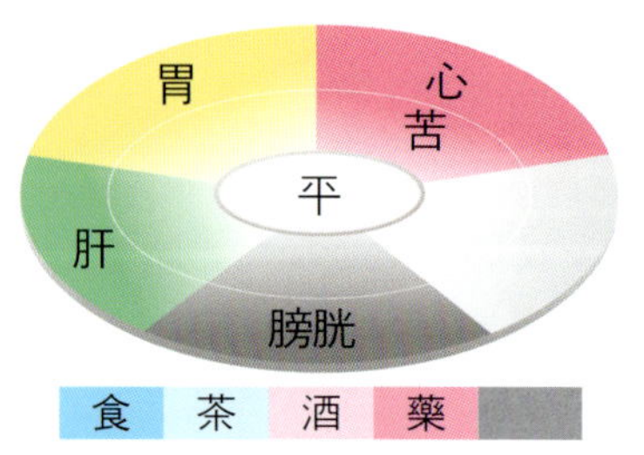

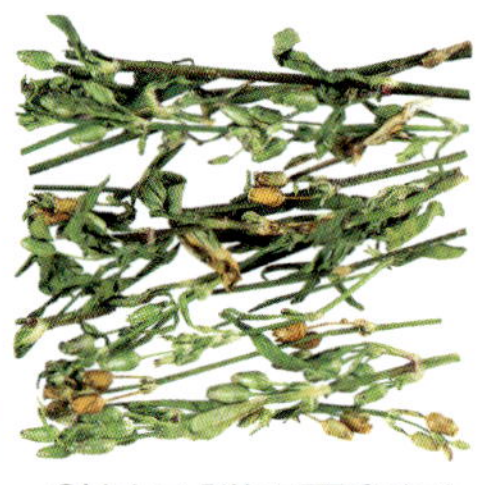

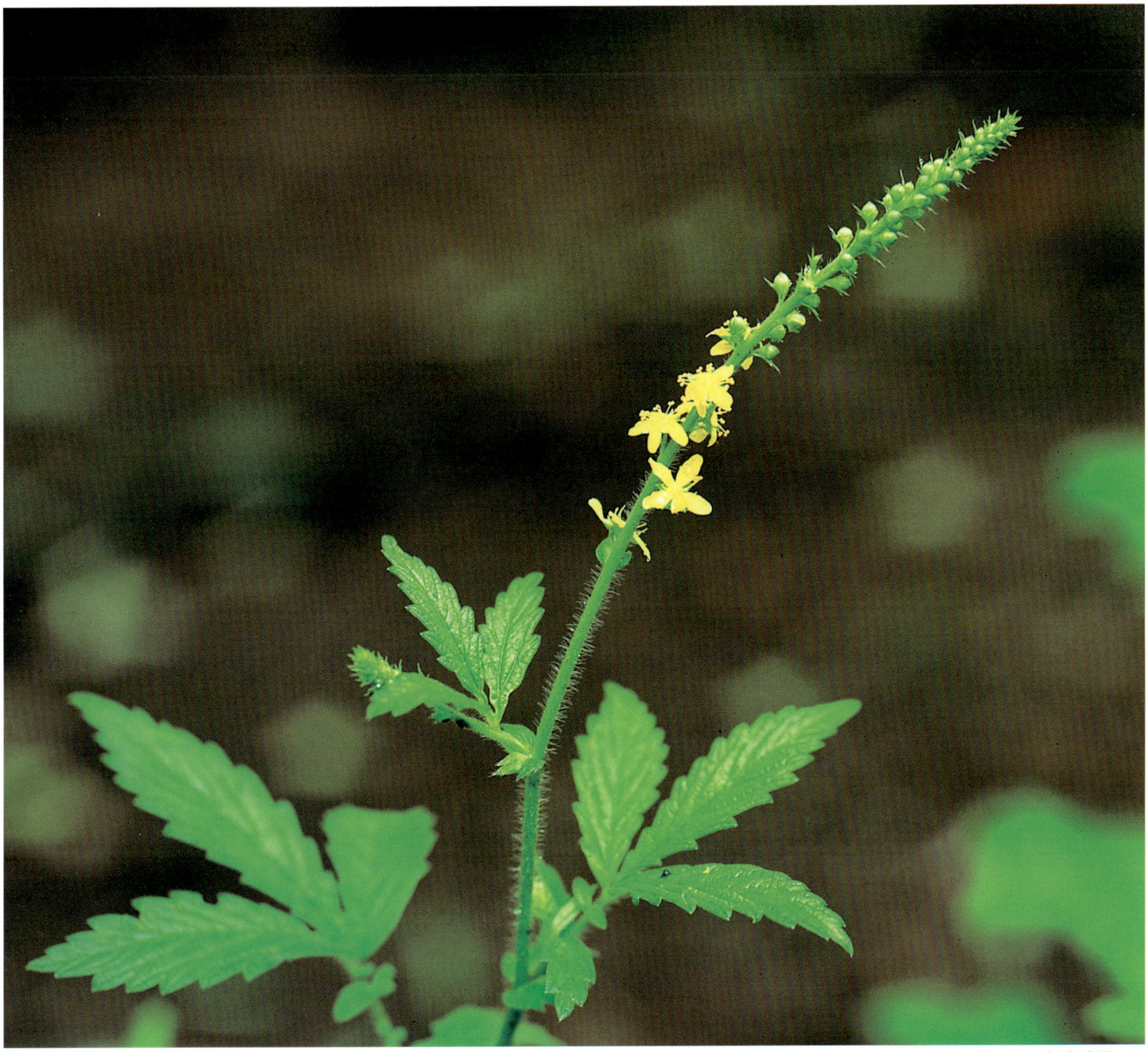

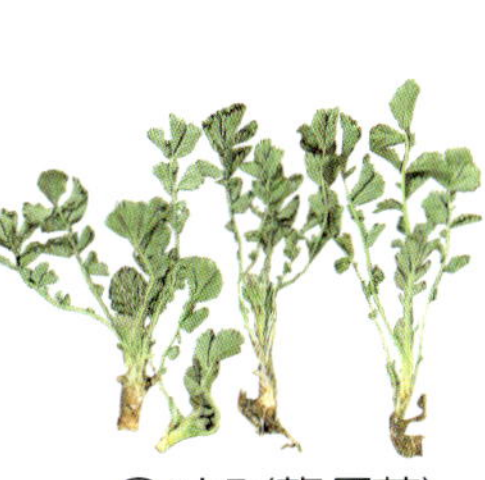

짚신나물 꽃

268 용아초(龍牙草)

짚신나물의 지상부
Agrimonia pilosa LEDEB.

지혈작용으로 각혈, 토혈, 소변출혈, 빈혈, 자궁출혈 등에 쓰인다.
심장혈관 및 평활근에 대한 작용이 있어 강심시키며 혈압하강하는 데 쓰인다.
민가에서는 폐암에 보조적으로 쓰인다.
※선학초(仙鶴草)라고도 한다.
10~15g

- 지혈작용
- 진통작용
- 혈압강하작용
- 구충작용
- 항암작용
- 항균작용
- 미백작용

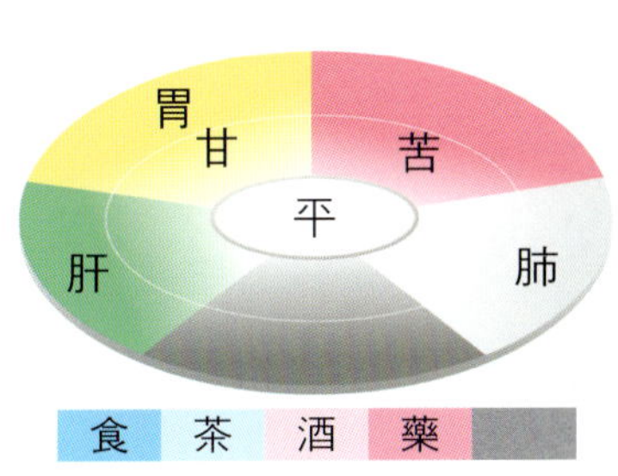

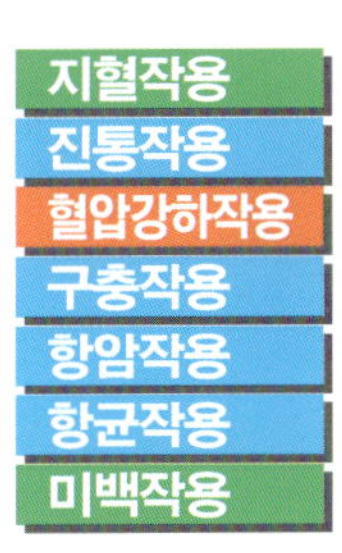

용아초(龍牙草)

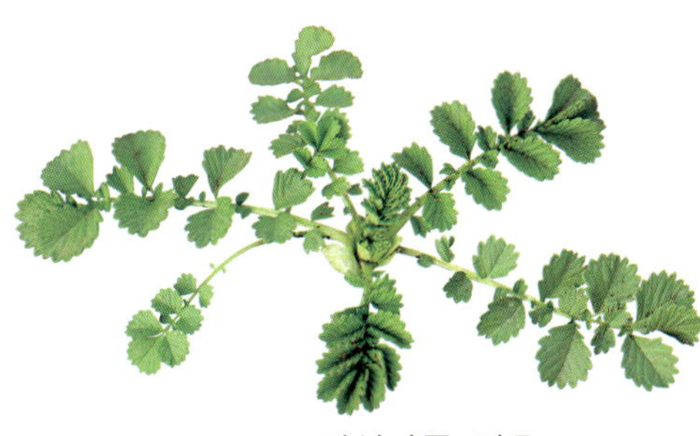

짚신나물 전초

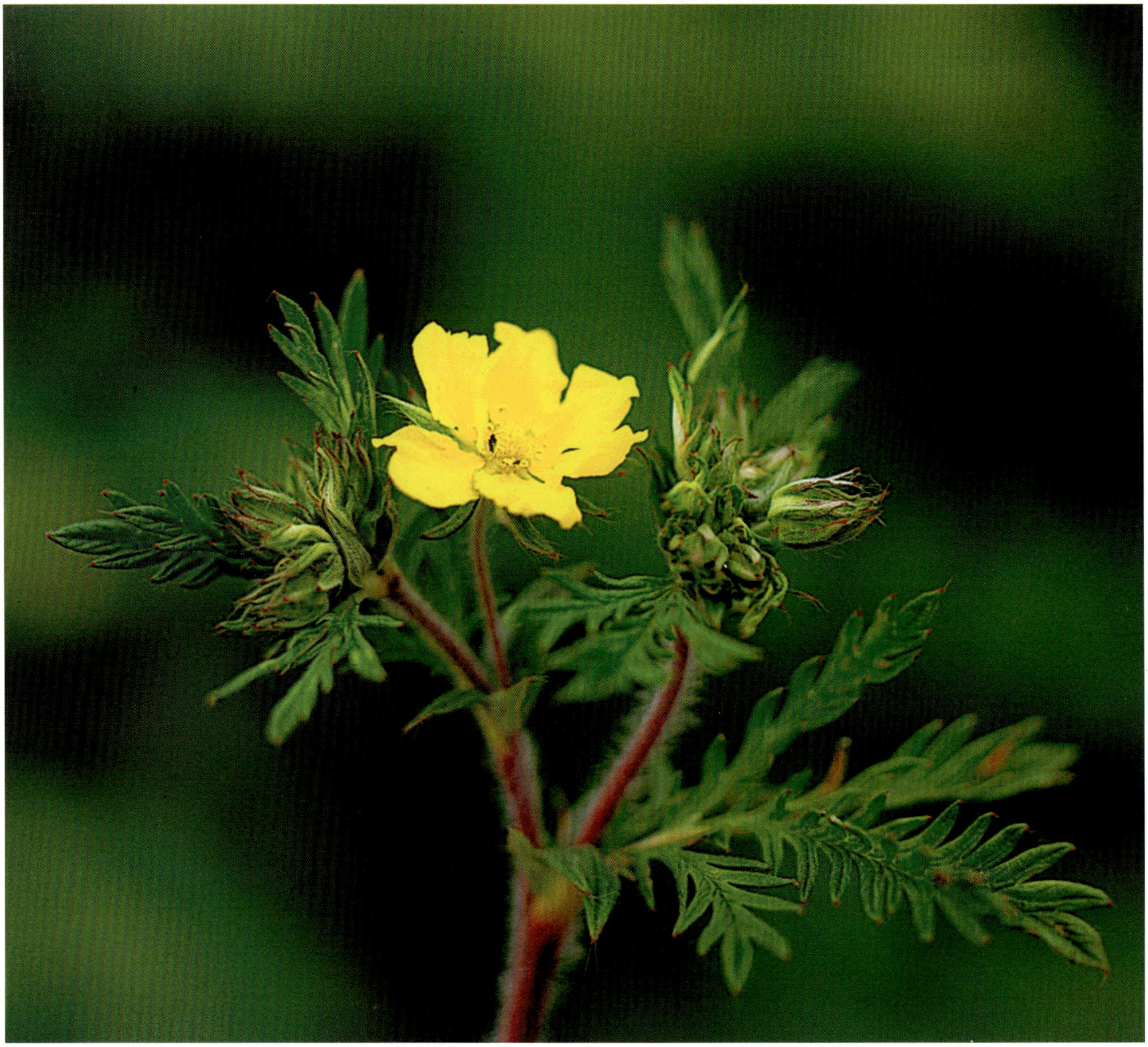

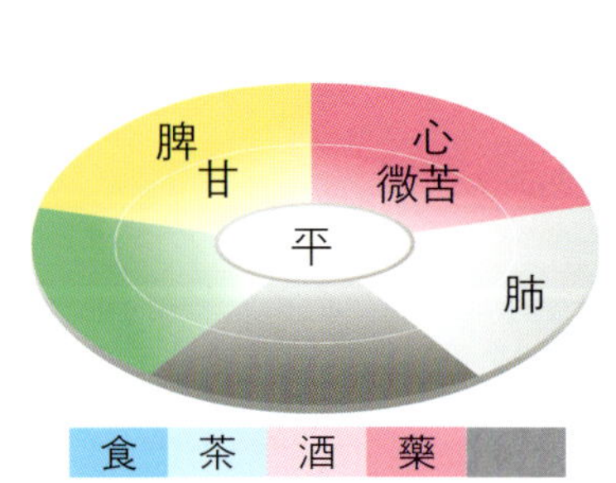

딱지꽃

269 위릉채(委陵菜)

딱지꽃의 뿌리가 달린 전초
Potentilla chinensis SER.

지혈작용이 있어 장출혈, 자궁출혈, 소변출혈 및 토혈에 쓰인다.
세균성 급 · 만성이질에 쓰인다.

10~15g

거풍작용
해독작용

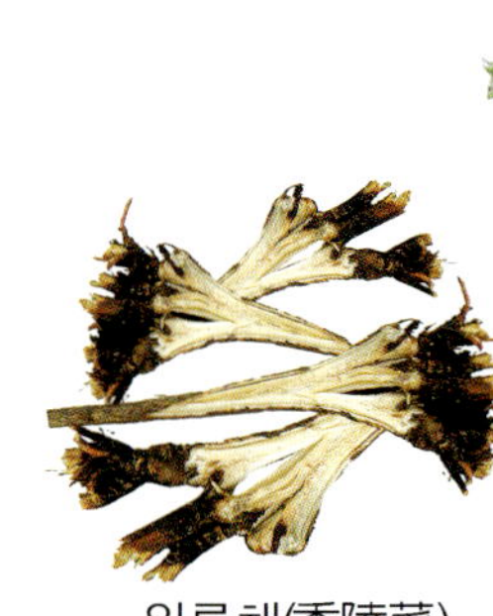

위릉채(委陵菜)

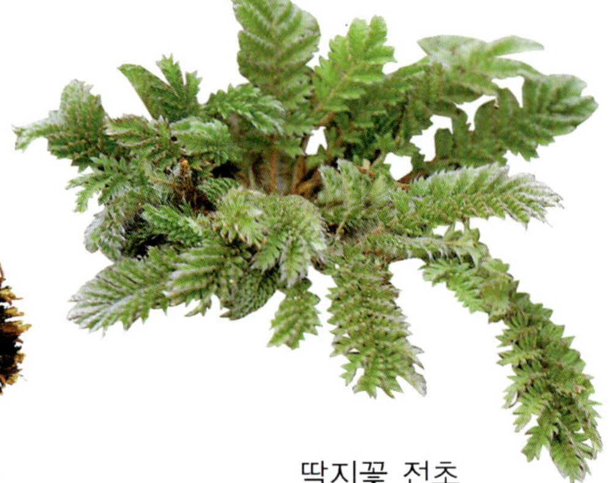

딱지꽃 전초

환삼덩굴 암꽃

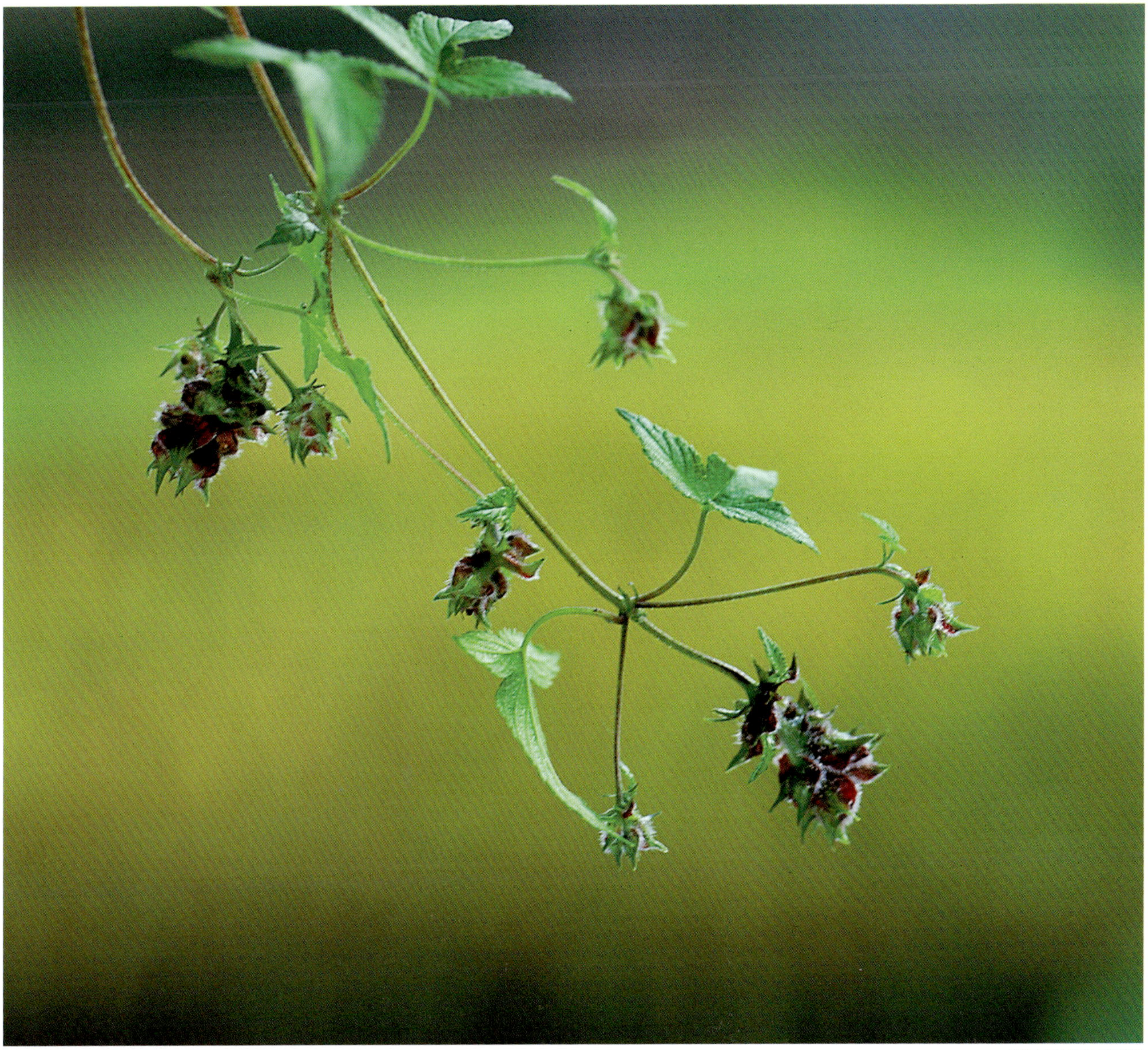

270 율초(律草)

환삼덩굴의 지상부
Humulus japonicus SIEBOLD & ZUCC.

열을 내리고 소변을 잘 나오게 하며 어혈을 풀어주고 해독하는 효능이 있다.
소변불리, 학질, 이질, 설사, 폐결핵, 폐농양, 폐렴 등에 쓰인다.

10~15g

항균작용
이뇨작용
어혈제거

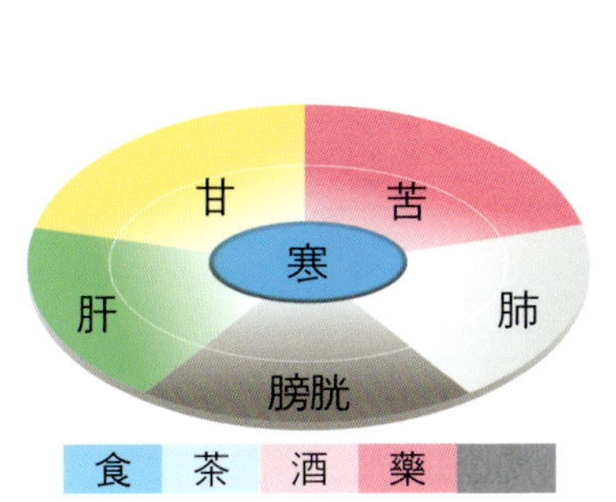

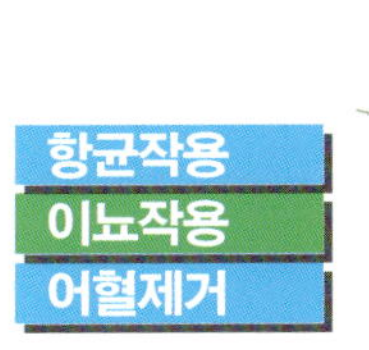

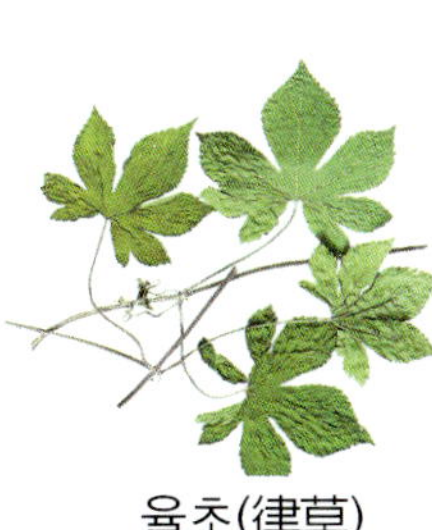

율초(律草)

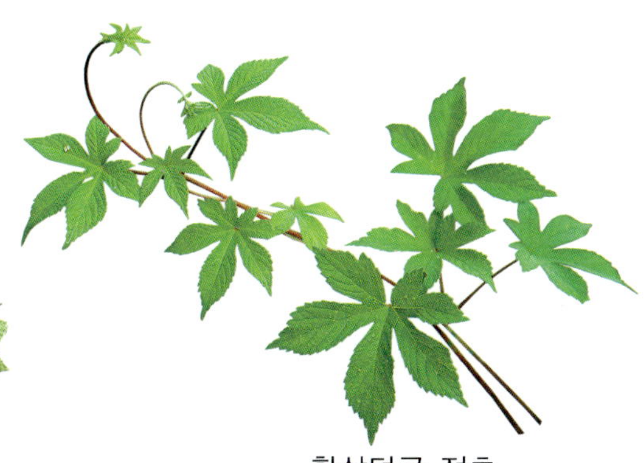

환삼덩굴 전초

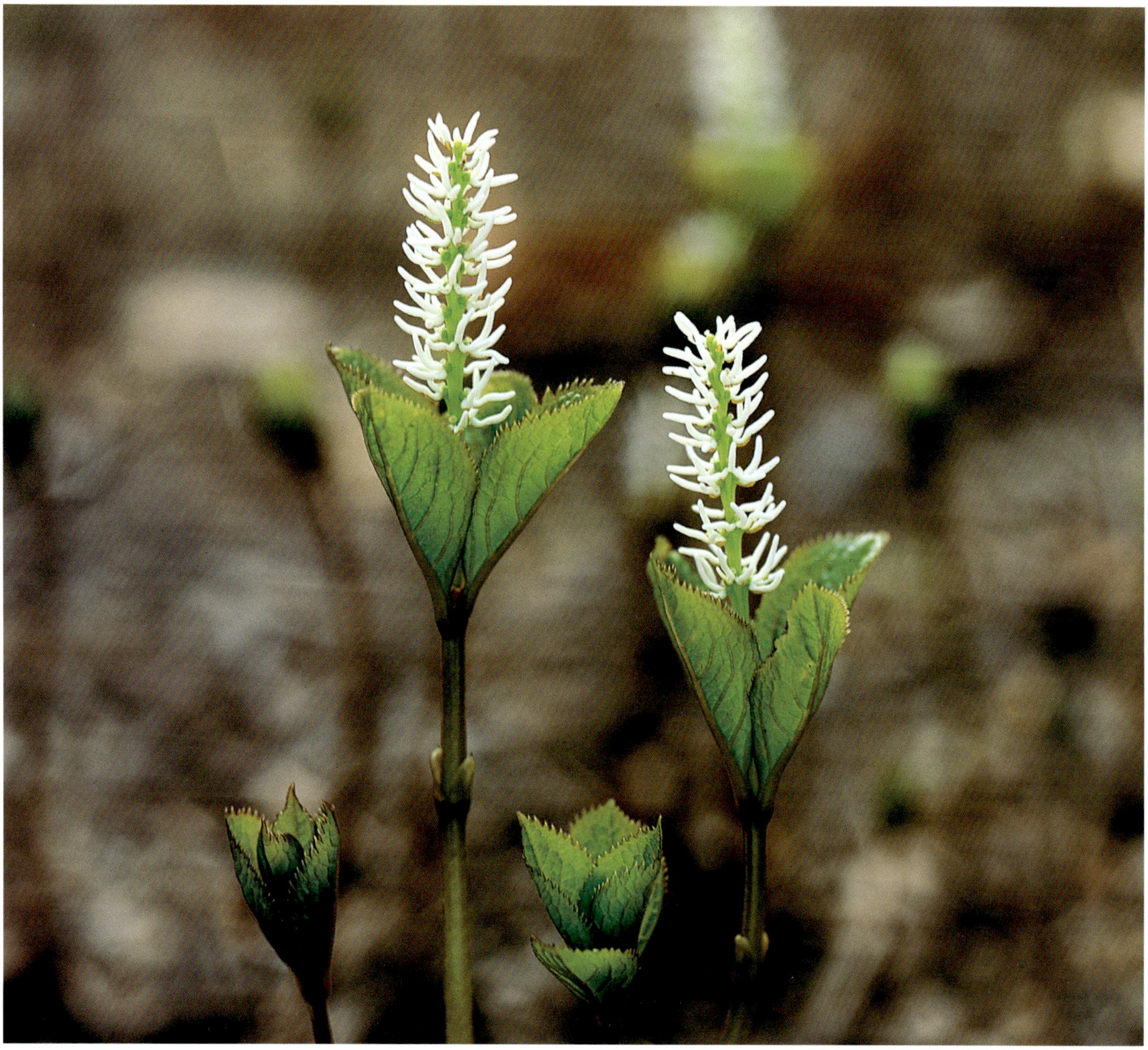

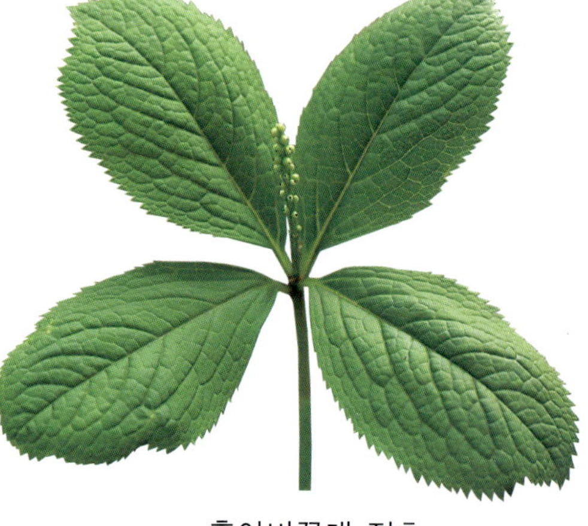

홀아비꽃대 꽃

271 은선초(銀線草)

홀아비꽃대의 전초
Chloranthus japonicus SIEBOLD

타박상으로 인해 피가 뭉친 것을 풀어 주고 해수와 기침에 쓰인다.
※임신 중에는 복용을 금한다.

2~4g

거풍작용
해독작용
어혈제거

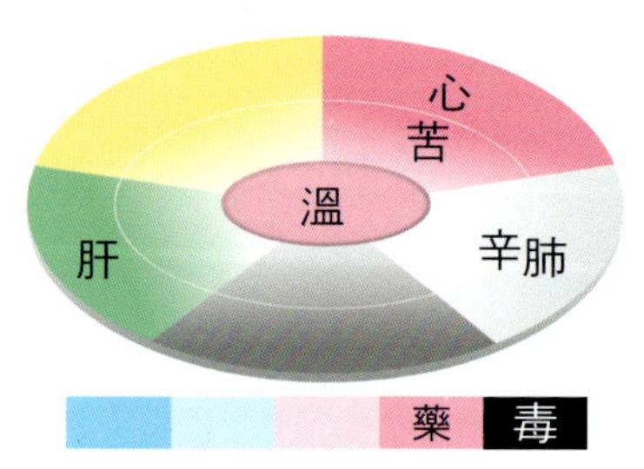

은선초(銀線草)

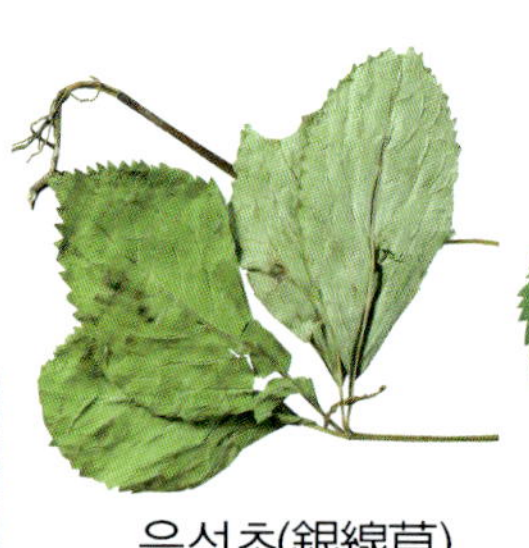

홀아비꽃대 전초

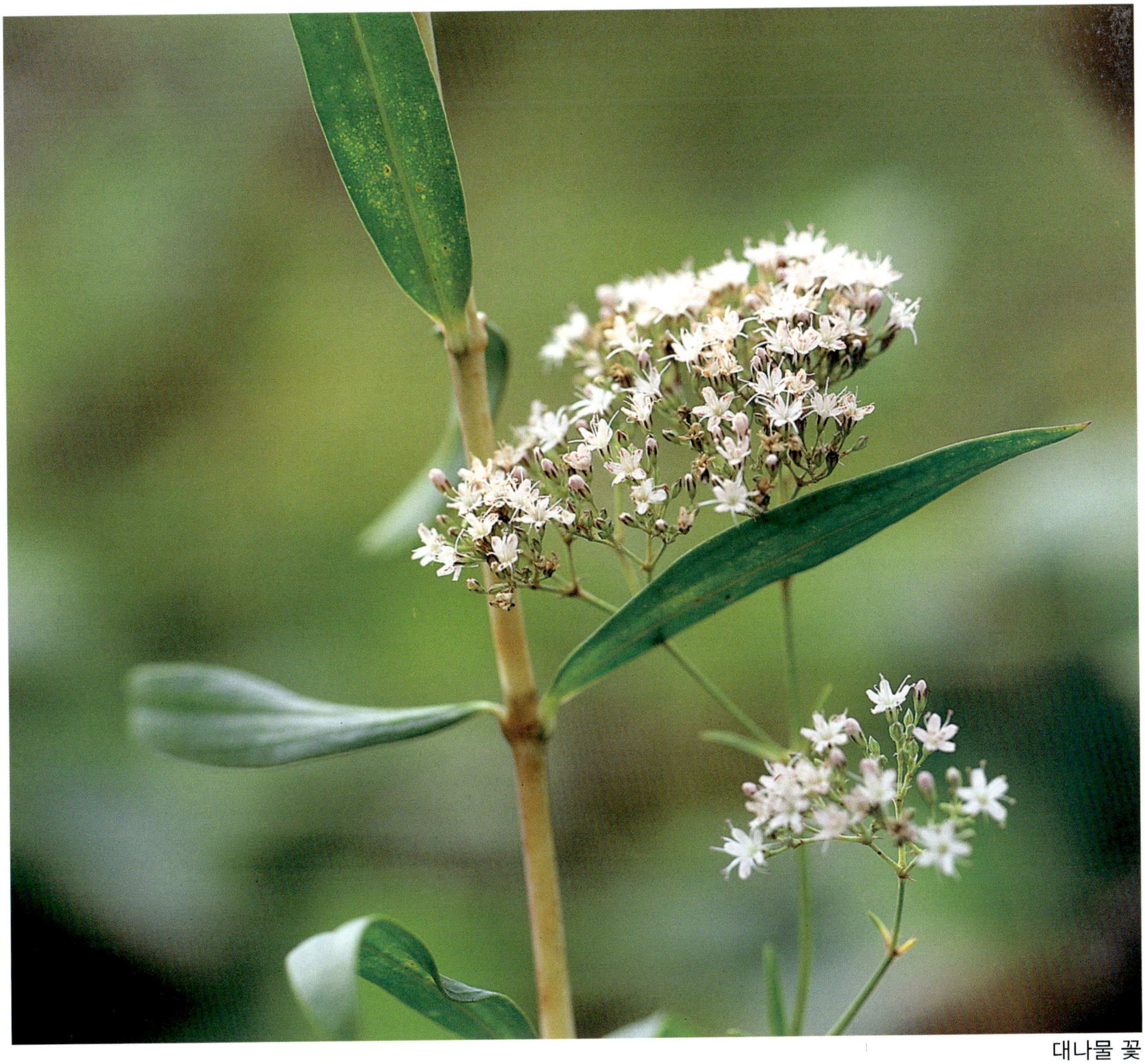

대나물 꽃

272 은시호(銀柴胡)

대나물의 뿌리
Gypsophila oldhamiana MIQ.

적혈구를 용해시키며 동맥경화를 예방한다.
과로하여 열이 나고 뼛골이 쑤시며 식은 땀이 나는 증상에 쓰인다.

5~10g

대나물 전초

해열작용
거담작용
용혈작용

은시호(銀柴胡)

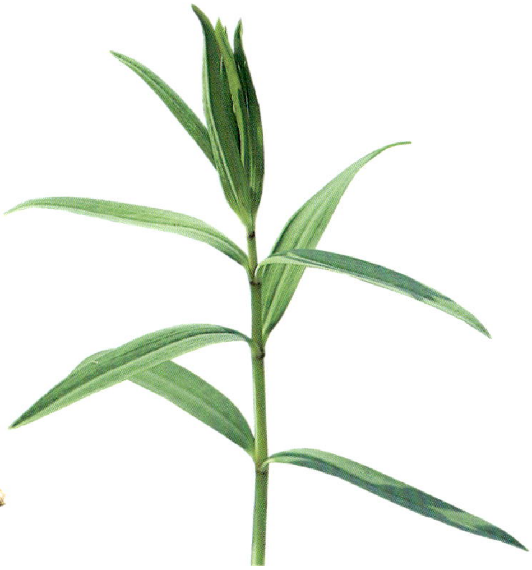

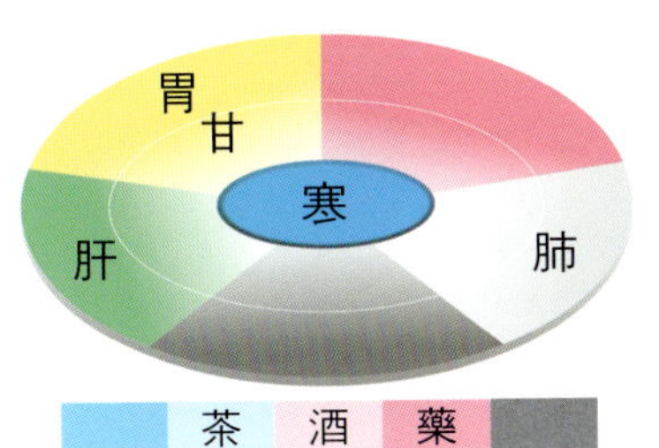

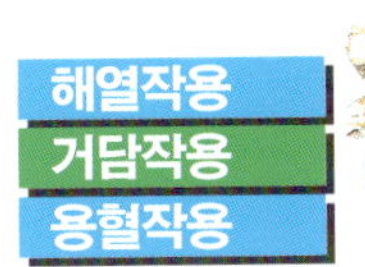

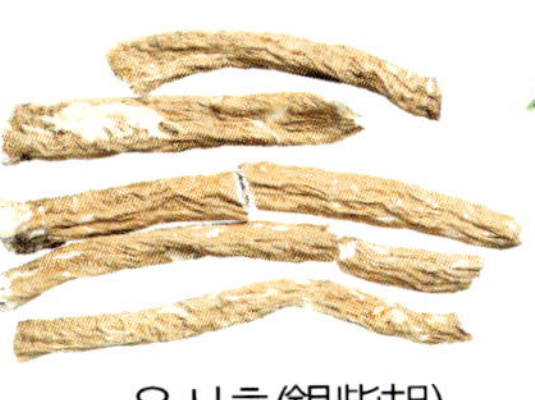

사철쑥 씨

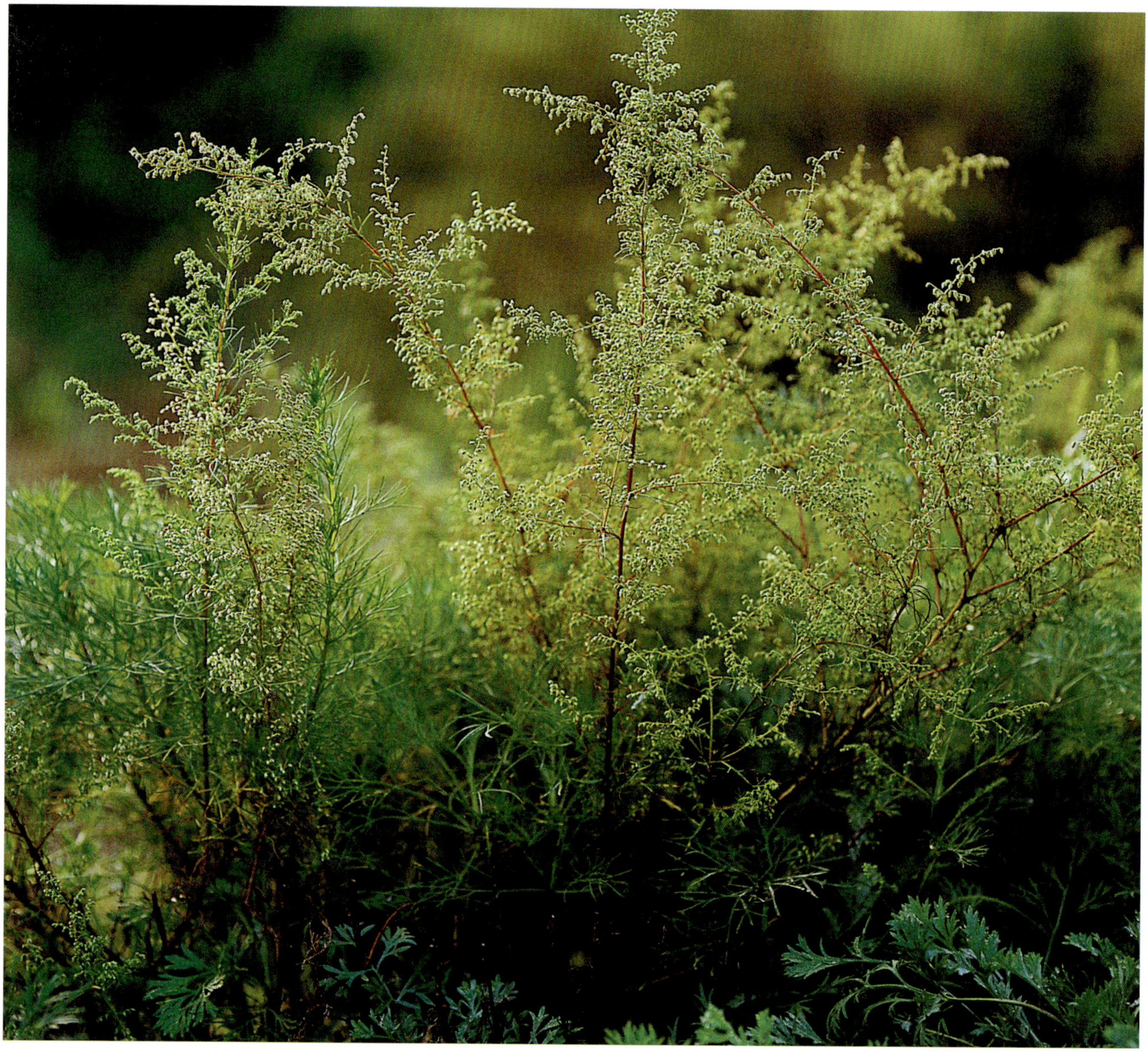

273 인진호(茵蔯蒿)

사철쑥의 지상부
Artemisia capillaris THUNB.

열을 내리게 하고 소변 색이 붉은 것을 다스리는 데 쓰인다.
피부가 가려운 증상과 급성 · 만성간염, 황달, 간경화 등에 쓰인다.

10~15g

간보호작용
이담작용
항바이러스작용
혈소판응집억제작용
항균작용
구충작용
해열작용
콜레스테롤저하작용

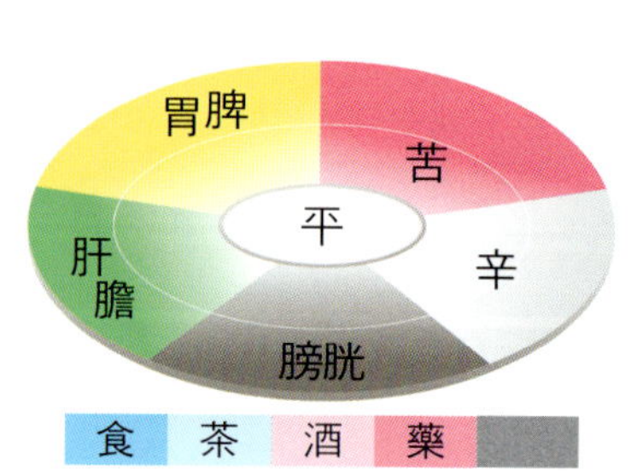

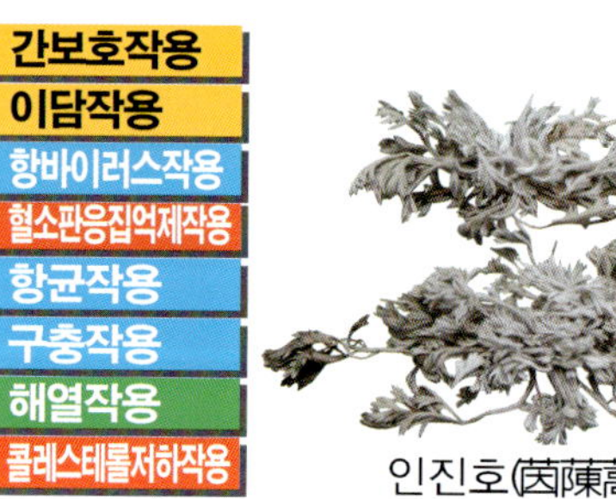

인진호(茵蔯蒿)

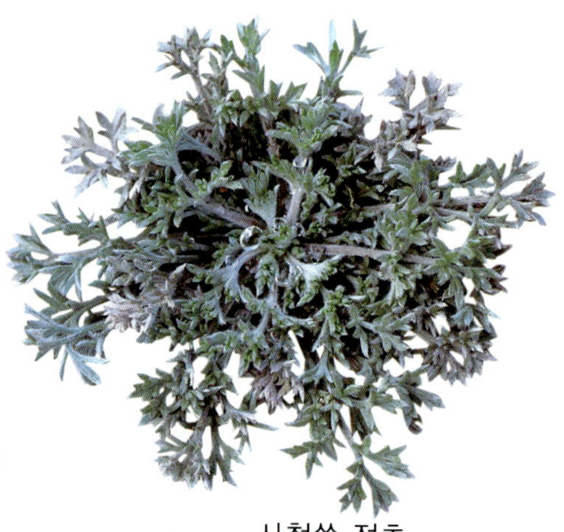

사철쑥 전초

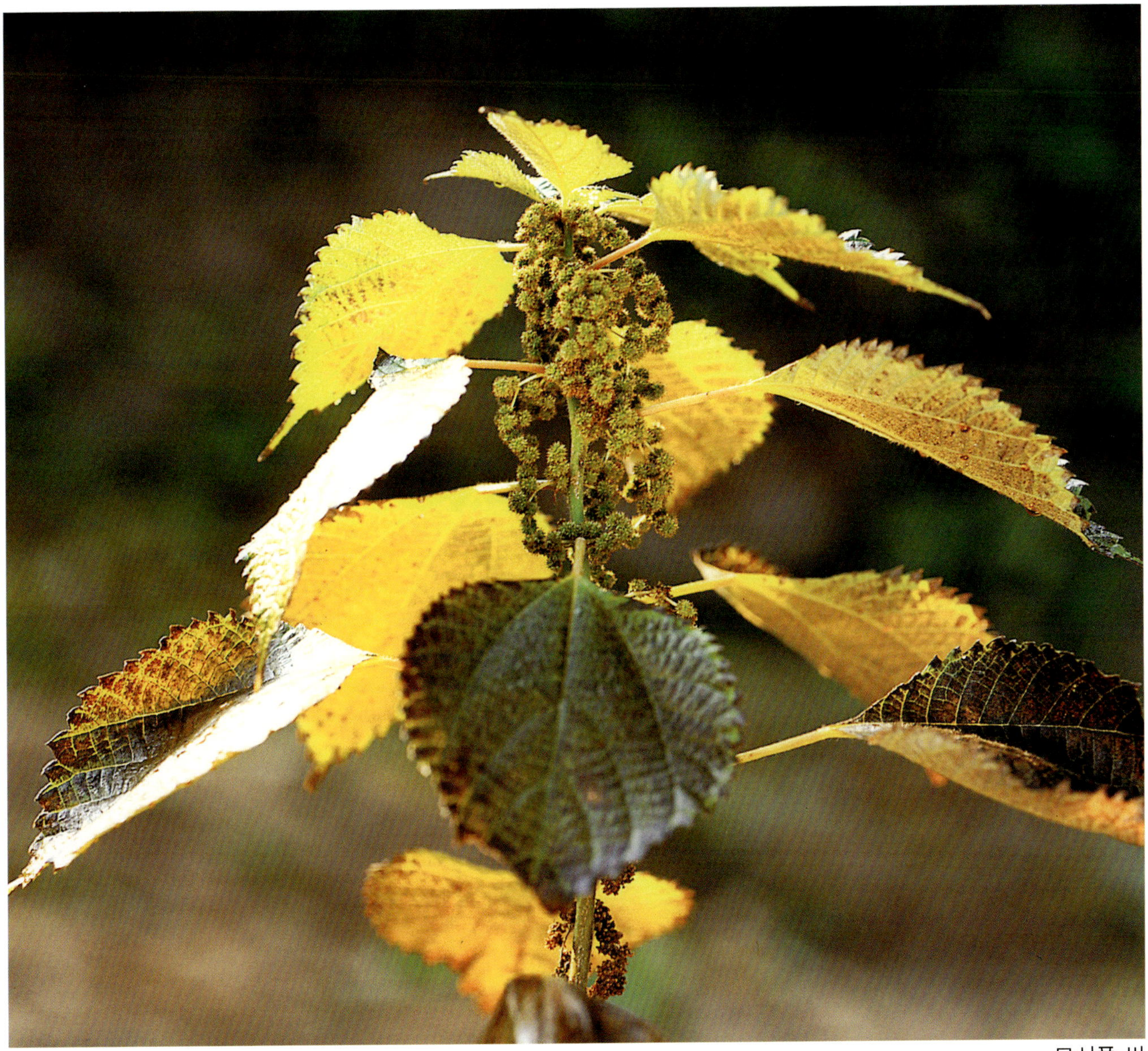

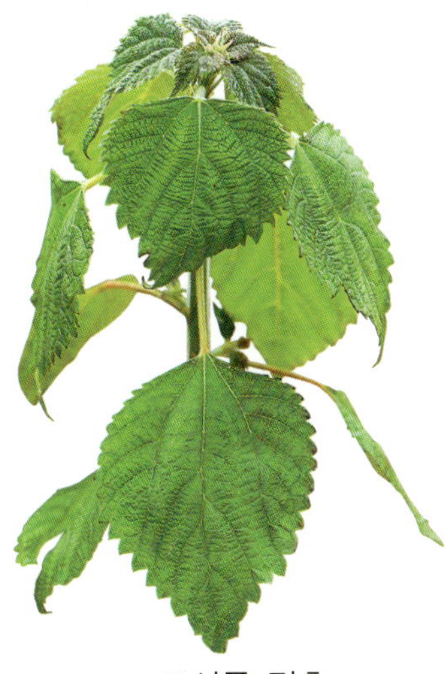

모시풀 씨

274 저마근(苧麻根)

모시풀의 뿌리
Boehmeria nivea (L.) GAUDICH.

출혈성 질환(각혈, 토혈, 소변출혈, 자궁출혈)에 지혈제로 쓰인다.
열을 내리게 하고 소변을 잘 나오게 하는 데 쓰인다.

10~15g

지혈작용
이뇨작용
항균작용

저마근(苧麻根)

모시풀 전초

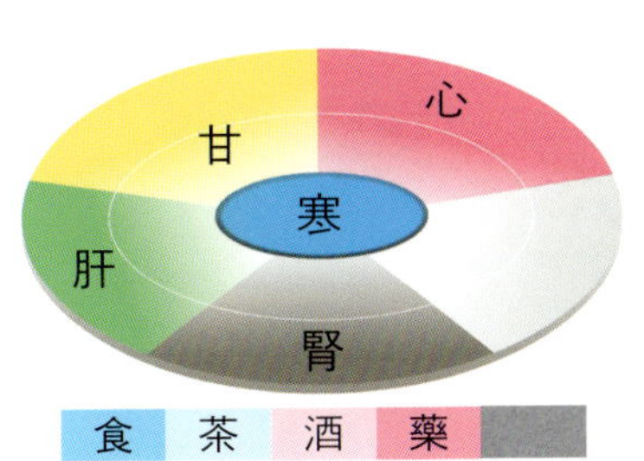

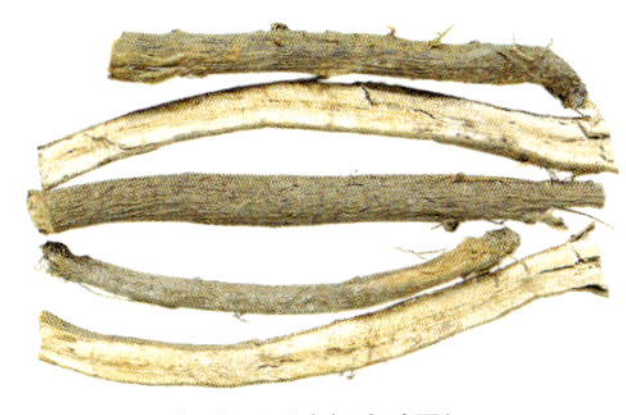

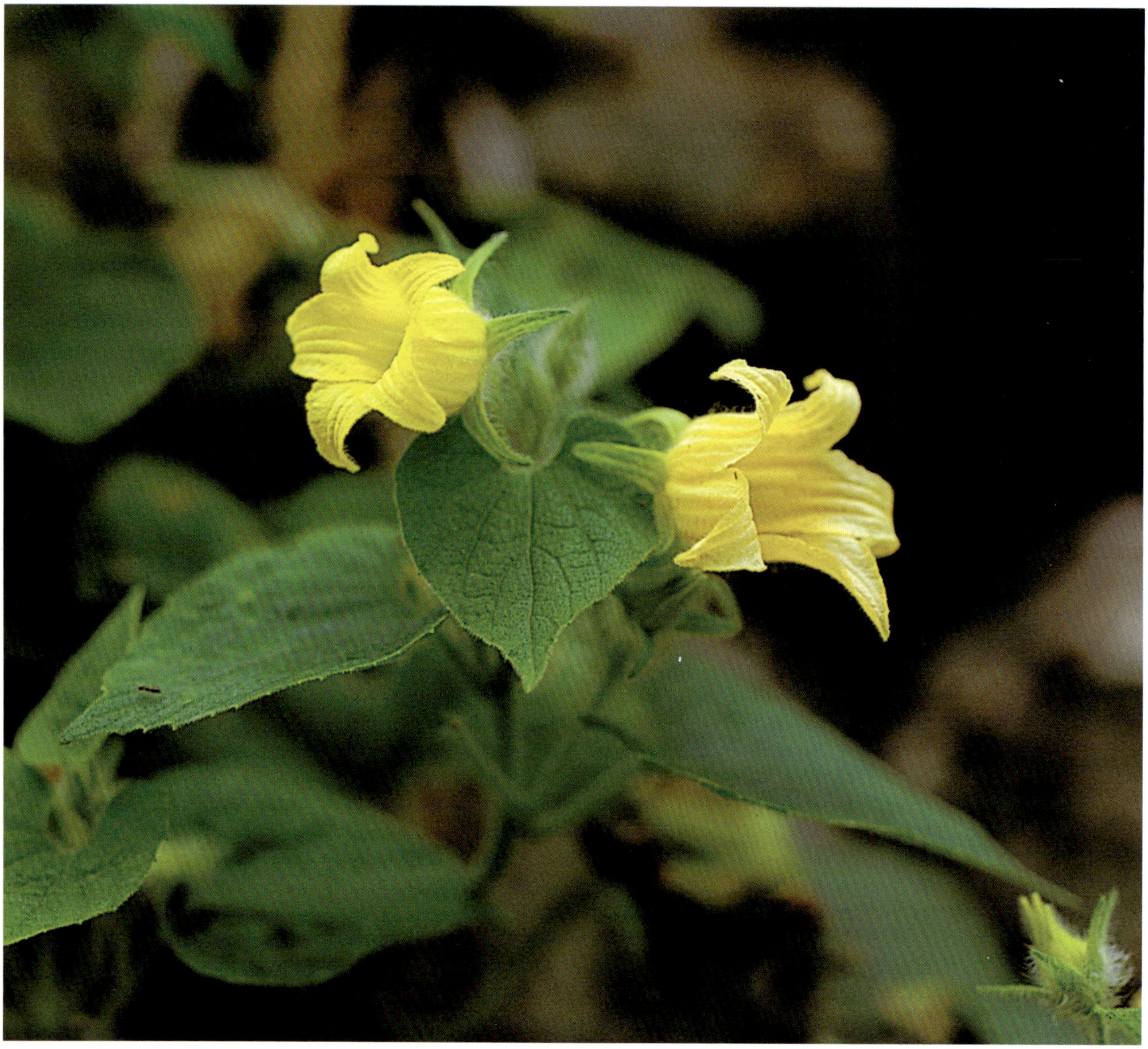

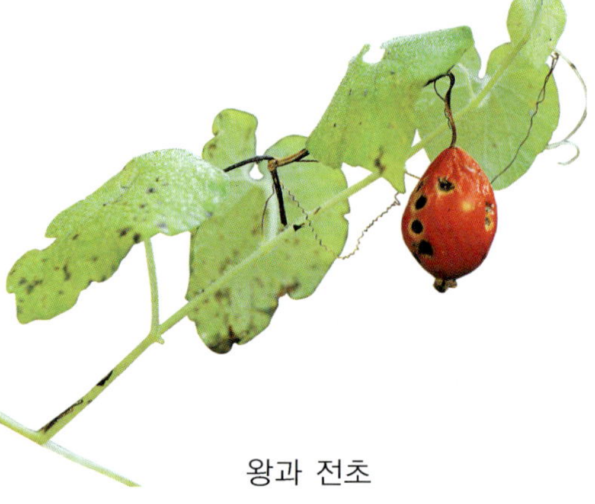

왕과 꽃

275 적박(赤爮)

왕과의 열매
Thladiantha dubia BUNGE

폐결핵으로 인한 해수, 각혈 및 간염, 황달에 쓰인다.
이질에 쓰인다.
민가에서는 위암에 보조적으로 이용하기도 한다.
※왕과(王瓜)라고도 한다.

10~15g

지혈작용
유즙분비촉진작용
이뇨작용

적박(赤爮)

왕과 전초

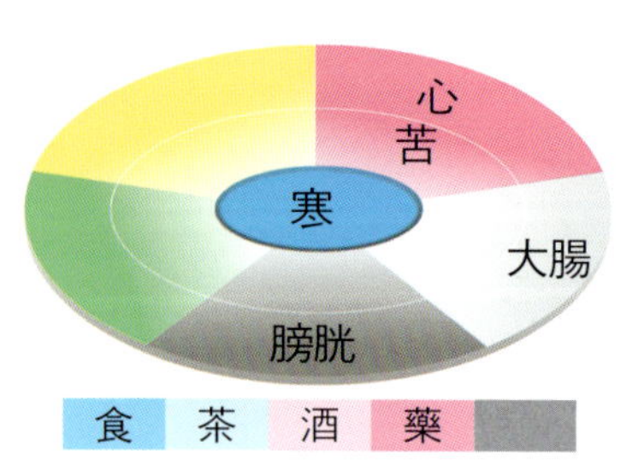

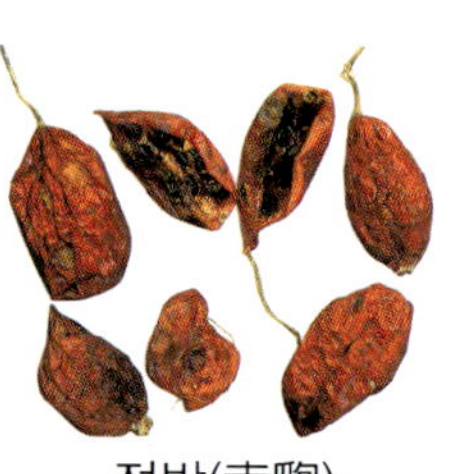

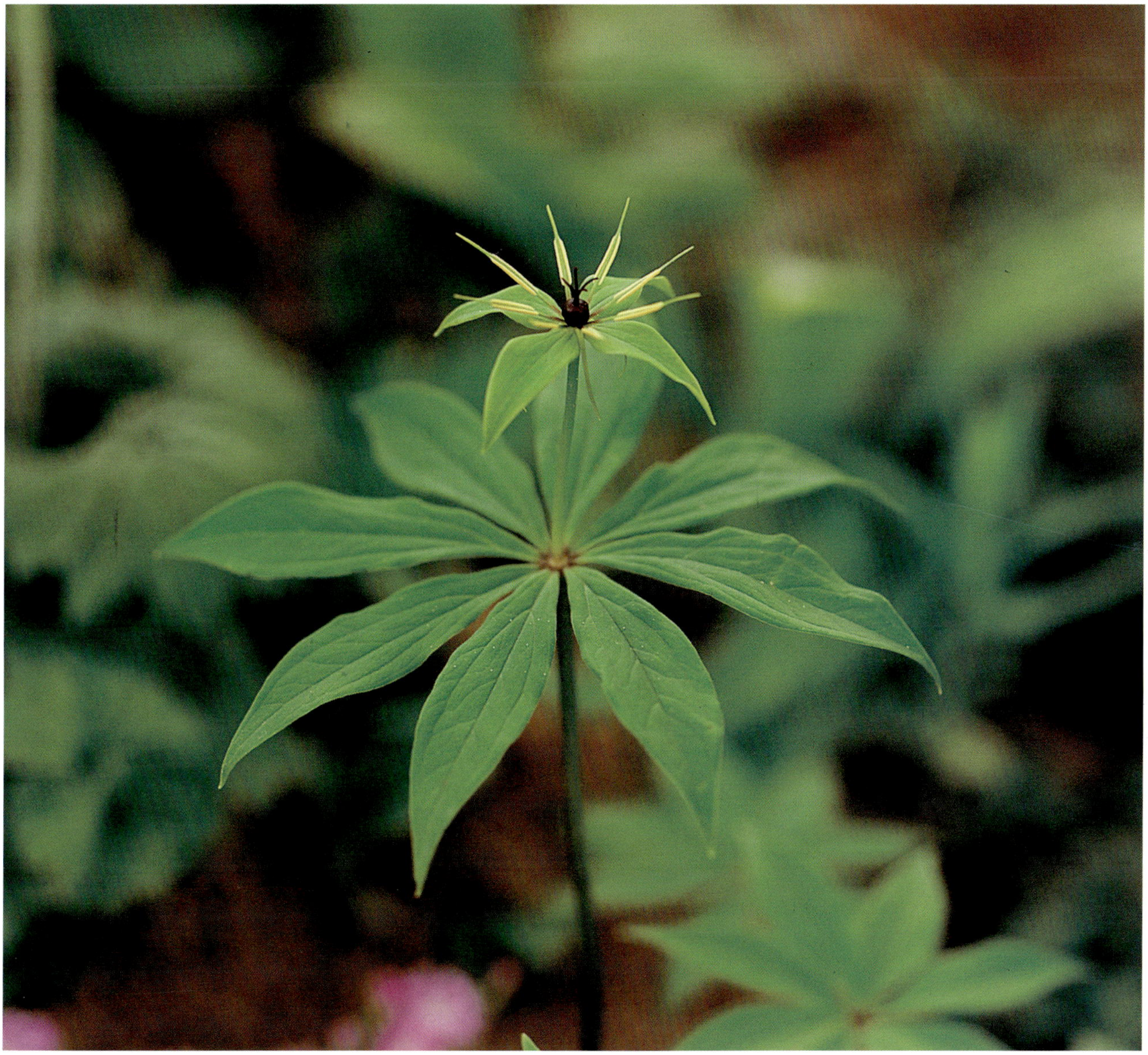

삿갓나물 꽃

276 조휴(蚤休)

삿갓나물의 뿌리
Paris verticillata M. BIEB.

열성 소아경련[驚氣]에 쓰인다.
지혈작용과 강력한 자궁수축작용으로 자궁출혈에 쓰인다.
남성불임을 유도할 수 있으므로 복용에 유의해야 한다.
※중루(重樓)라고도 한다.
※우산나물로 오인하고 식용하기 쉬우므로 주의해야 한다.

3~10g

지혈작용
진경작용
해열작용
항균작용
진해작용

조휴(蚤休)

삿갓나물 전초

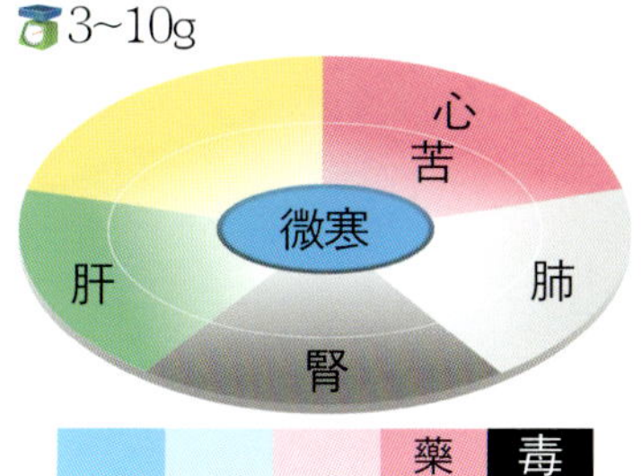

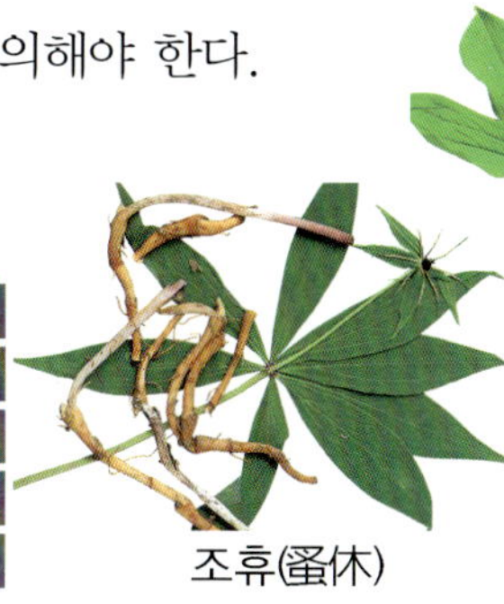

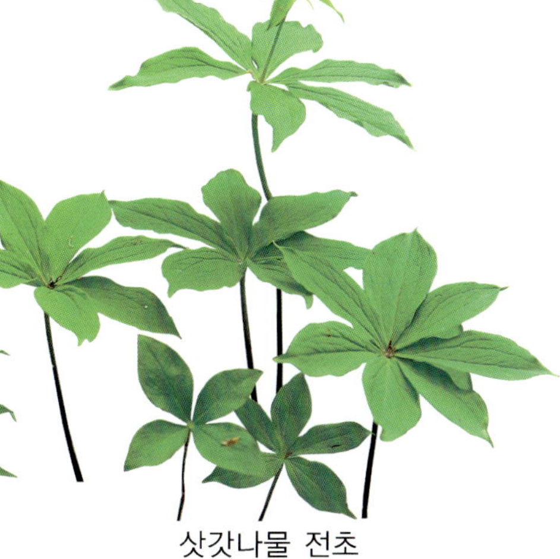

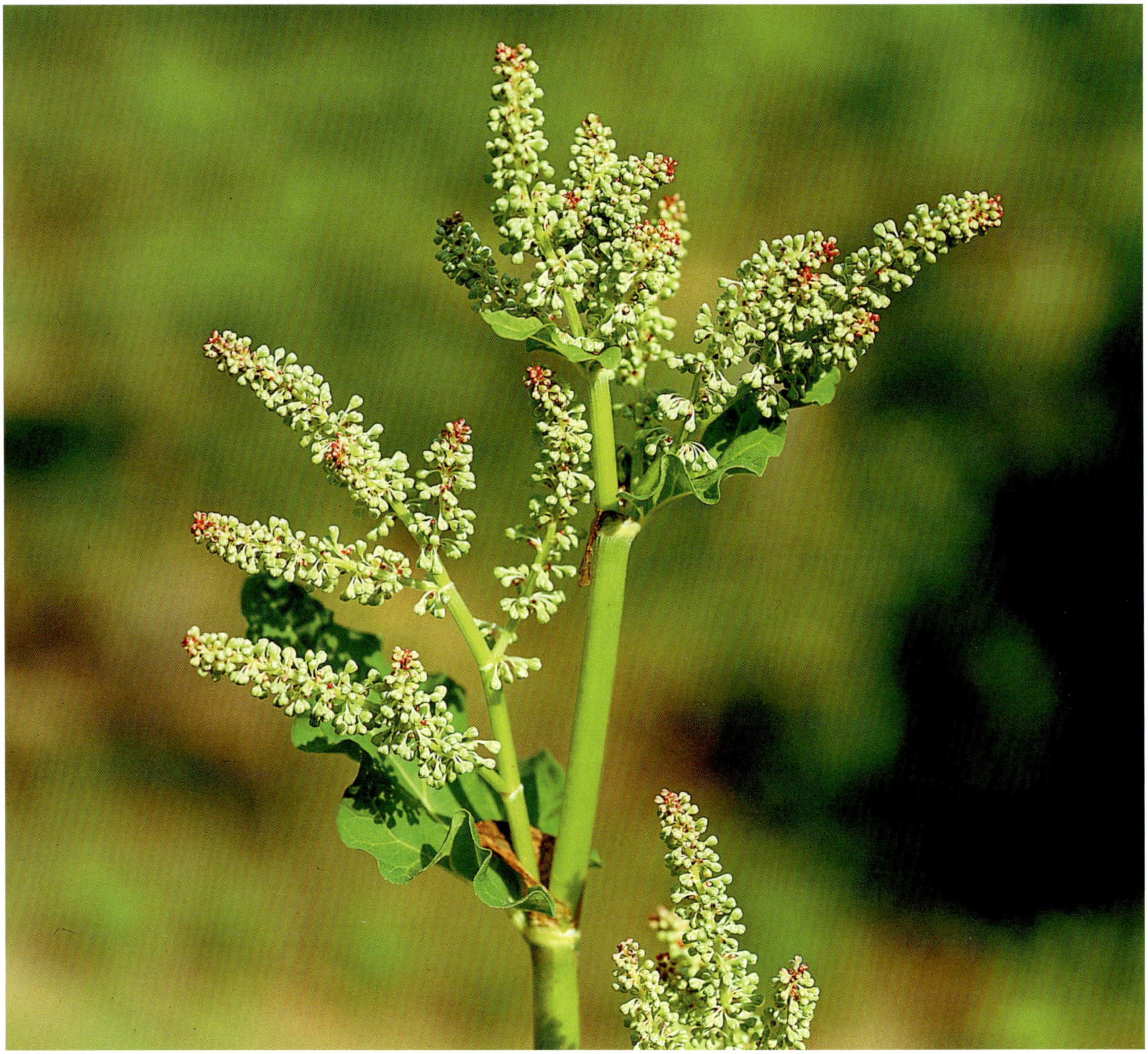

대황 꽃

277 종대황(種大黃)

대황의 뿌리
Rheum rhabarbarum L.

피가 뭉친 것을 풀어주고 혈액순환을 잘 되게 하며 변비에 쓰인다.
소염작용, 항 혈전, 항산화작용으로 혈중 콜레스테롤을 감소시키며 심혈관 질환의 예방에 쓰인다.
임산부, 수유부의 복용을 금한다.

5~10g

해열작용
건위작용
사하작용

종대황(種大黃)

대황 전초

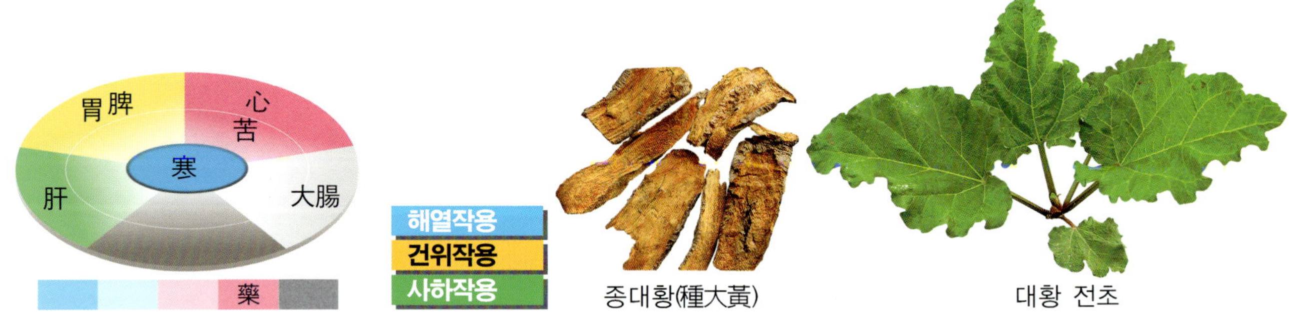

개시호 꽃

278 죽시호(竹柴胡)

개시호의 뿌리
Bupleurum longeradiatum TURCZ.

해열작용이 있어 감기로 인하여 온몸이 쑤시고 아픈 데 쓰인다.
입이 쓰고 마르는 데 쓰인다.

※시호(柴胡) 대용(代用)으로 쓰이기도 한다.

🪔 3~9g

心
苦
凉
肝

茶　酒　藥

진통작용
해열작용
항암작용

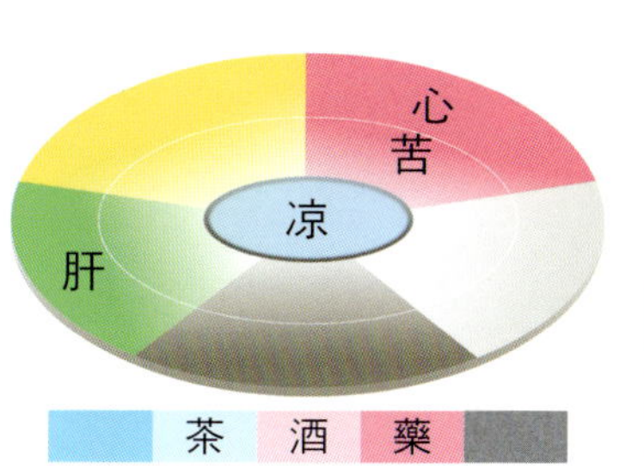

죽시호(竹柴胡)

개시호 전초

지모 씨

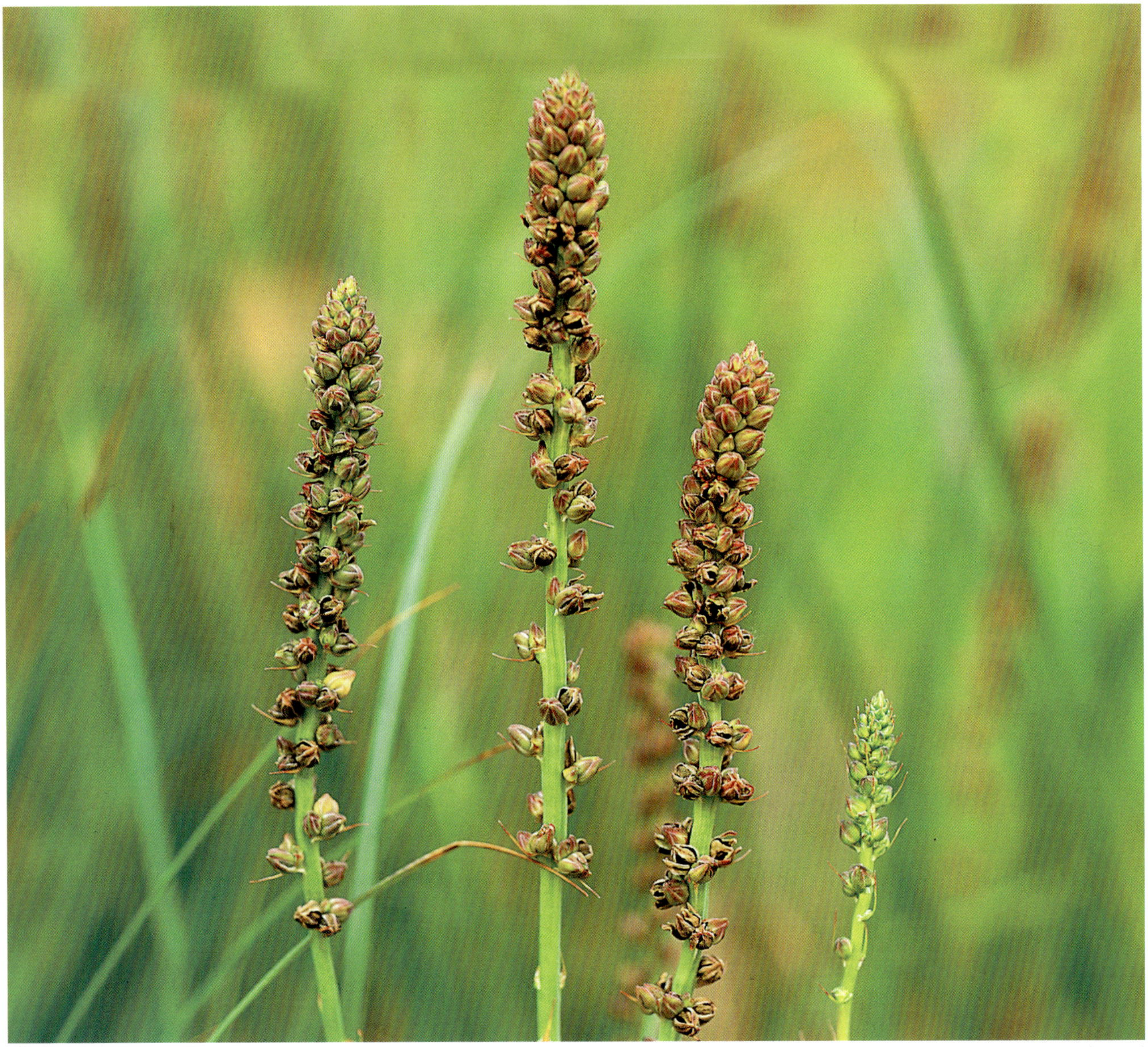

279 지모(知母)

지모의 뿌리줄기
Anemarrhena asphodeloides BUNGE

열을 내리고 가슴이 답답한 것과 갈증을 풀어 주며 기침을 그치게 하는 데 쓰인다. 항 혈전작용이 있어 혈전에 의한 뇌경색 예방에 쓰인다.

5~10g

- 해열작용
- 진정작용
- 거담작용
- 항균작용
- 혈당강화
- 항종양작용
- 발모촉진

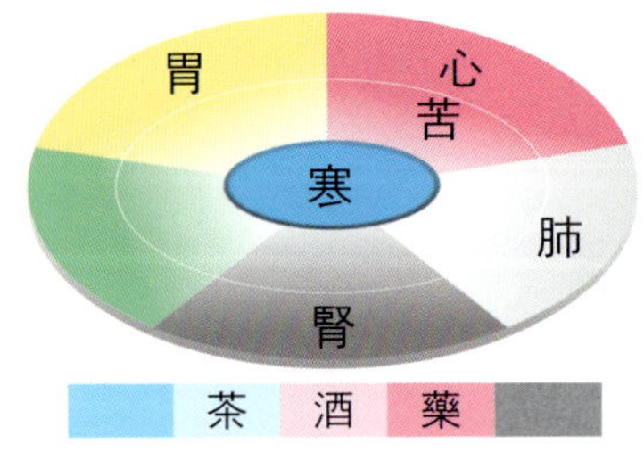

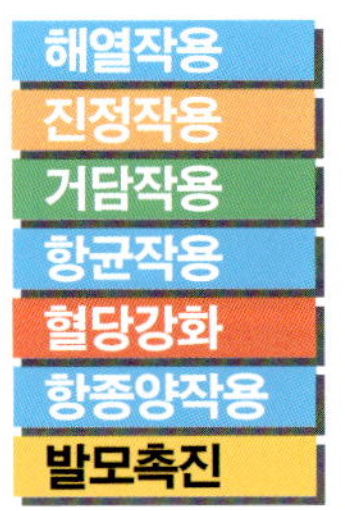

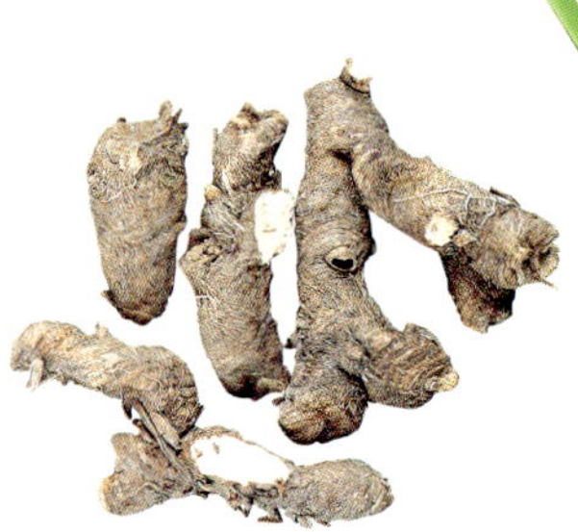

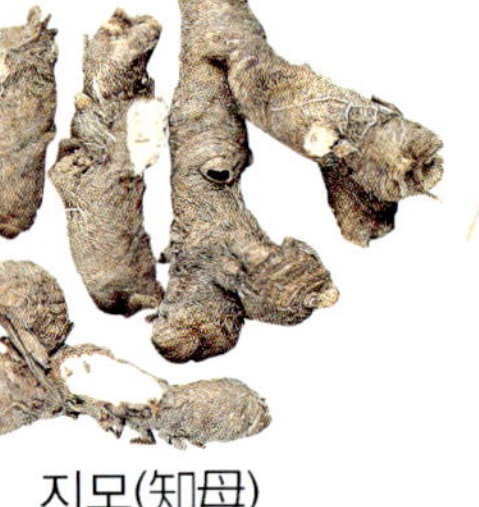

지모(知母)

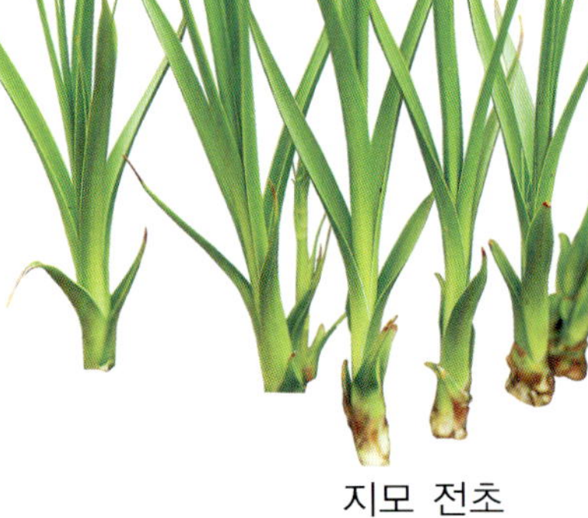

지모 전초

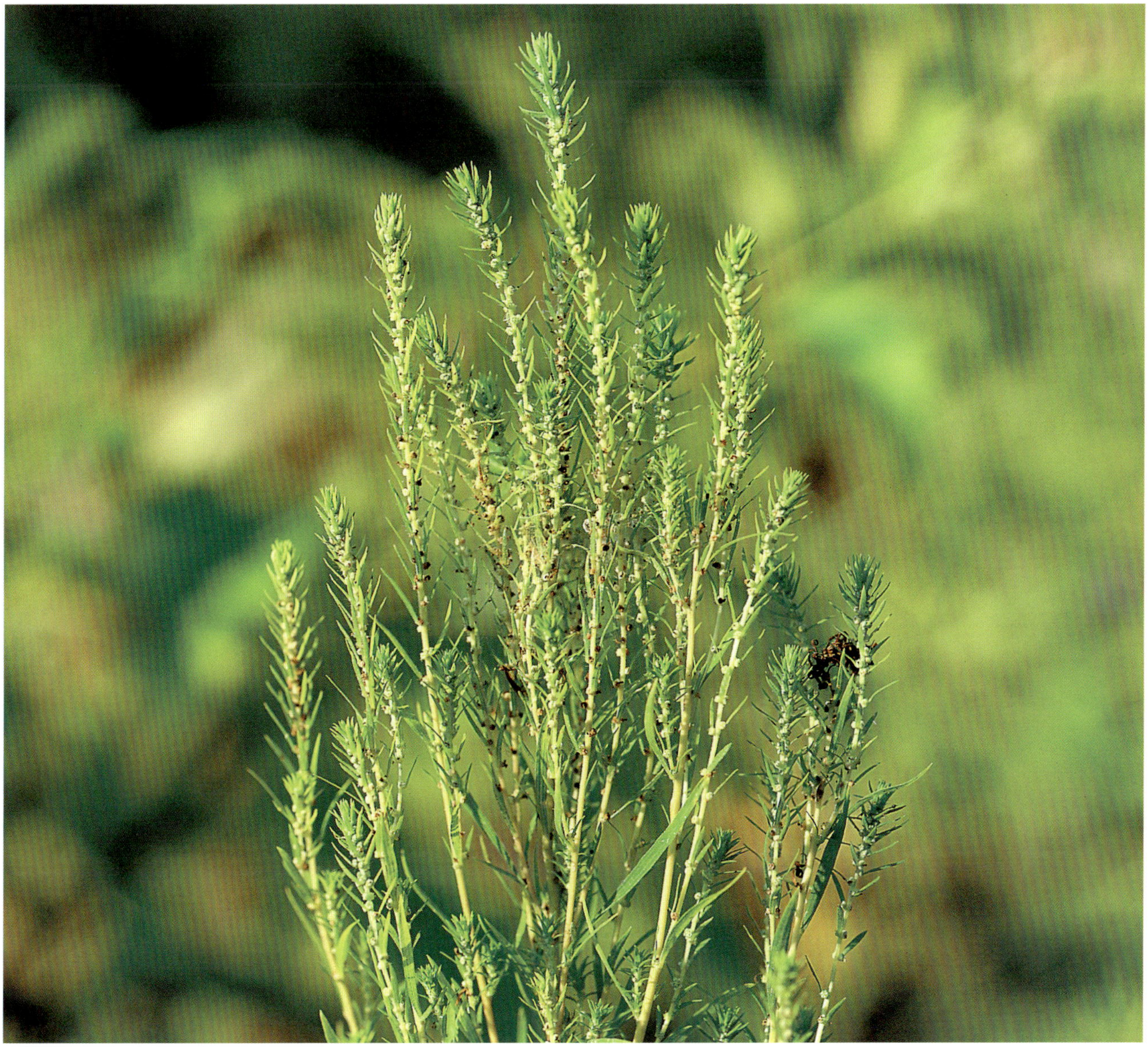

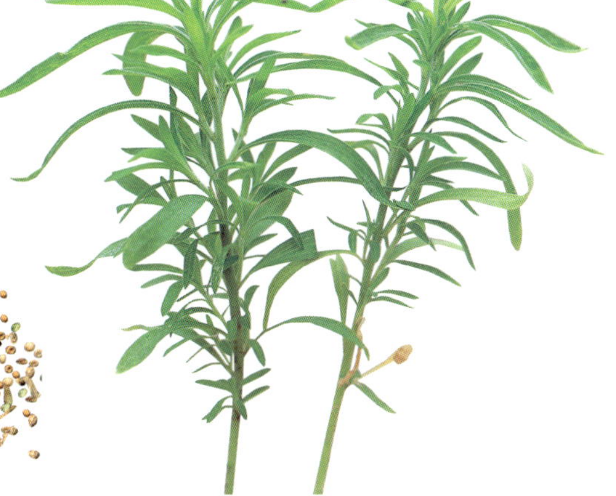

댑싸리 꽃

280 지부자(地膚子)

댑싸리의 씨
Kochia scoparia (L.) SCHRAD.

소변을 잘 못 보는 증상에 이뇨작용이 탁월하다. 방광염, 요도염, 신우신염으로 몸이 붓거나 열감을 느끼는 증상에 쓰인다.

6~15g

이뇨작용

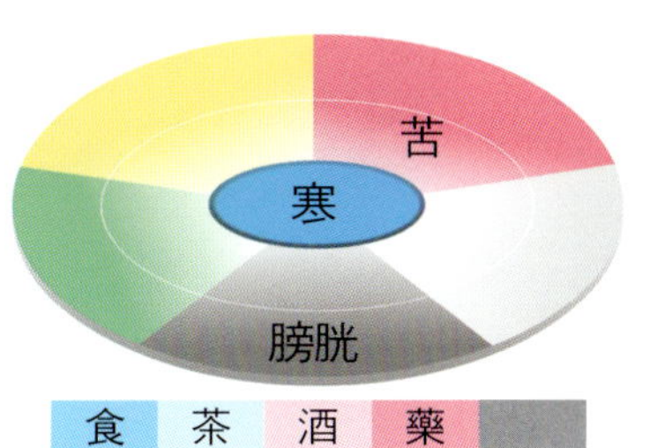

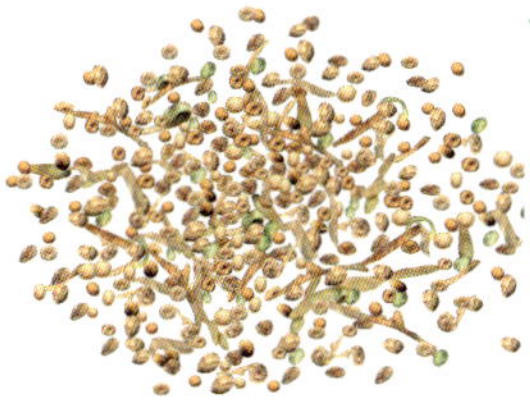

지부자(地膚子)

댑싸리 전초

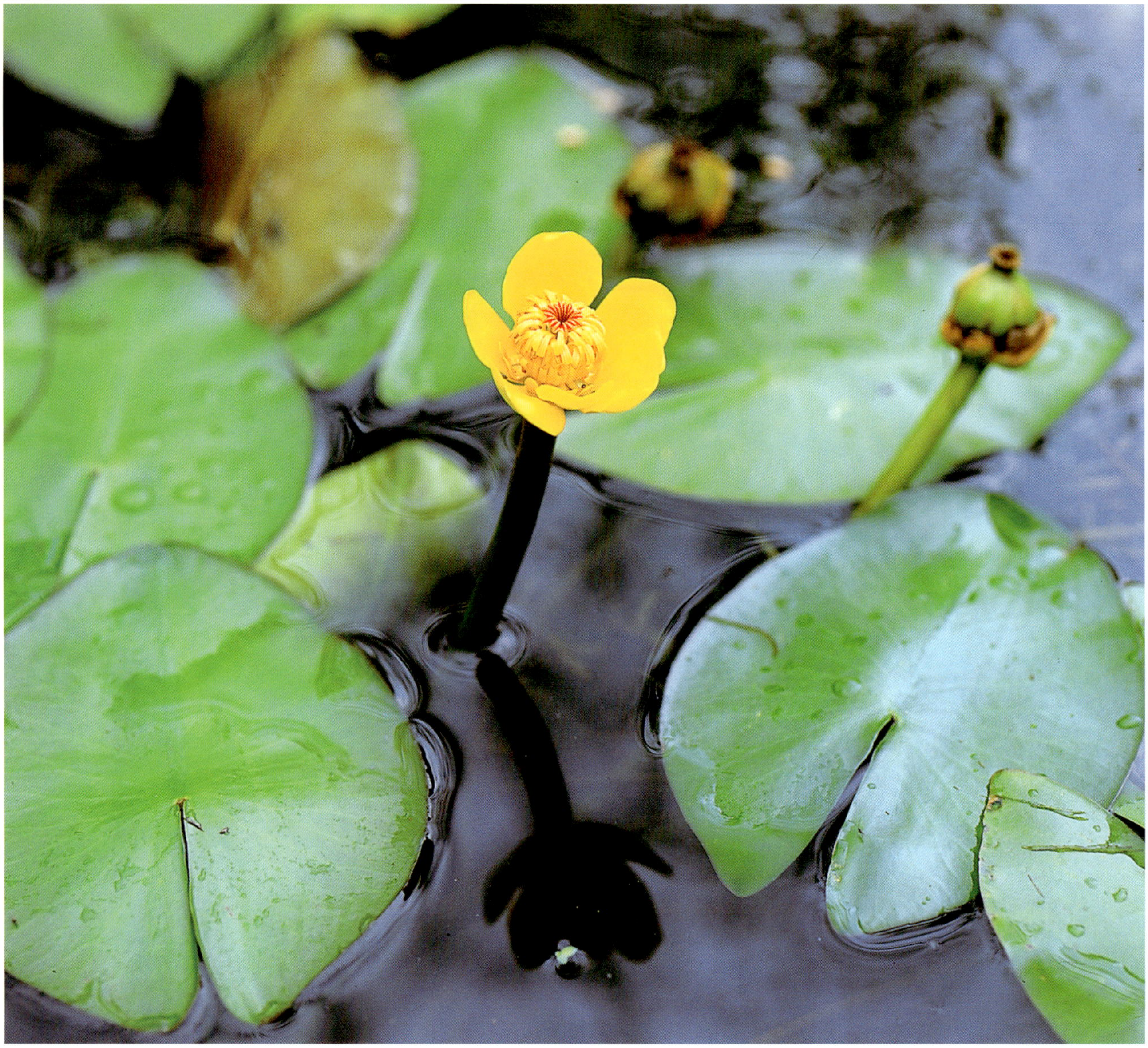

개연꽃

281 천골(川骨)

개연꽃의 뿌리줄기
Nuphar japonicum DC.

소화기능을 도와 소화불량, 위염에 쓰이며 생리불순에 쓰인다.
※평봉초자(萍蓬草子)라고도 한다.

5~10g

이뇨작용
중추억제작용
항암작용
면역억제작용
항결핵작용

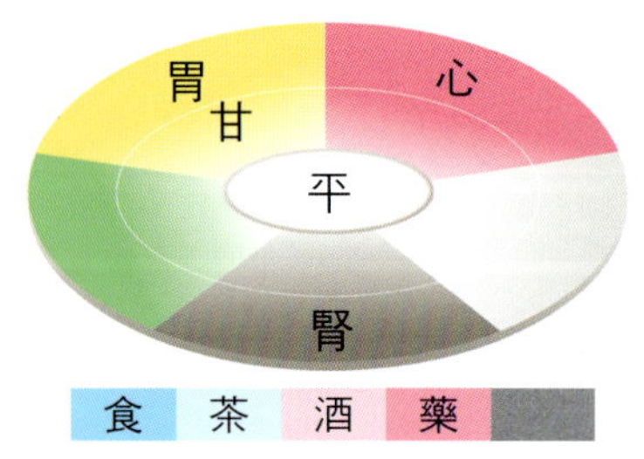

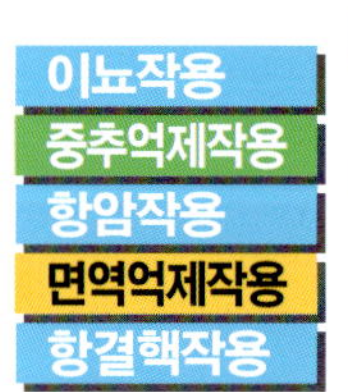

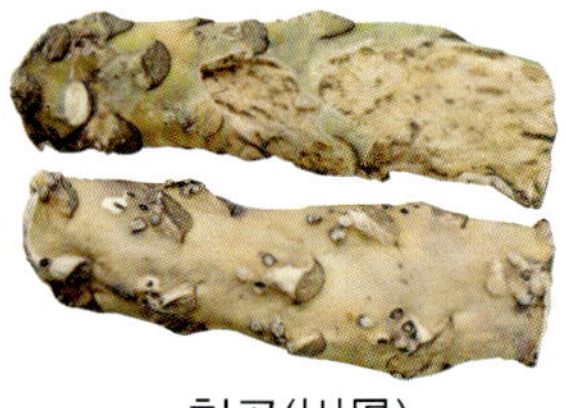

천골(川骨)

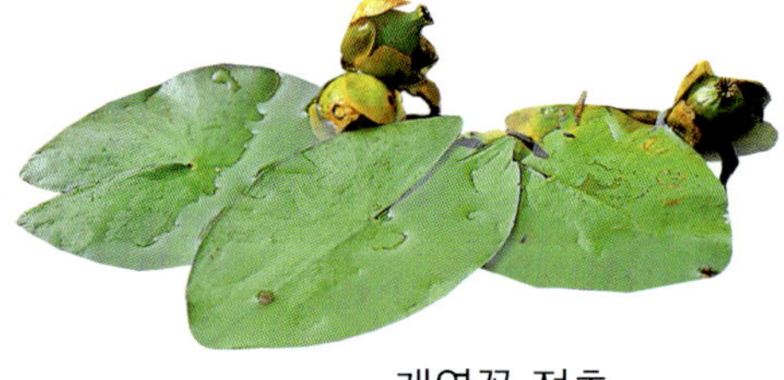

개연꽃 전초

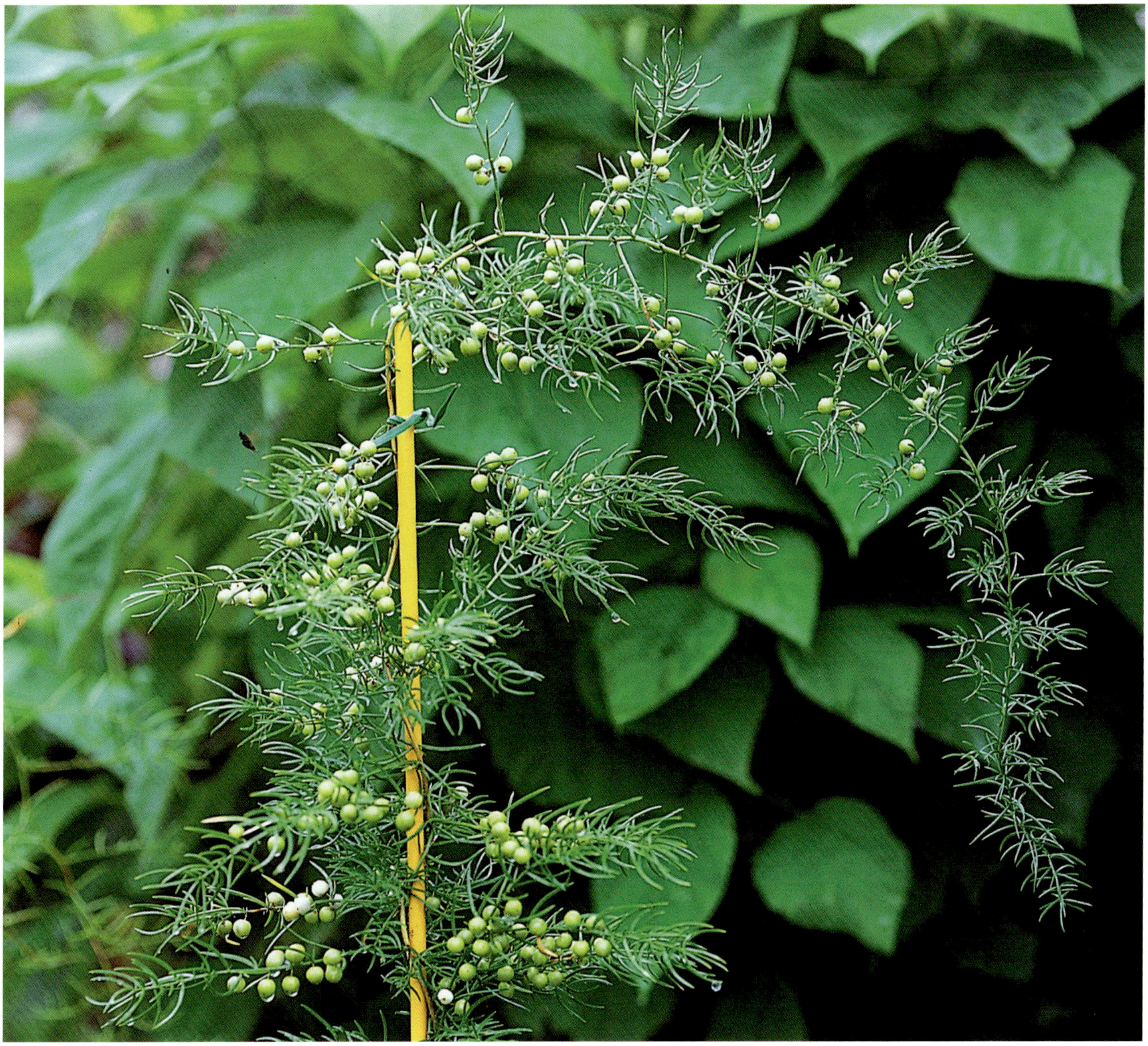

282 천문동(天門冬)

천문동의 덩이뿌리
Asparagus cochinchinensis (LOUR.) MERR.

폐 기능을 도와 피를 토하거나 기침하는 데 쓰인다.
진액을 나게 하며 갈증으로 인해 입안이 건조하고 물을 많이 마시는 증상에 쓰인다.

5~10g

천문동(天門冬)

천문동 꽃

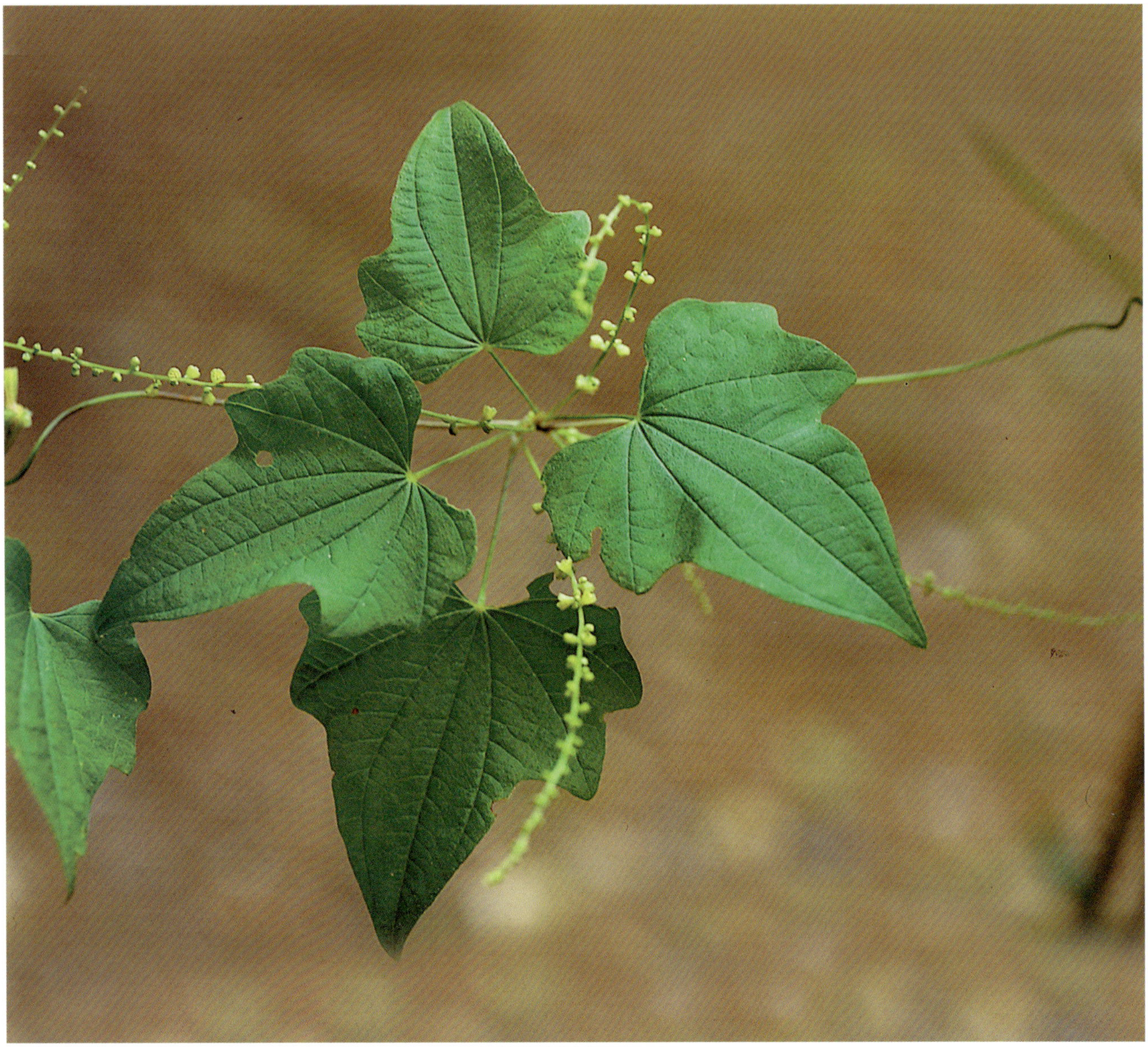

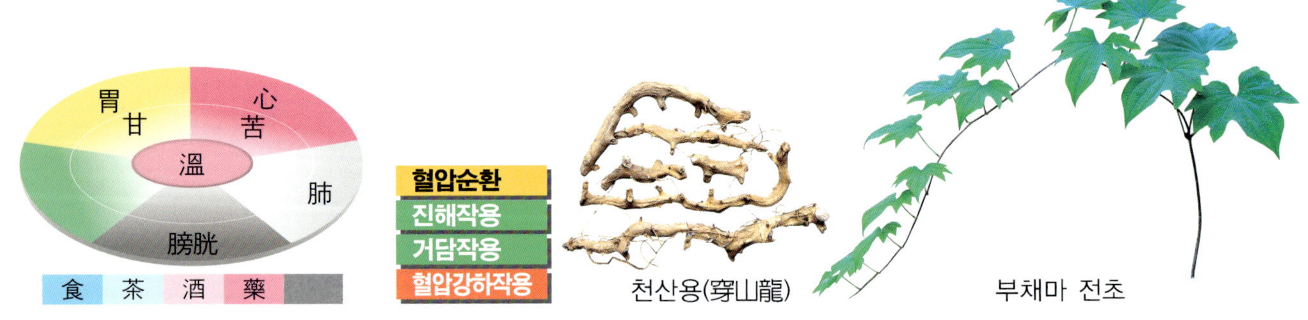

부채마 꽃

283 천산용(穿山龍)

부채마의 뿌리줄기
Dioscorea nipponica MAKINO

혈액순환을 잘 시켜 근육을 이완시키므로 근육마비와 저린 증상에 쓰인다.
진해(鎭咳), 거담작용이 있어 기관지염에 쓰인다.
혈압강하작용이 있어 고혈압에 쓰인다.

5~15g

혈압순환
진해작용
거담작용
혈압강하작용

천산용(穿山龍)

부채마 전초

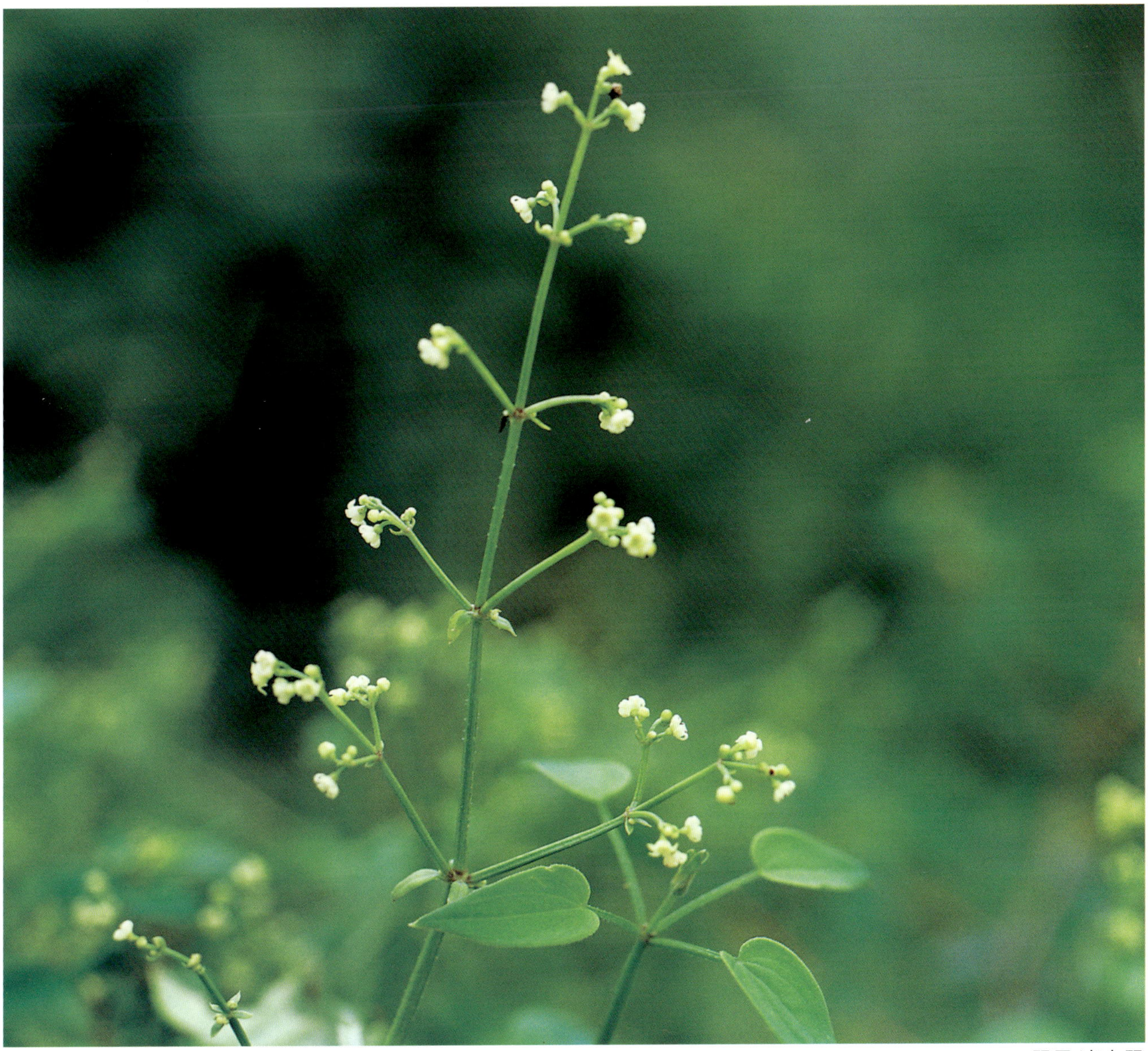

꼭두서니 꽃

284 천초근(茜草根)

꼭두서니의 뿌리
Rubia akane NAKAI

혈액순환이 잘 되게 하여 여성의 생리불순과 타박상으로 피가 뭉친 데 쓰인다. 지혈작용이 있어 토혈, 코피, 변혈, 자궁출혈 등에 쓰인다.

5~10g

지혈작용
진해작용
항세균작용
항종양작용
항산화작용
간세포보호작용

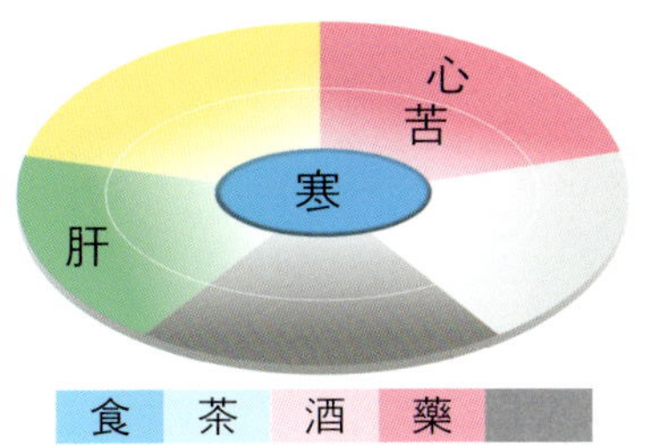

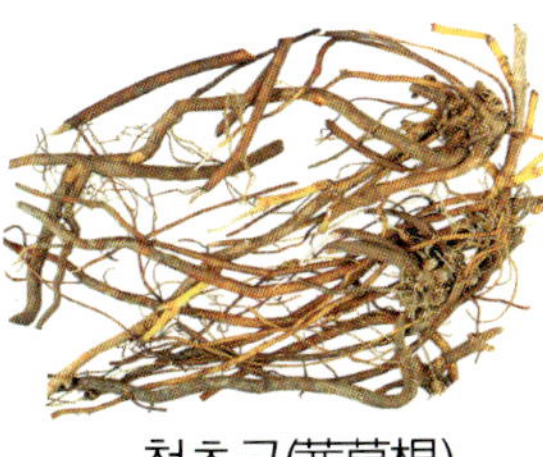

천초근(茜草根)

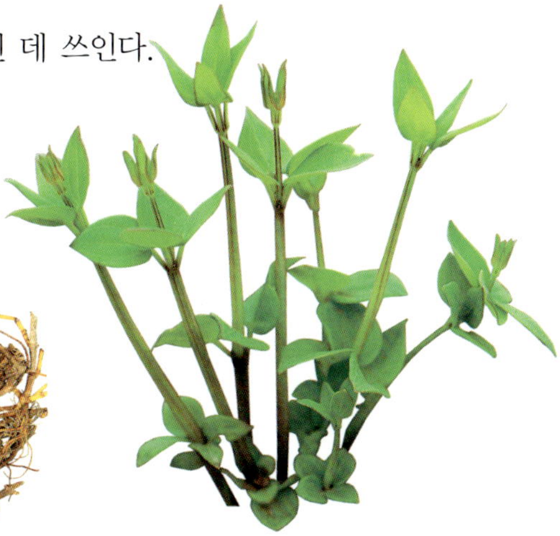

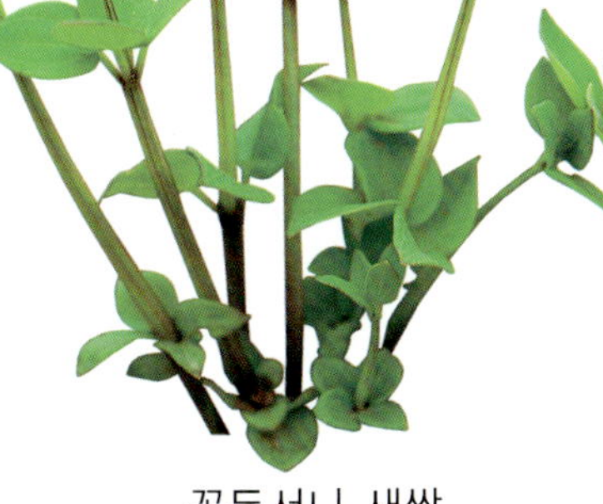

꼭두서니 새싹

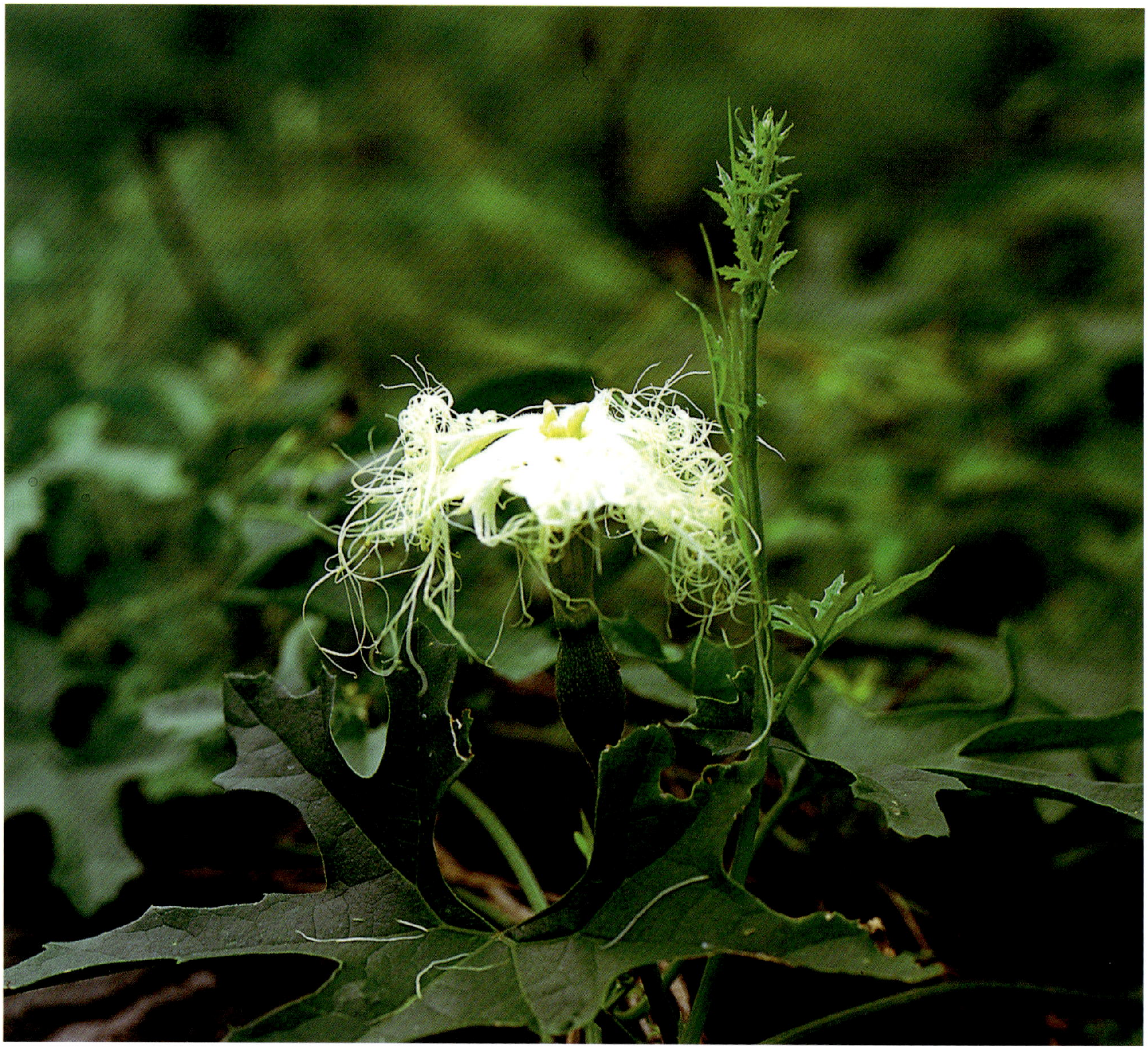

하눌타리 암꽃

285 천화분(天花粉)

하눌타리의 뿌리
Trichosanthes kirilowii MAXIM.

체내 진액이 부족하여 입안이 잘 마르고 가슴이 답답한 데 쓰인다.
종기의 고름을 배출시키고 부기를 가라앉히며 해수에 쓰인다.
※괄루근(括樓根)이라고도 한다.

10~15g

혈당강하
항종양작용
유산유도작용

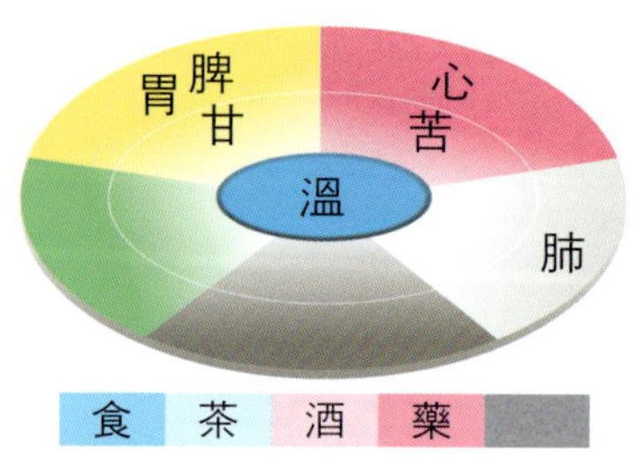

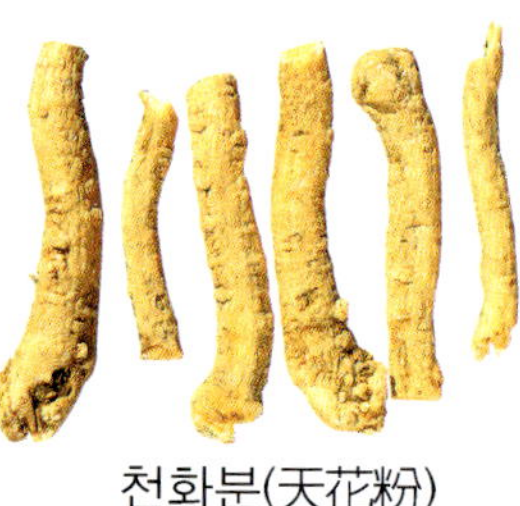

천화분(天花粉)

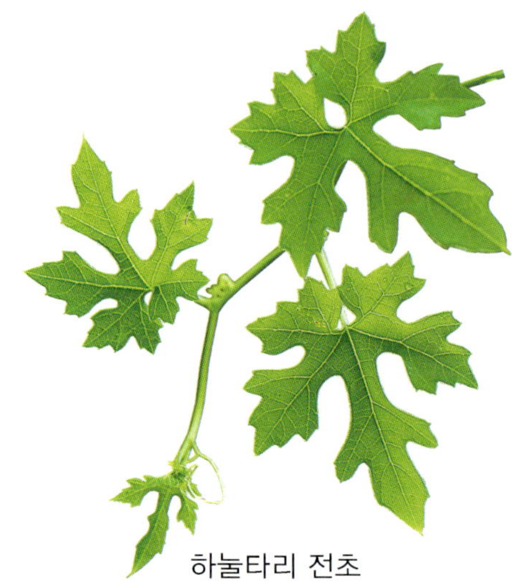

하눌타리 전초

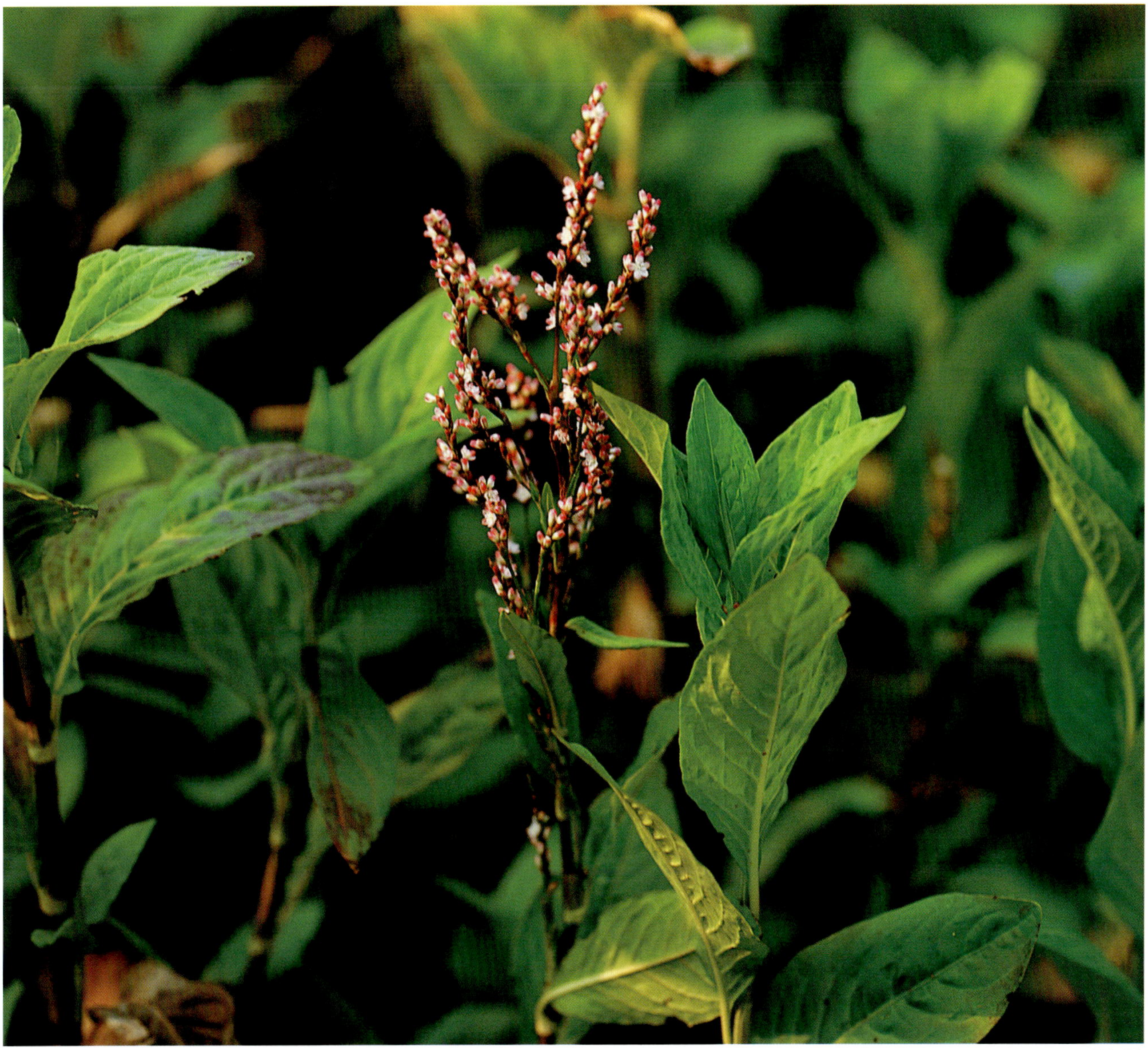

쪽 꽃

286 청대(青黛)

쪽잎을 발효시켜 얻은 가루
Persicaria tinctoria H. GROSS

열을 내리며 해독작용 있어 발진, 인후동통, 독성이 있는 종기 등에 쓰인다.

10~15g

만성과립구백혈병
종양형성억제
해독작용
진해작용

청대(青黛)

쪽 전초

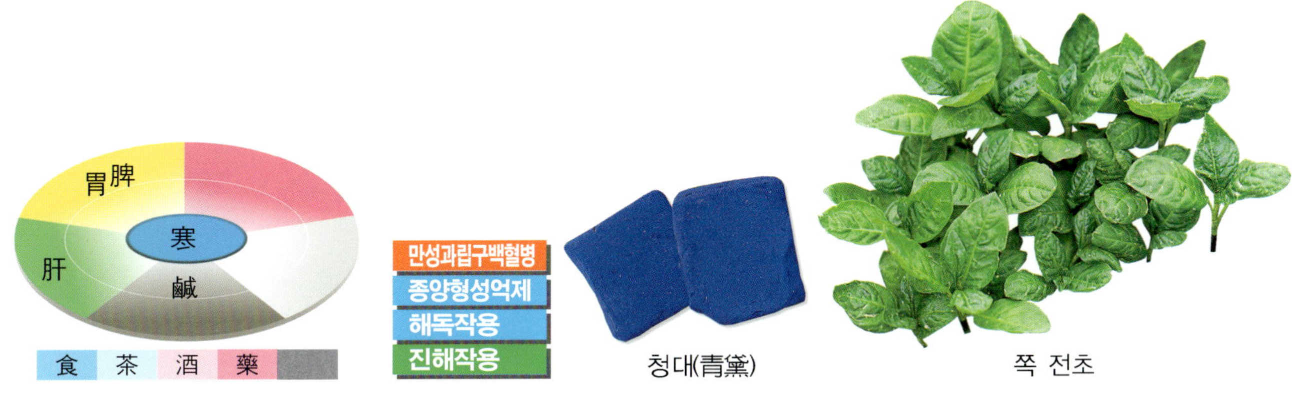

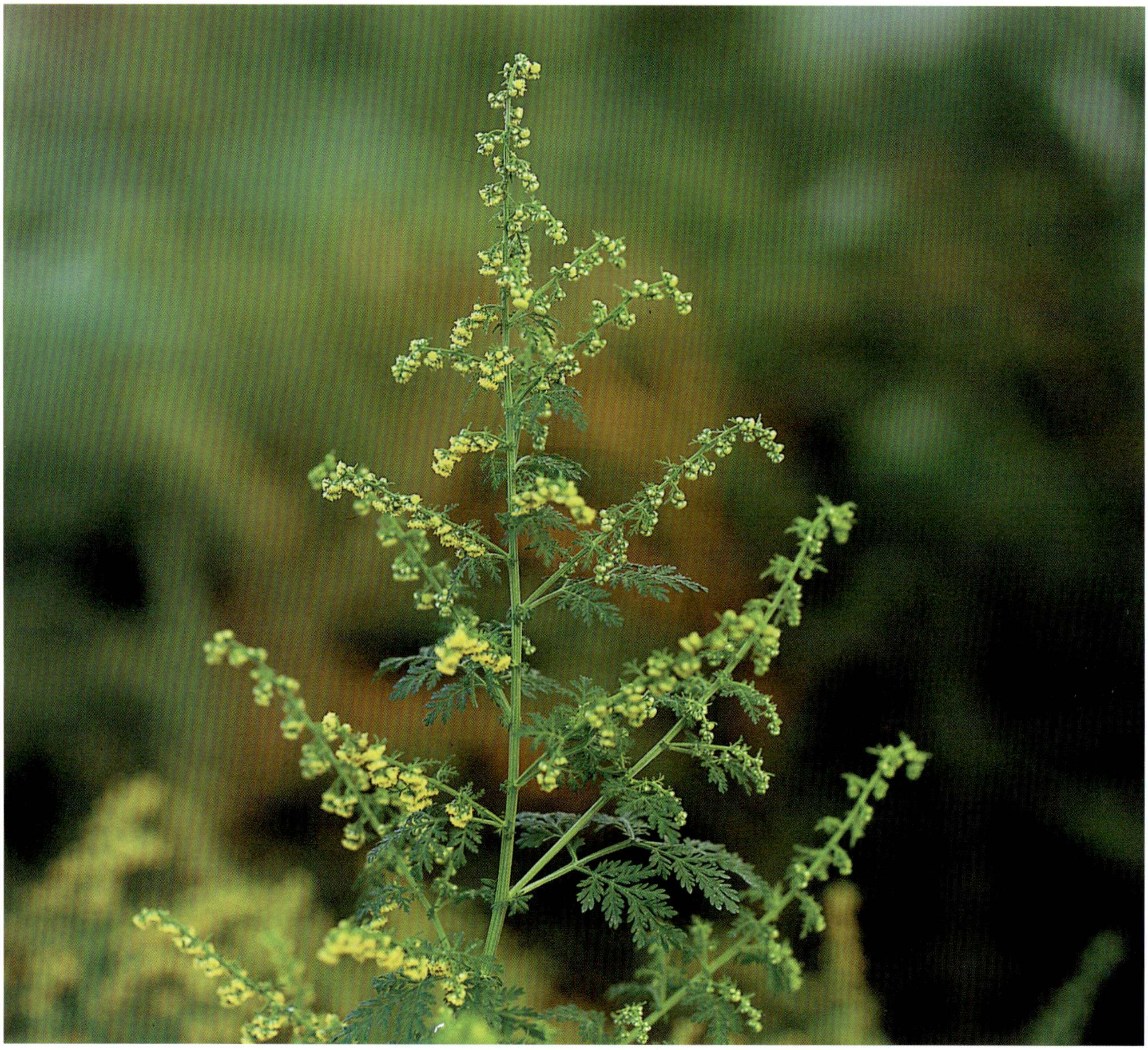

개똥쑥 꽃

287 청호(青蒿)

개똥쑥의 지상부
Artemisia annua L.

더위로 인하여 속이 메스껍고 구토가 나며 가슴이 답답하고 열이 나는 데 쓰인다.
여름철 감기 증상과 학질(말라리아)에 쓰인다.

10~20g

해열작용
발한작용
지혈작용
항균작용
항산화작용

청호(青蒿)

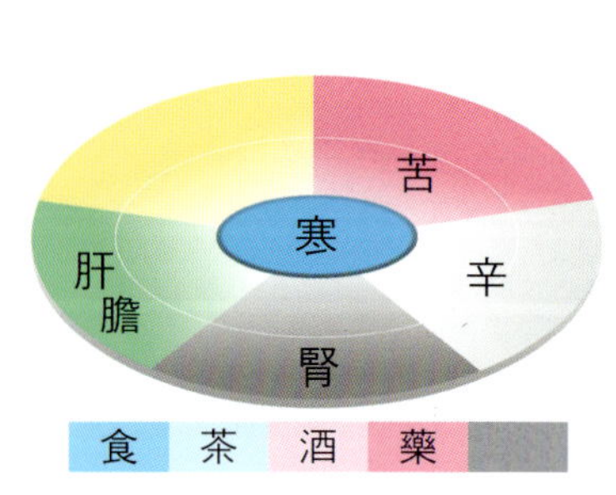

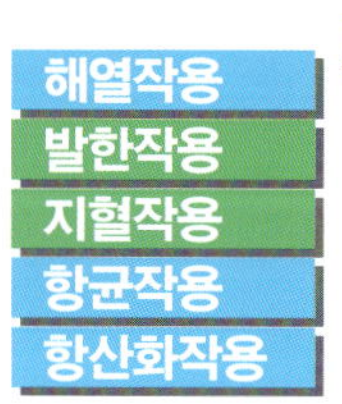

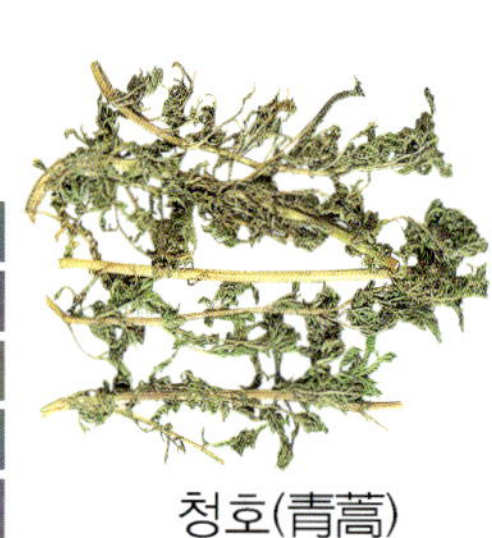

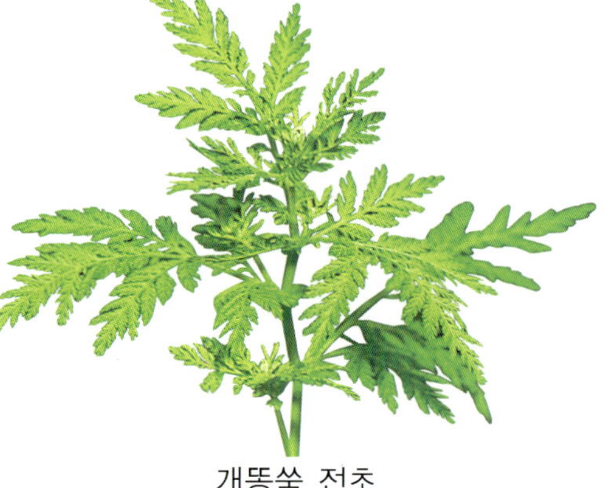

개똥쑥 전초

초종용 꽃

288 초종용(草蓯蓉)

초종용(갯더부사리)의 전초
Orobanche coerulescens STEPHAN

남성의 성기능을 도와주는 작용이 있어 음위(陰痿), 유정(遺精)에 가루를 술(酒)에 타서 마신다.
허리가 아프고 다리에 힘이 없는 데 쓰인다.
※민가에서는 불로초(不老草)라고도 한다.

3~9g

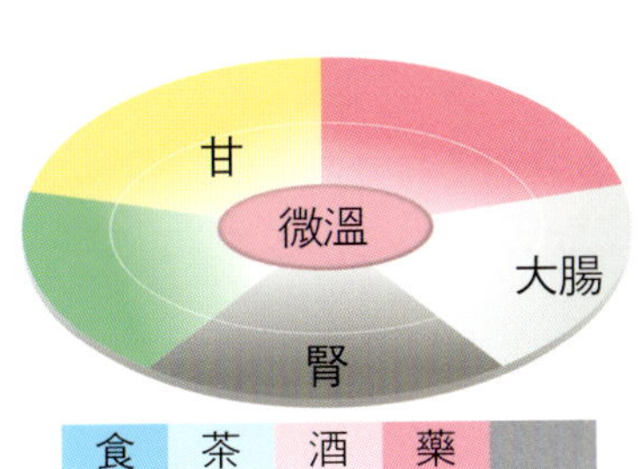

초종용(草蓯蓉)

강장작용
강정작용

초종용 전초

289 태자삼(太子蔘)

개별꽃의 덩이뿌리
Pseudostellaria heterophylla (MIQUEL) PAX ex PAX & HOFFM

식욕이 없고 늘 피곤하며 입이 마르는 데 쓰인다.
폐기능을 도와 기침, 해수, 폐결핵에 쓰인다.

10~20g

脾 甘 心
平
肺

食 茶 酒 藥

진해작용
발한작용

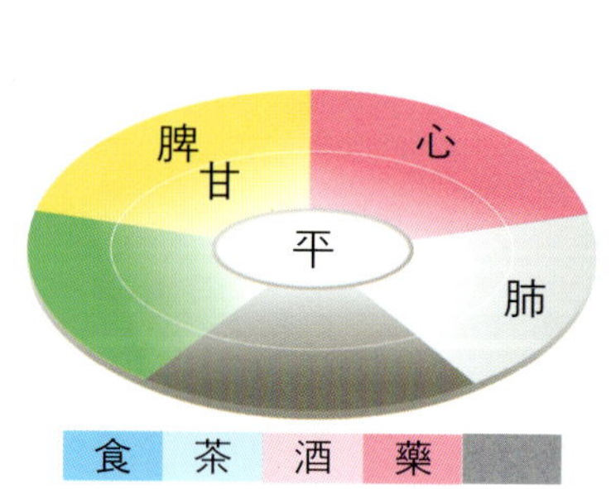
태자삼(太子蔘)

개별꽃 전초

질경이택사 전초

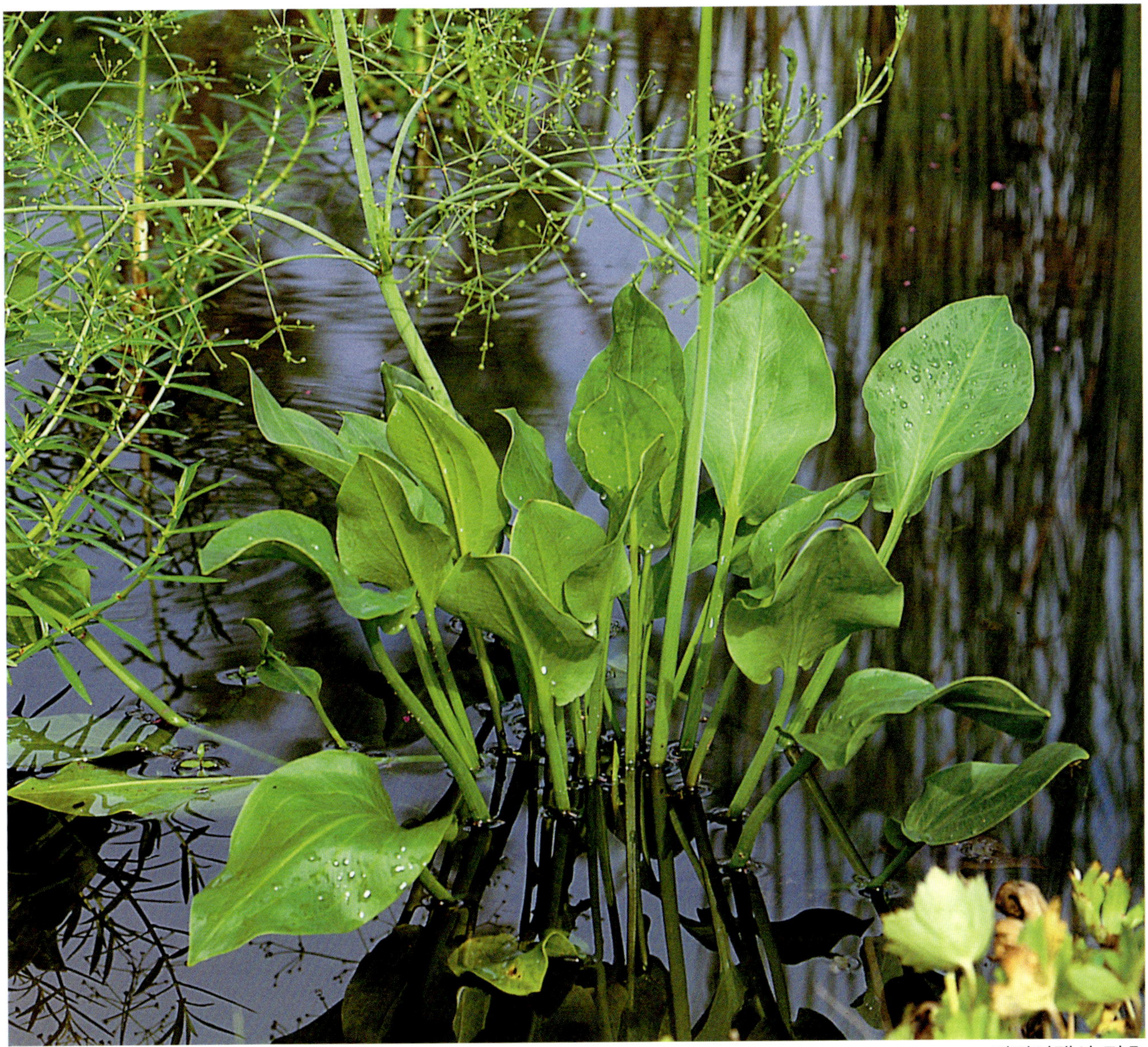

290 택사(澤瀉)

질경이택사의 덩이뿌리
Alisma orientale (SAM.) JUZ.

소변 양이 적으며 잘 나오지 않아서 전신이 부을 때 쓰인다.
습(濕)한 기운이 많아 설사를 멎게 하는 데 쓰인다.

10~15g

- 이뇨작용
- 콜레스테롤저하작용
- 항알러지작용
- 소염작용
- 항세균작용
- 동맥수축억제작용

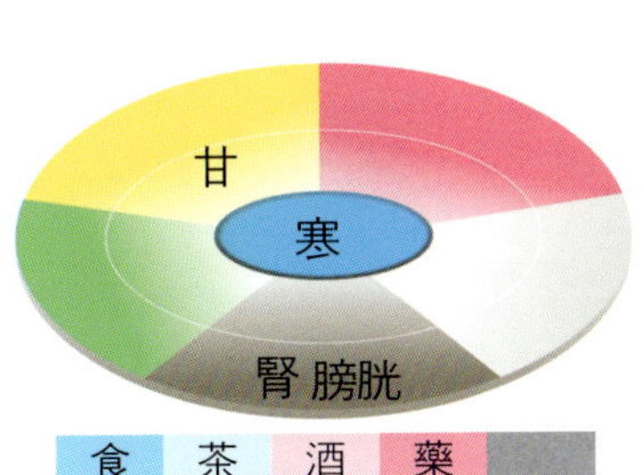

택사(澤瀉)

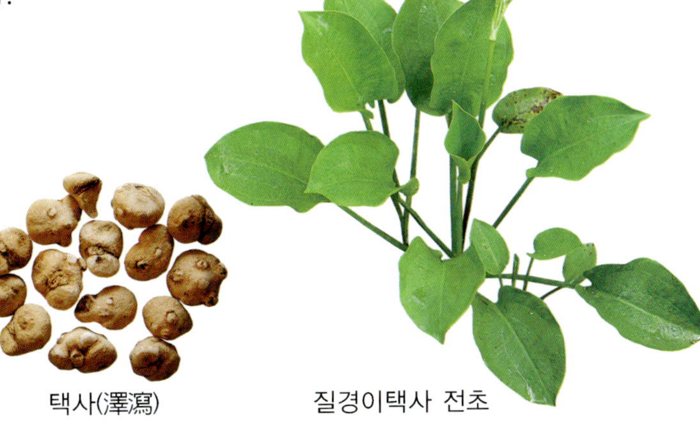

질경이택사 전초

목향 꽃

291 토목향(土木香) **목향**의 뿌리
Inula helenium L.

소화 기능의 저하로 인한 위염, 장염 및 구토, 설사 등에 쓰인다.

10~15g

토목향(土木香)

목향 전초

96

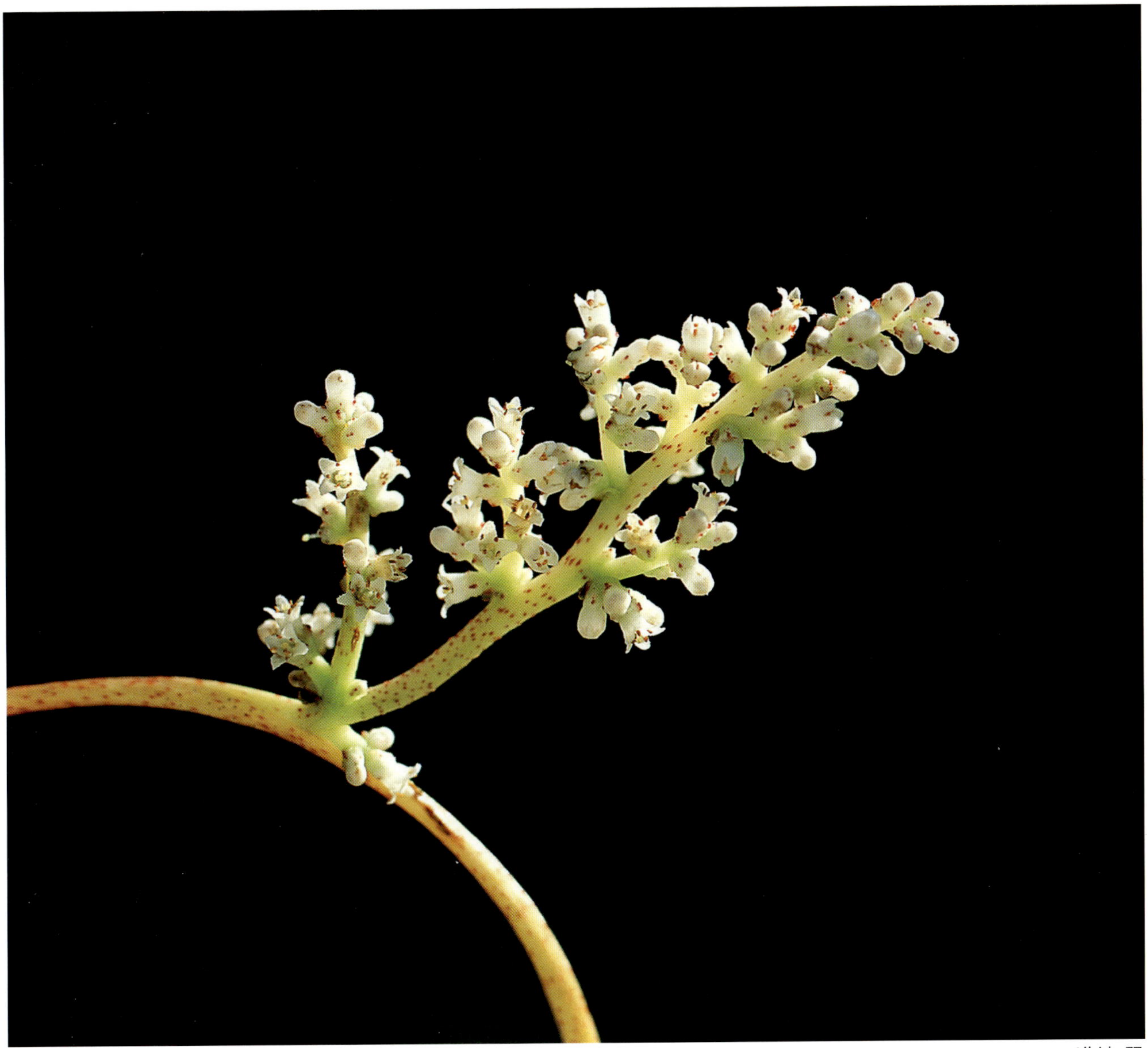

새삼 꽃

292 토사자(菟絲子)

새삼의 씨
Cuscuta japonica CHOISY

간 · 신(肝 · 腎)과 정수(精髓)를 도우며, 눈을 밝게 하는 데 쓰인다.
신기능을 도와 허리가 아프고 유뇨(遺尿) 및 유정이 있을 때 쓰인다.
소화기능 장애와 설사에 쓰인다.

10~20g

간보호작용
강장작용
강정작용

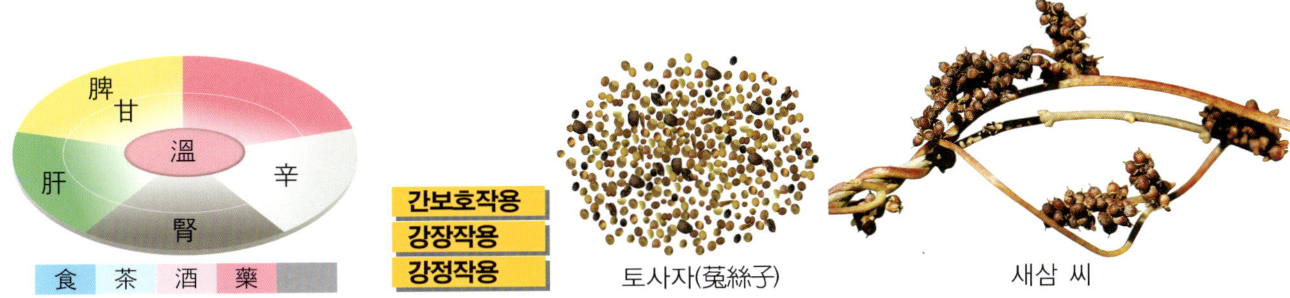

토사자(菟絲子)

새삼 씨

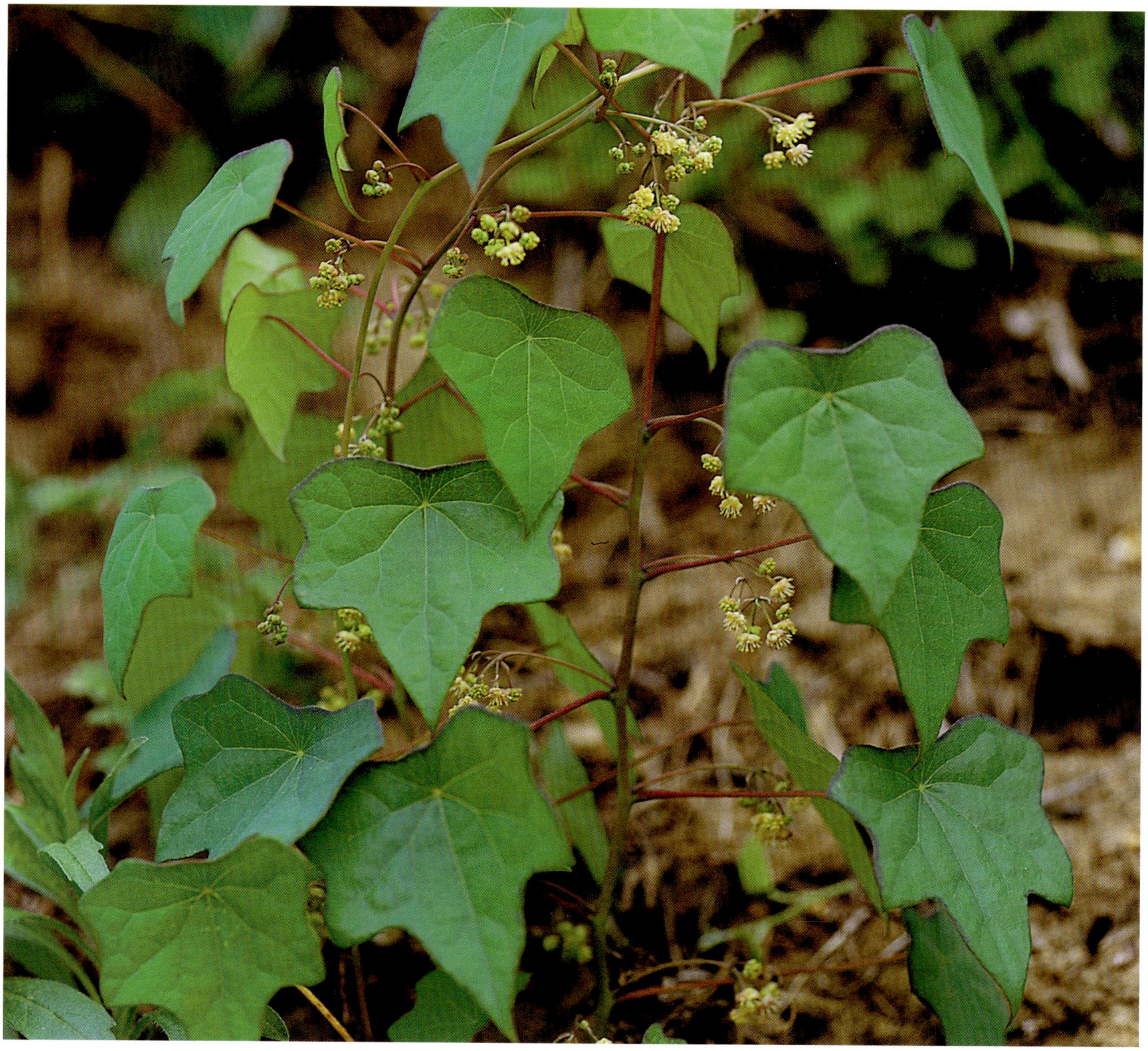

새모래덩굴 꽃

293 편복갈(蝙蝠葛)

새모래덩굴의 줄기,잎
Menispermun dauricum DC.

인후염, 편도선염, 사지마비, 관절염 등에 쓰인다.
허리가 아프거나 신경통에 쓰인다.

5~10g

해열작용
진통작용
제습작용

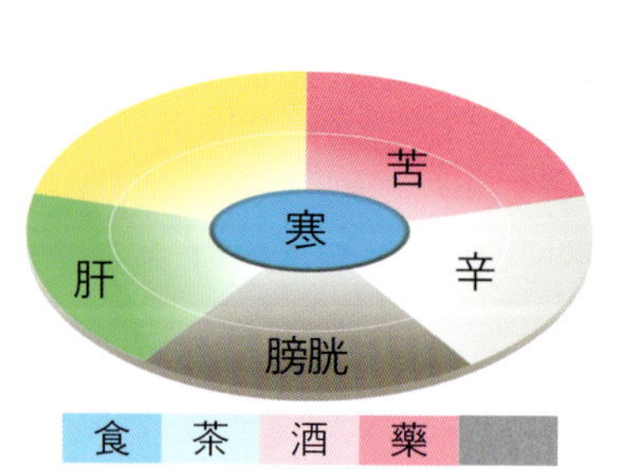

편복갈(蝙蝠葛)

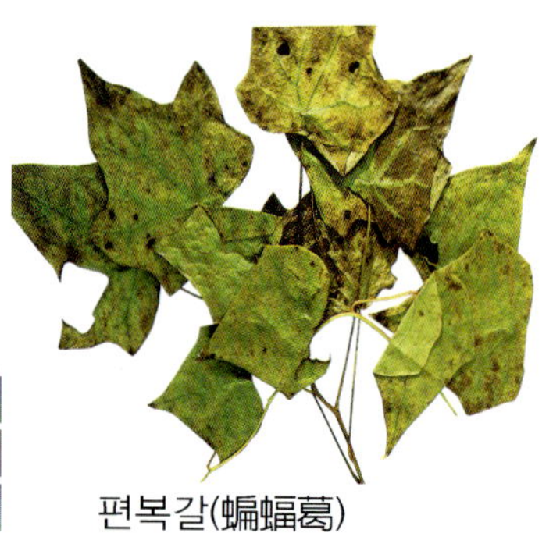

새모래덩굴 전초

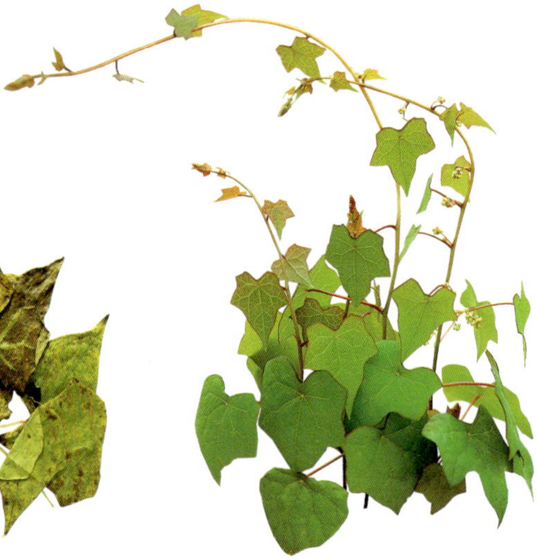

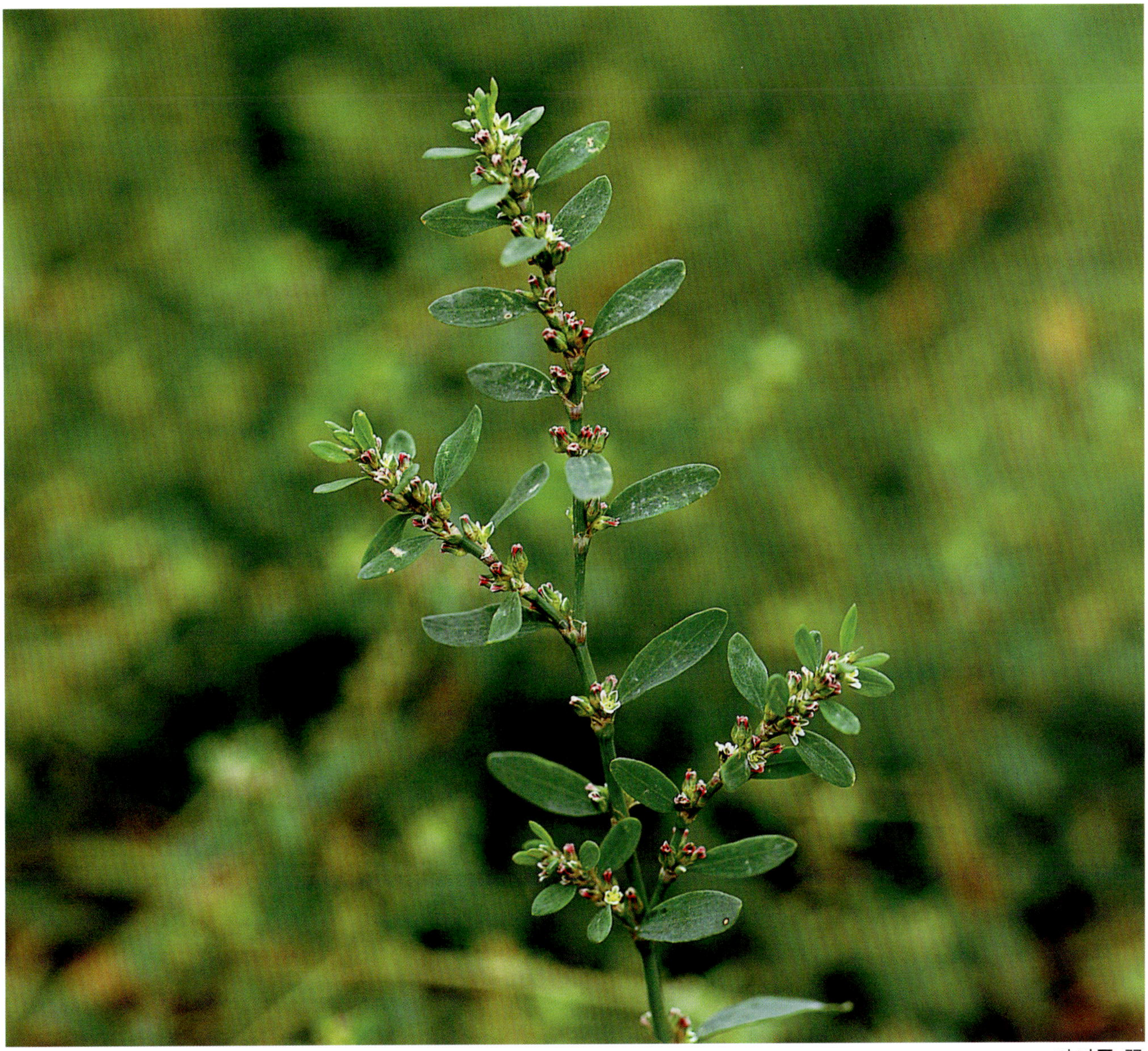

마디풀 꽃

294 편축(篇蓄)

마디풀의 지상부
Polygonum aviculare L.

소변을 잘 못 보고 통증을 호소하며 전신의 부기에 쓰인다.
회충, 요충 구제에 쓰이며 피부병이나 몸이 가려운 데 쓰인다.

10~15g

이뇨작용
살충작용
구충작용
혈압강하
진균억제작용

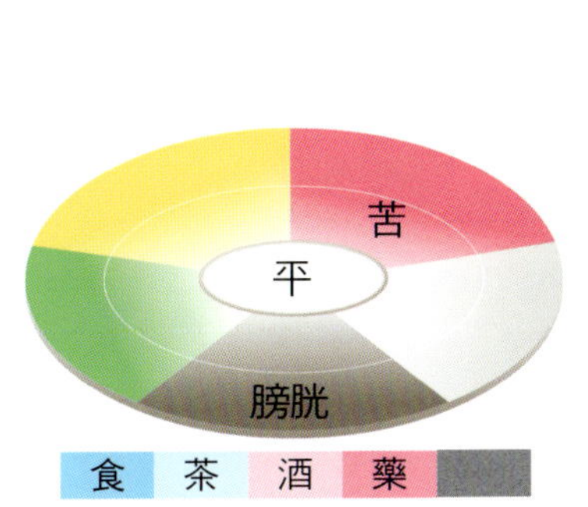

편축(篇蓄)

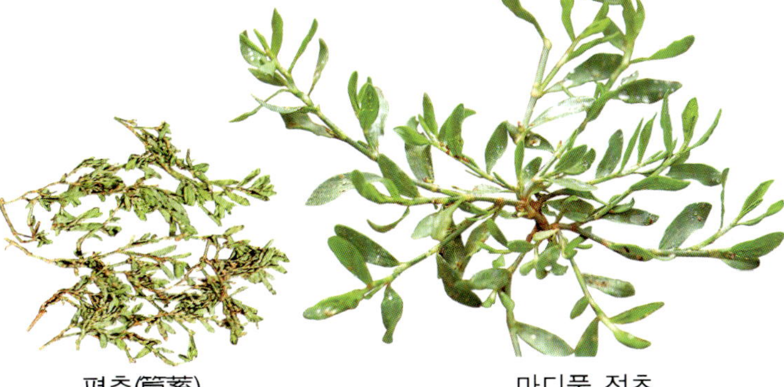

마디풀 전초

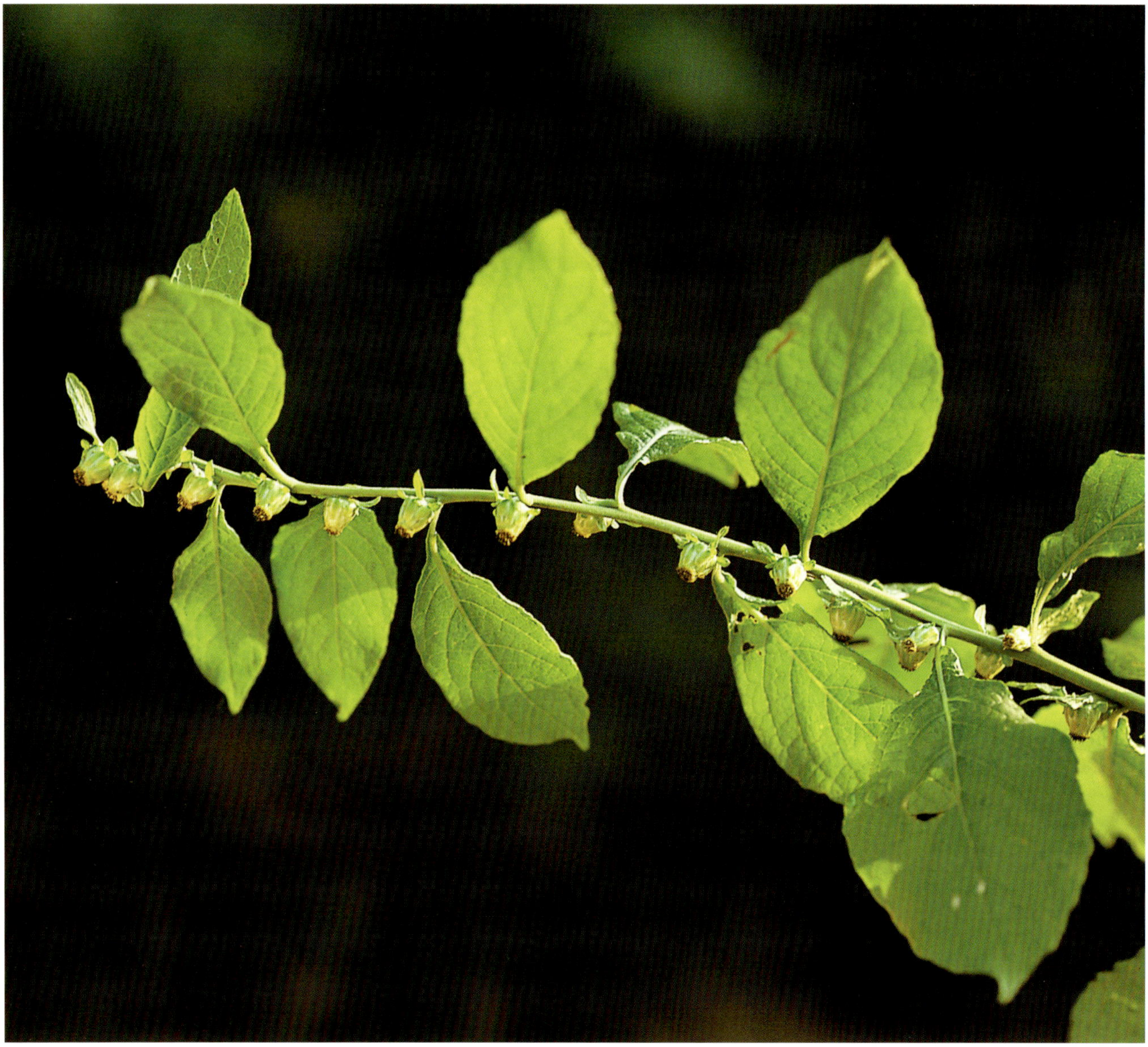

담배풀 꽃

295 학슬(鶴虱)

담배풀의 씨
Carpesium abrotanoides L.

구충작용이 있어 기생충으로 인한 복통, 어지럼증에 쓰인다.
중추신경을 억제하며 진경, 진정, 체온강하와 혈압강하에 쓰인다.

5~10g

담배풀 전초

살충작용
진경작용
진정작용
체온강하
혈압강하

학슬(鶴虱)

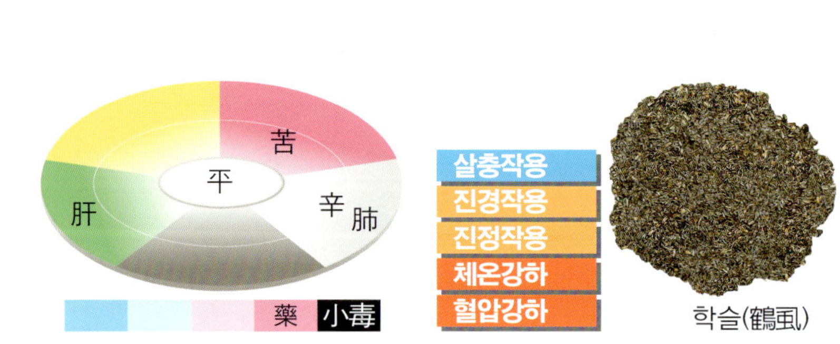

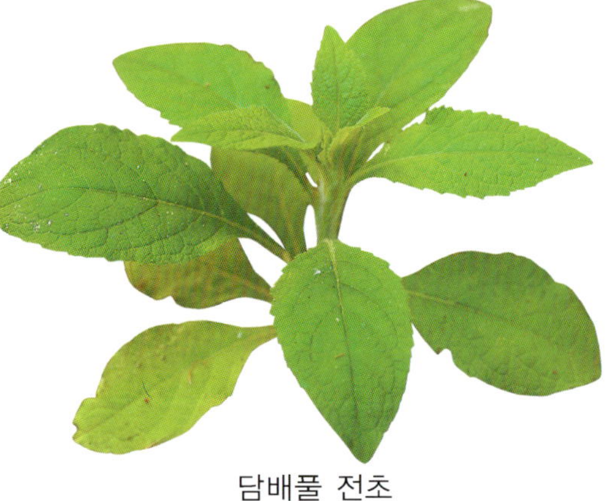

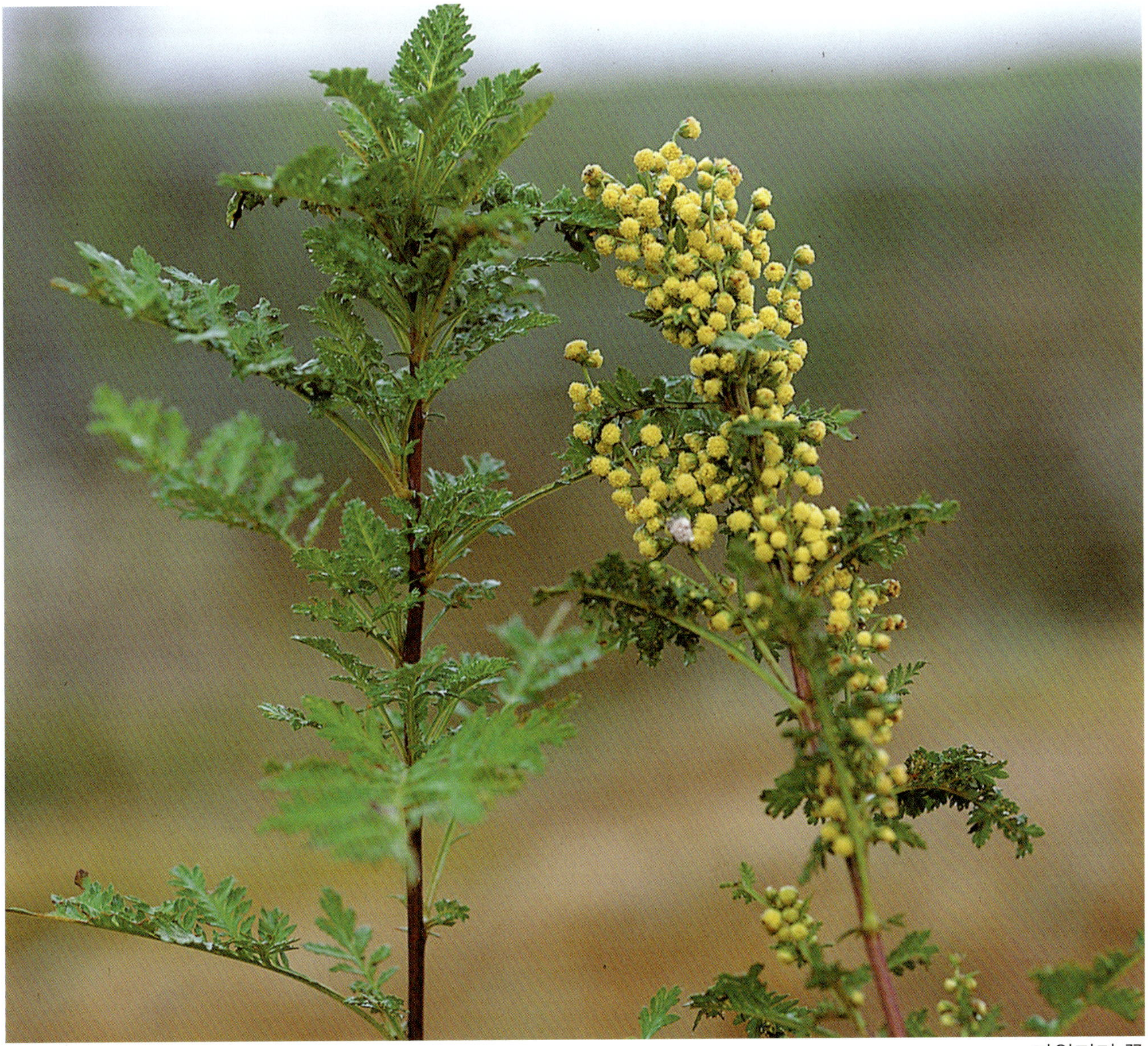

더위지기 꽃

296 한인진(韓茵蔯)

더위지기의 지상부
Artemisia gmelini WEBER ex STECHM.

담즙 분비를 촉진시키고 지방간을 개선하는 등 간 보호에 쓰인다. 황달에 쓰인다.

10~15g

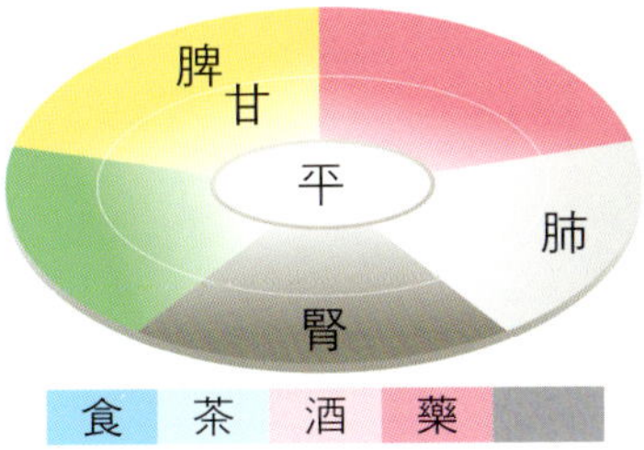

- 담즙분비
- 간기능보호작용
- 간세포재생작용
- 지질분해작용
- 관상동맥확장작용
- 혈압강하작용
- 해열작용
- 이뇨작용

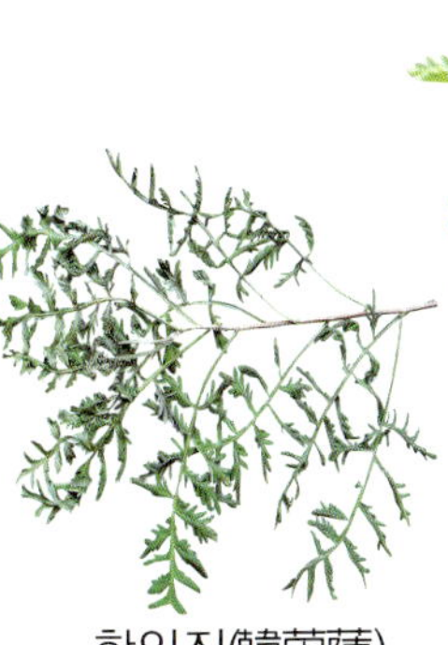

한인진(韓茵蔯)

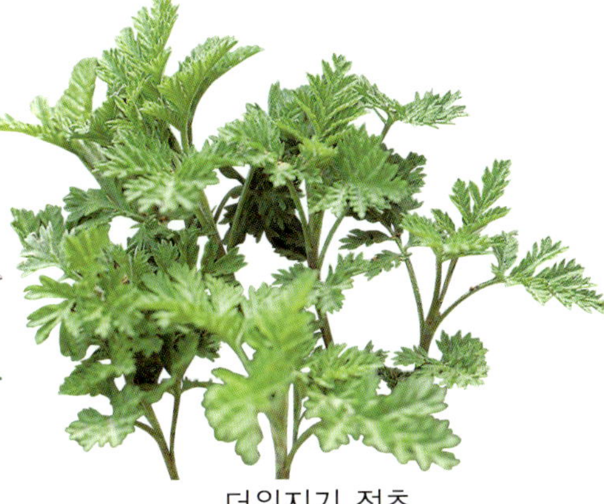

더위지기 전초

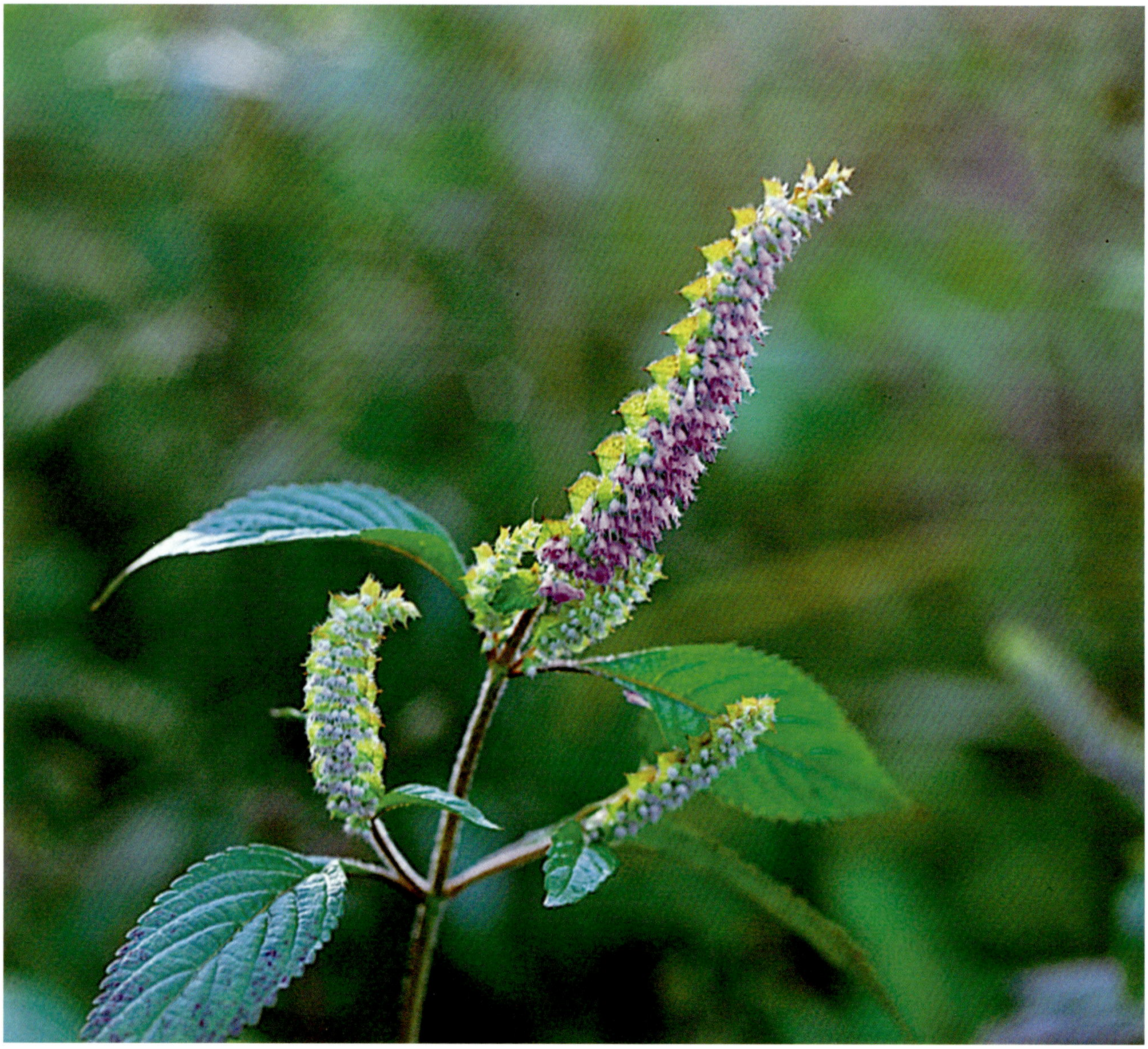

향유 꽃

297 향유(香薷)

향유의 전초
Elsholtzia ciliata (THUNB) HYL.

여름철 감기로 인해 열이 나고 머리가 아프며 땀이 나지 않는 증상에 쓰인다. 복통 및 설사에도 쓰인다.

10~15g

발한작용
해열작용
이뇨작용
지혈작용

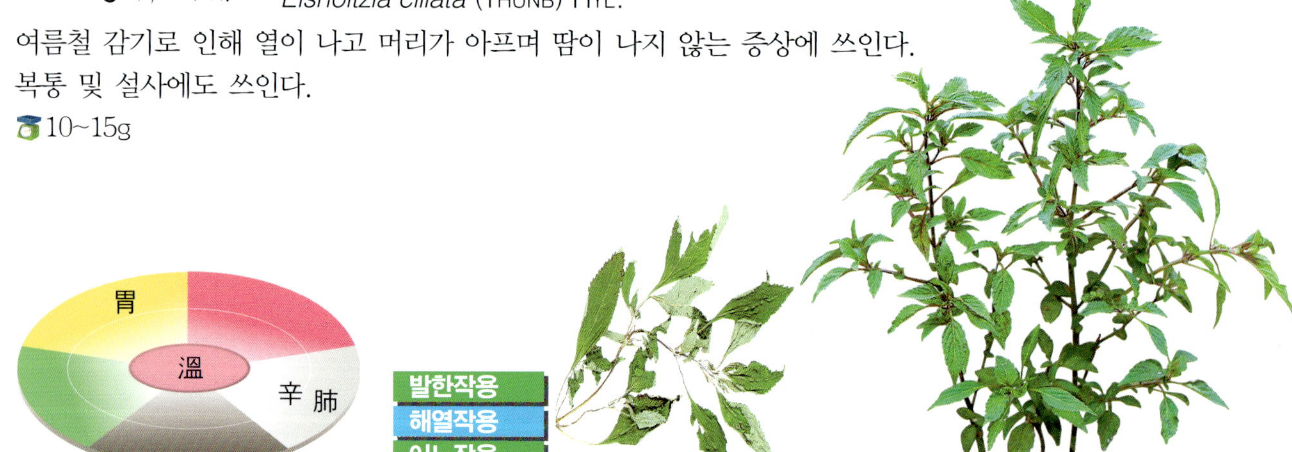

향유(香薷)

향유 전초

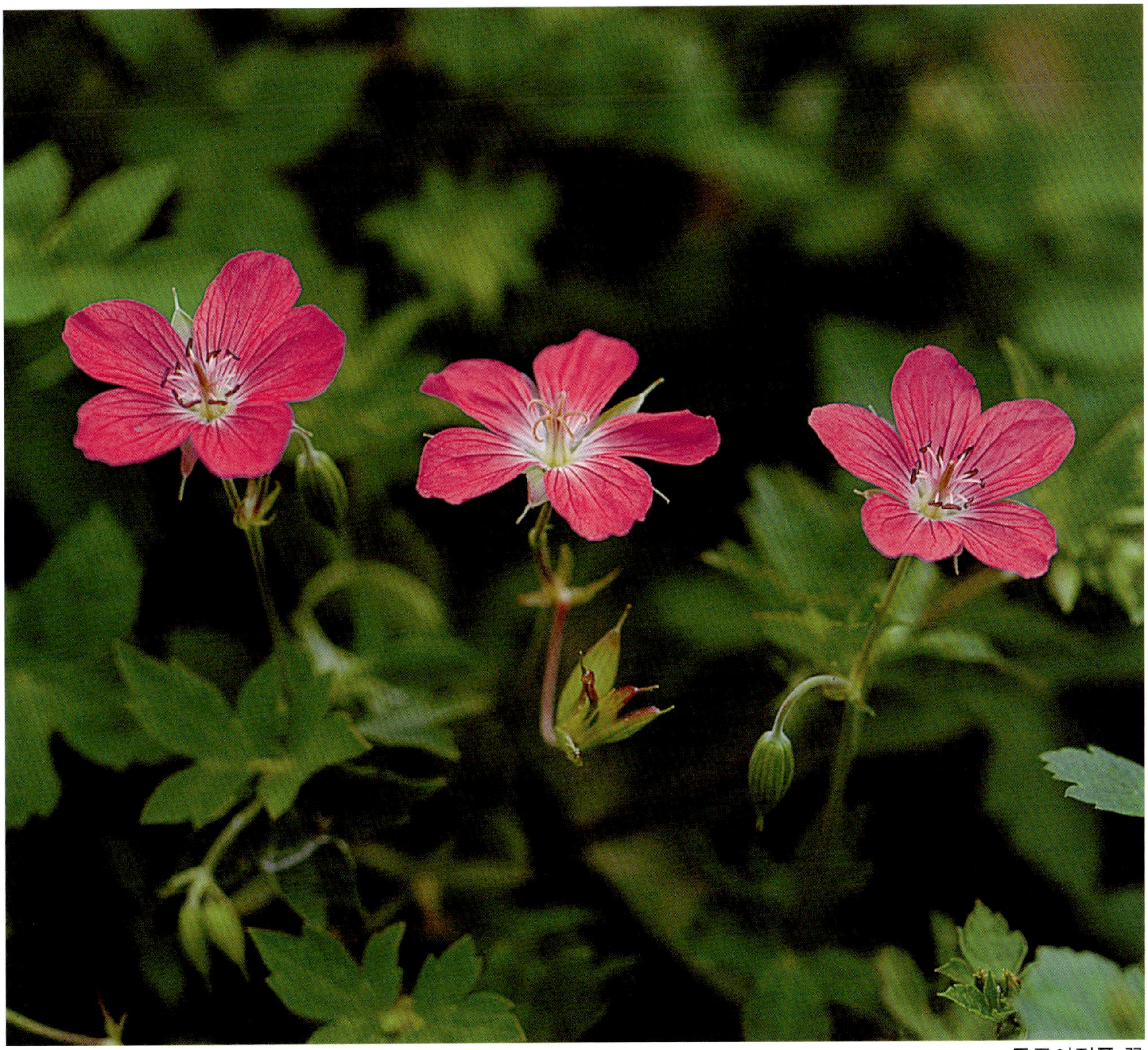

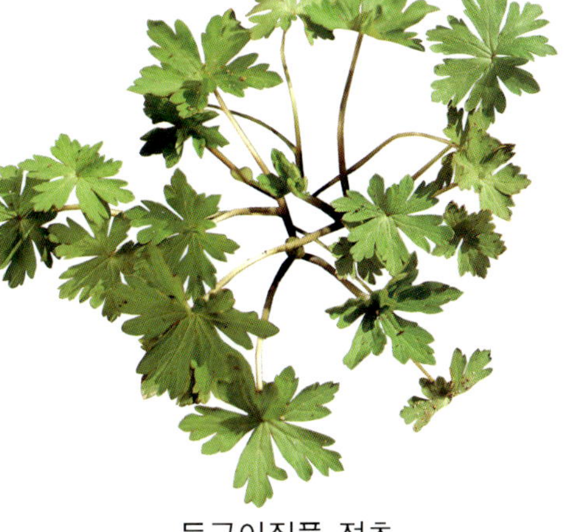

둥근이질풀 꽃

298 현초(玄草)

둥근이질풀의 지상부
Geranium koreanum Kom.

급성 · 만성 이질을 낫게 하고 설사를 자주 하며 배가 아픈 데 쓰인다.
※노관초(老觀草)라고도 한다.

10~15g

소염작용
지혈작용
수렴작용
살균작용
지사작용

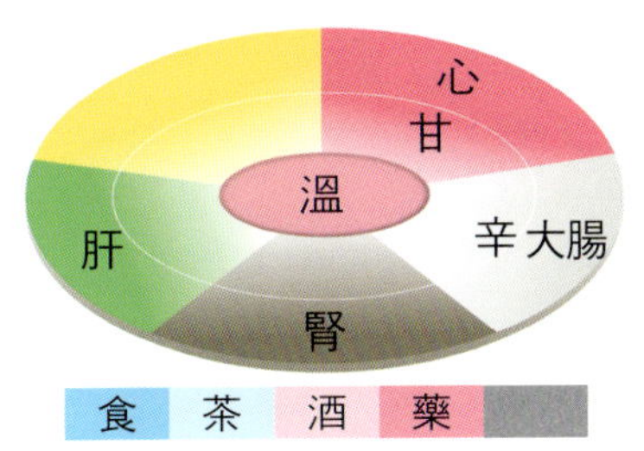

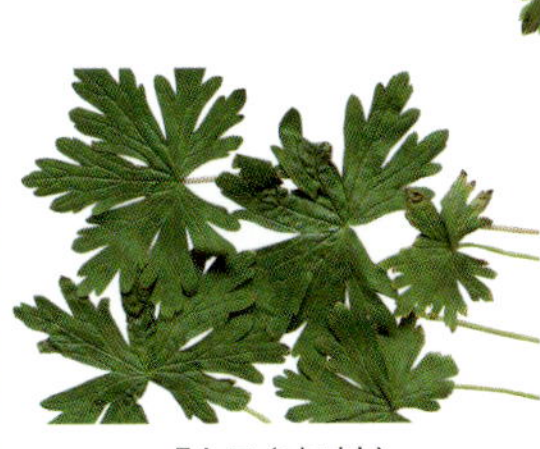

현초(玄草)

둥근이질풀 전초

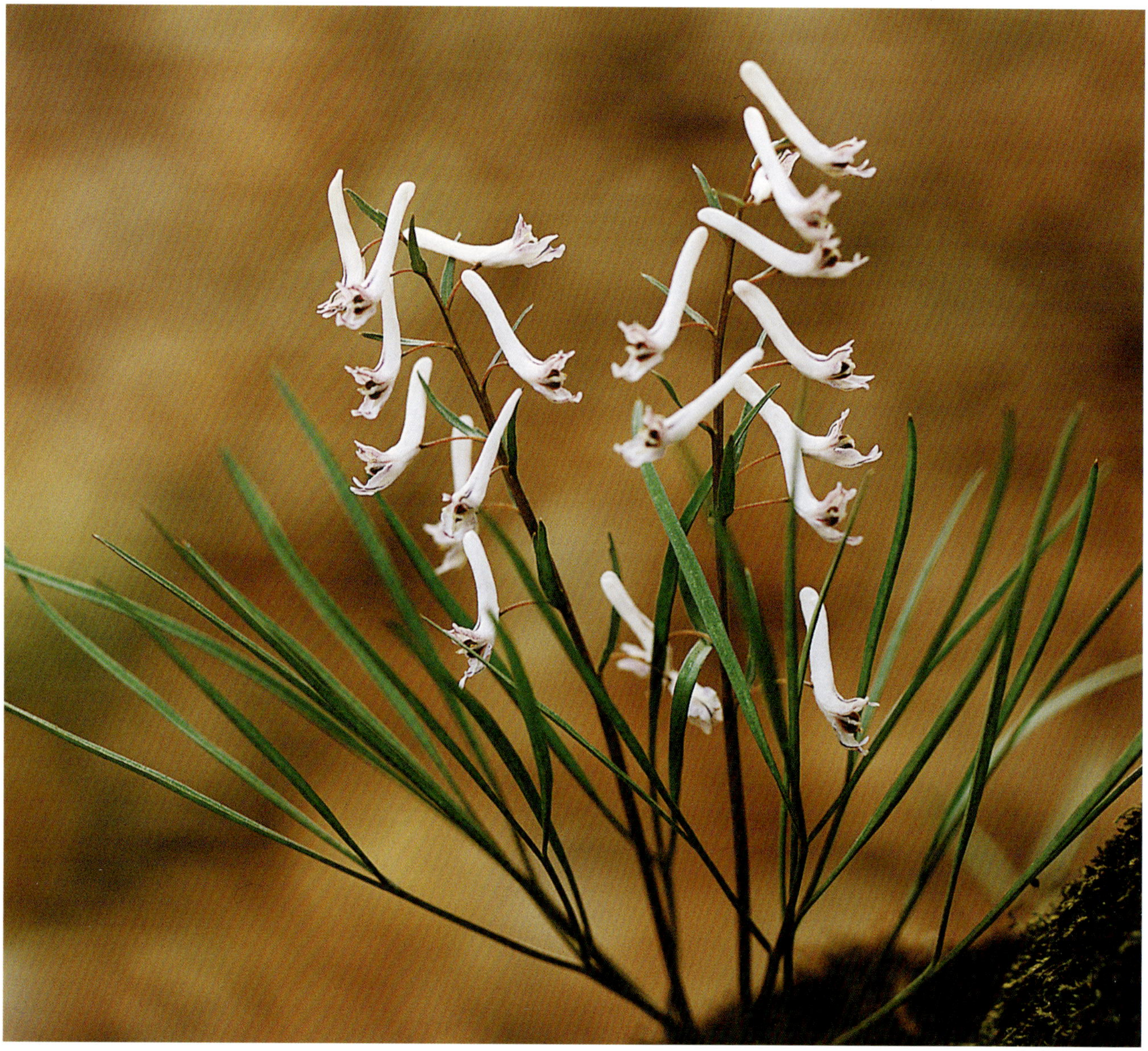

댓잎현호색 꽃

299 현호색(玄胡索)

댓잎현호색의 덩이뿌리
Corydalis turtschaninovii BESSER

혈액순환을 원활하게 하여 생리통에 쓰인다.
타박상으로 인해 피가 뭉친 데 쓰인다.

5~10g

食 茶 酒 藥

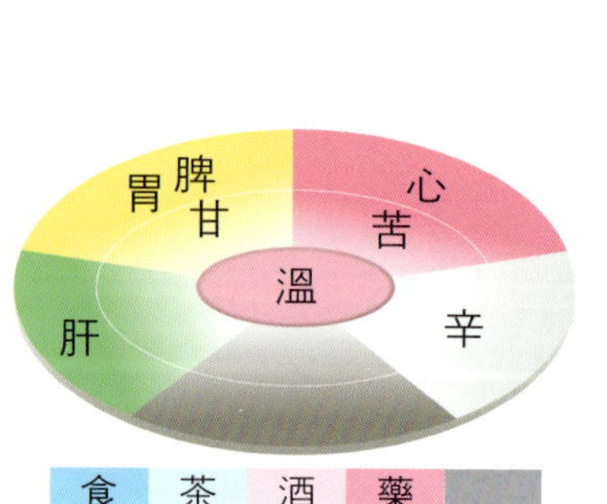

진통작용
진정작용
항궤양작용

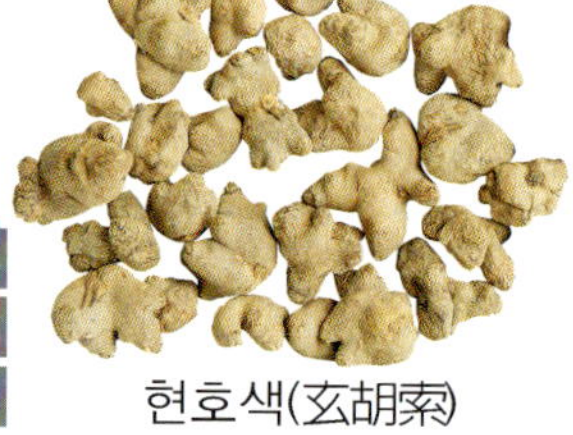

현호색(玄胡索)

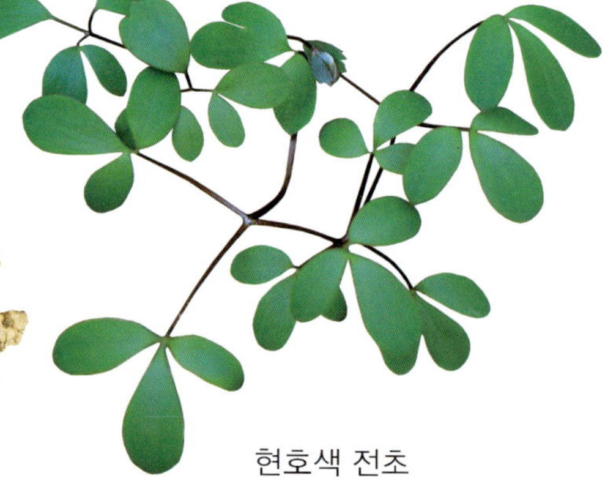

현호색 전초

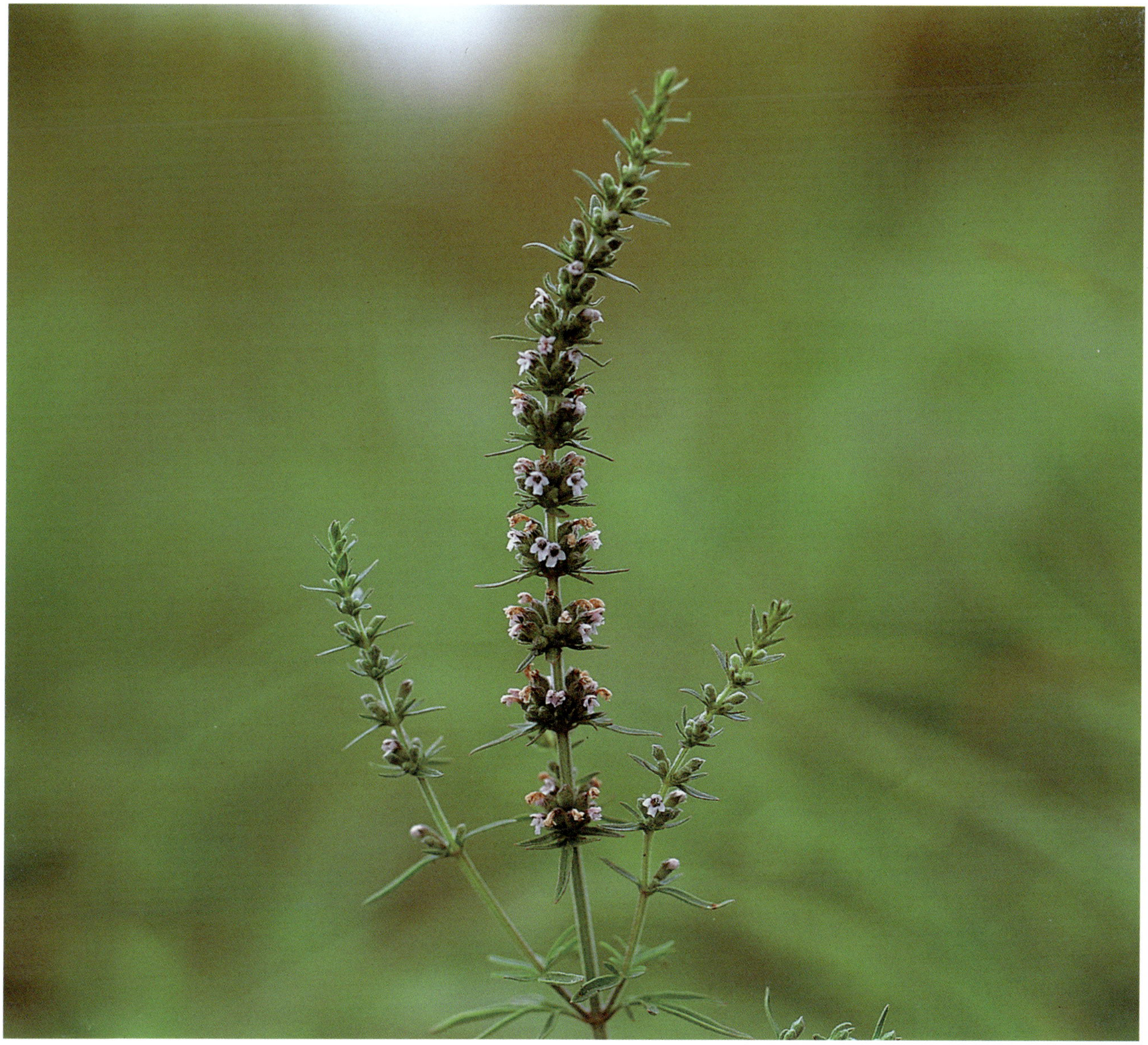

형개 꽃

300 형개(荊芥)

형개의 지상부
Schizonepeta multifida (L.) Briq.

감기로 인한 오한 및 열이 나고 머리가 아프며 땀이 나지 않는 증상에 쓰인다. 피부 가려움증에 쓰이며 지혈작용이 있다.

10~15g

지혈작용
발한작용
해열작용
항균작용

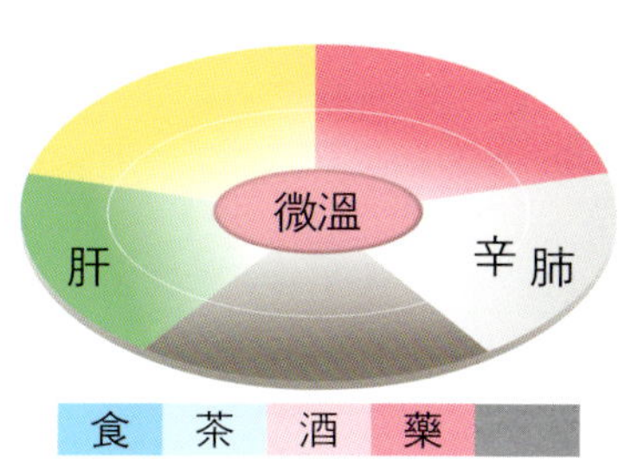

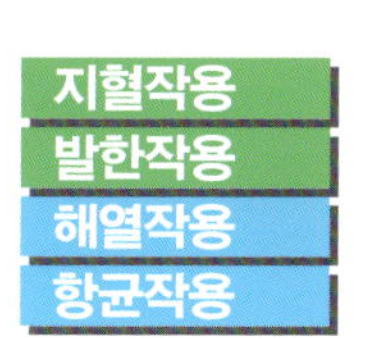

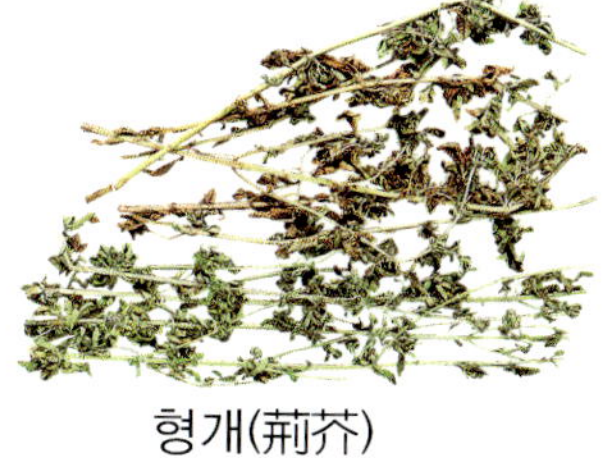

형개(荊芥)

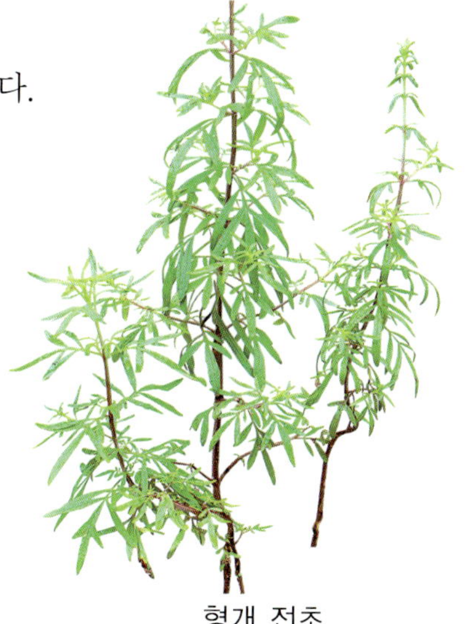

형개 전초

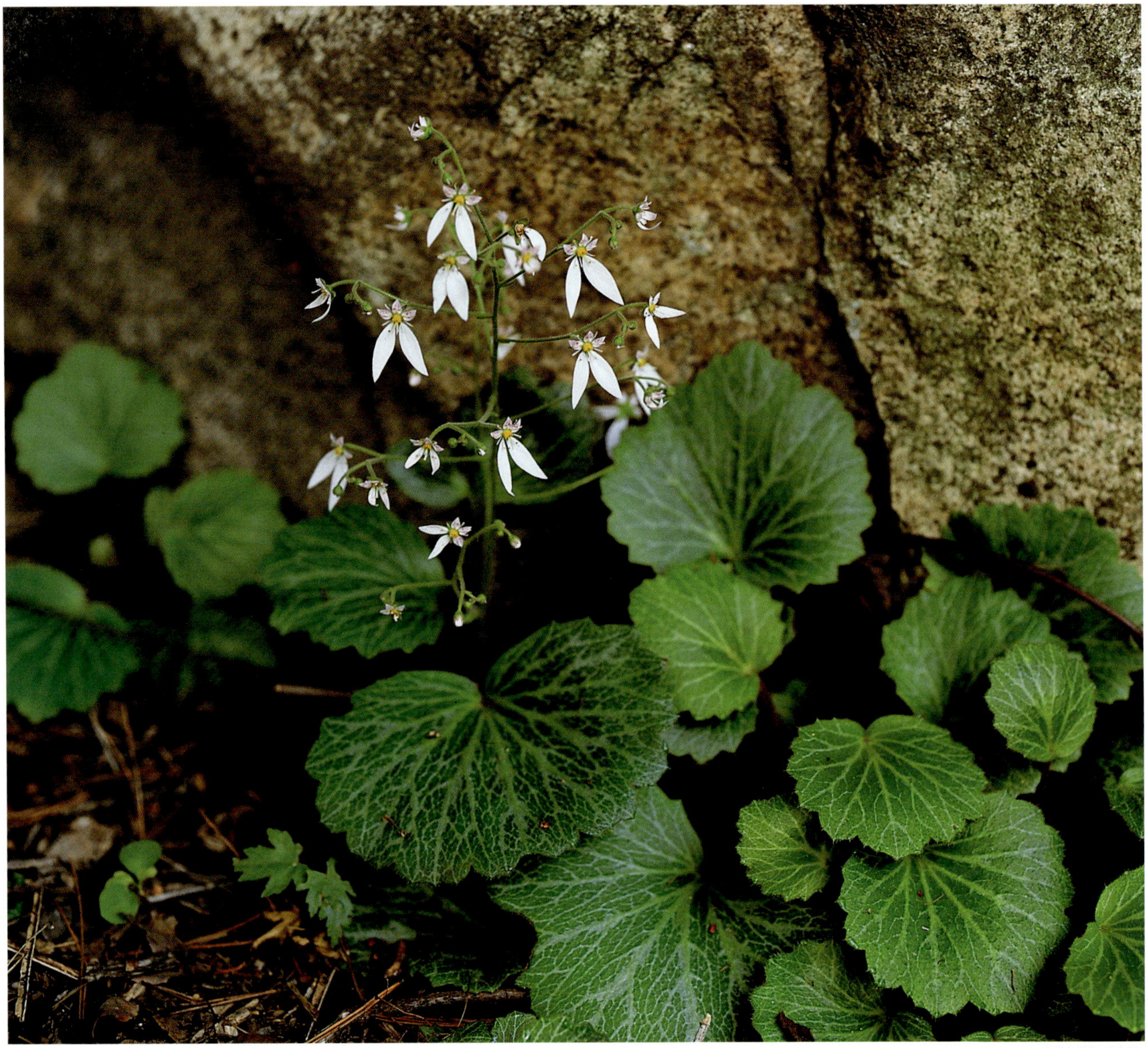

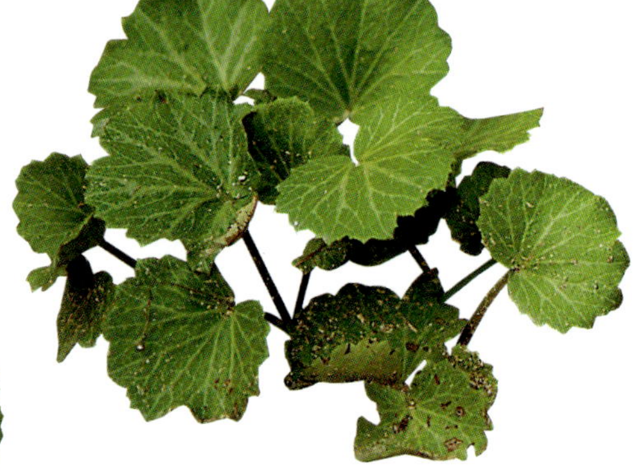

바위취 전초

301 호이초(虎耳草)

바위취의 전초
Saxifraga stolonifera MEERB.

토혈, 자궁출혈 등에 지혈제로 쓰인다.
목이 막혀 소리가 나지 않을 때에는 차(茶)로 만들어 하루 중 여러 번 마신다.
5~10g

해독작용

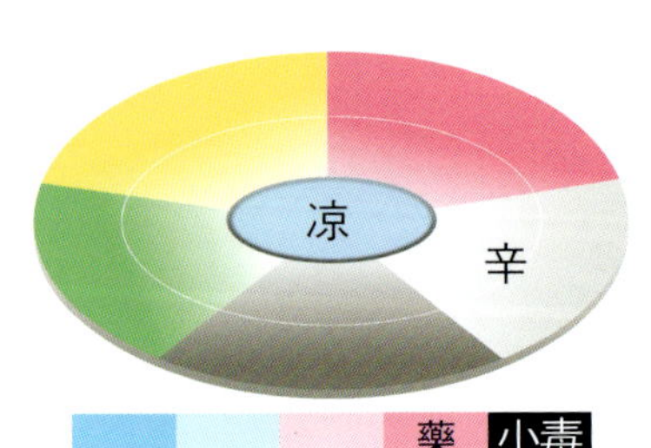

호이초(虎耳草)

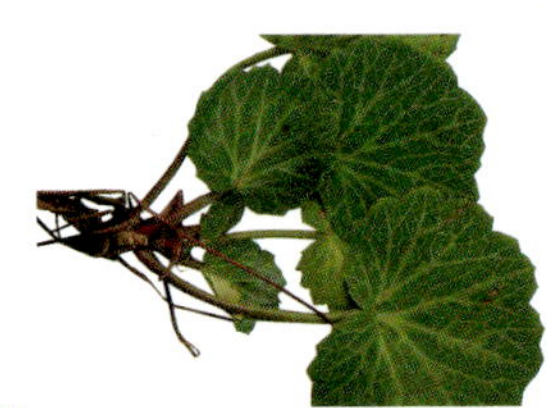

바위취 전초

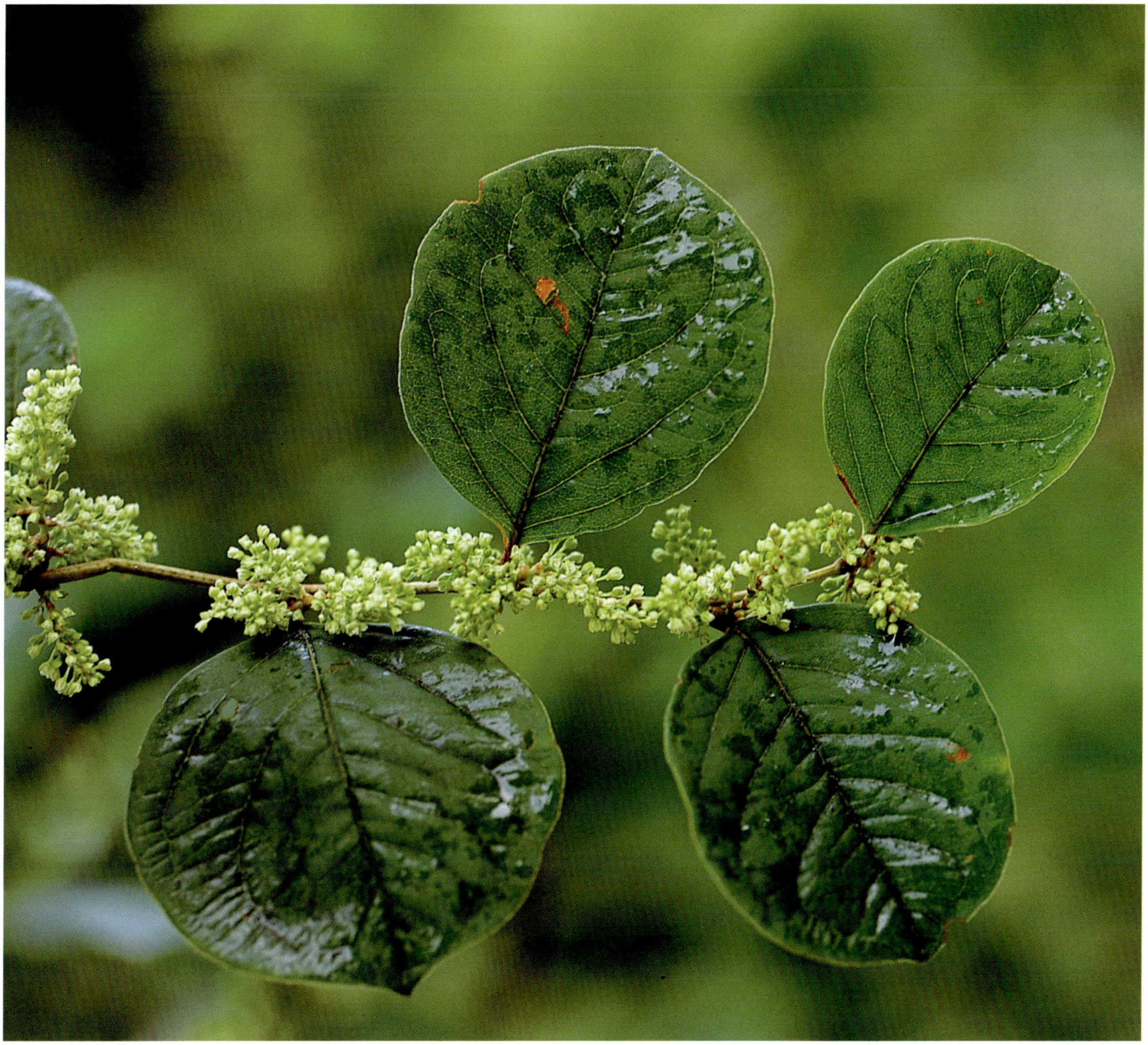

호장근 꽃

302 호장근(虎杖根)

호장근의 뿌리
Fallopia japonica (HOUTT.) RONSE DECR.

혈액순환을 원활하게 하여 피가 뭉친 것을 풀고 생리통, 생리불순에 쓰인다. 열을 내리고 변비를 없애는 데 쓰인다.

10~20g

이뇨작용
진정작용

호장근(虎杖根)

호장근 새싹

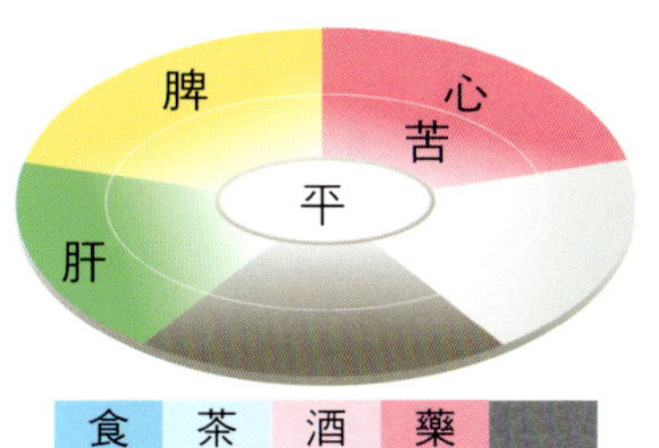

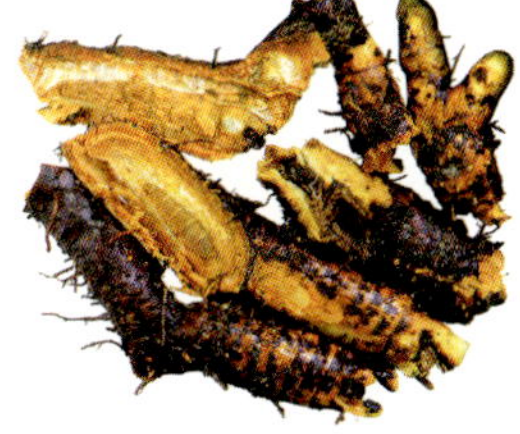

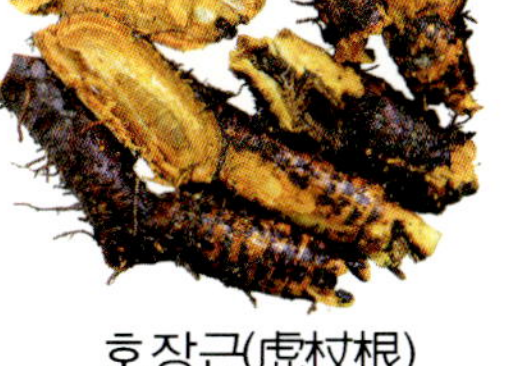

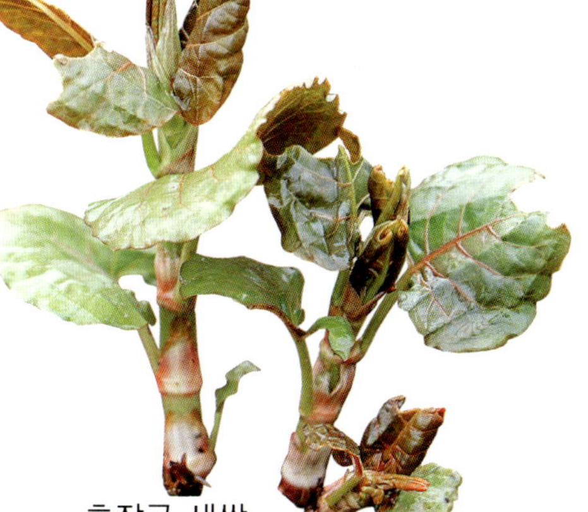

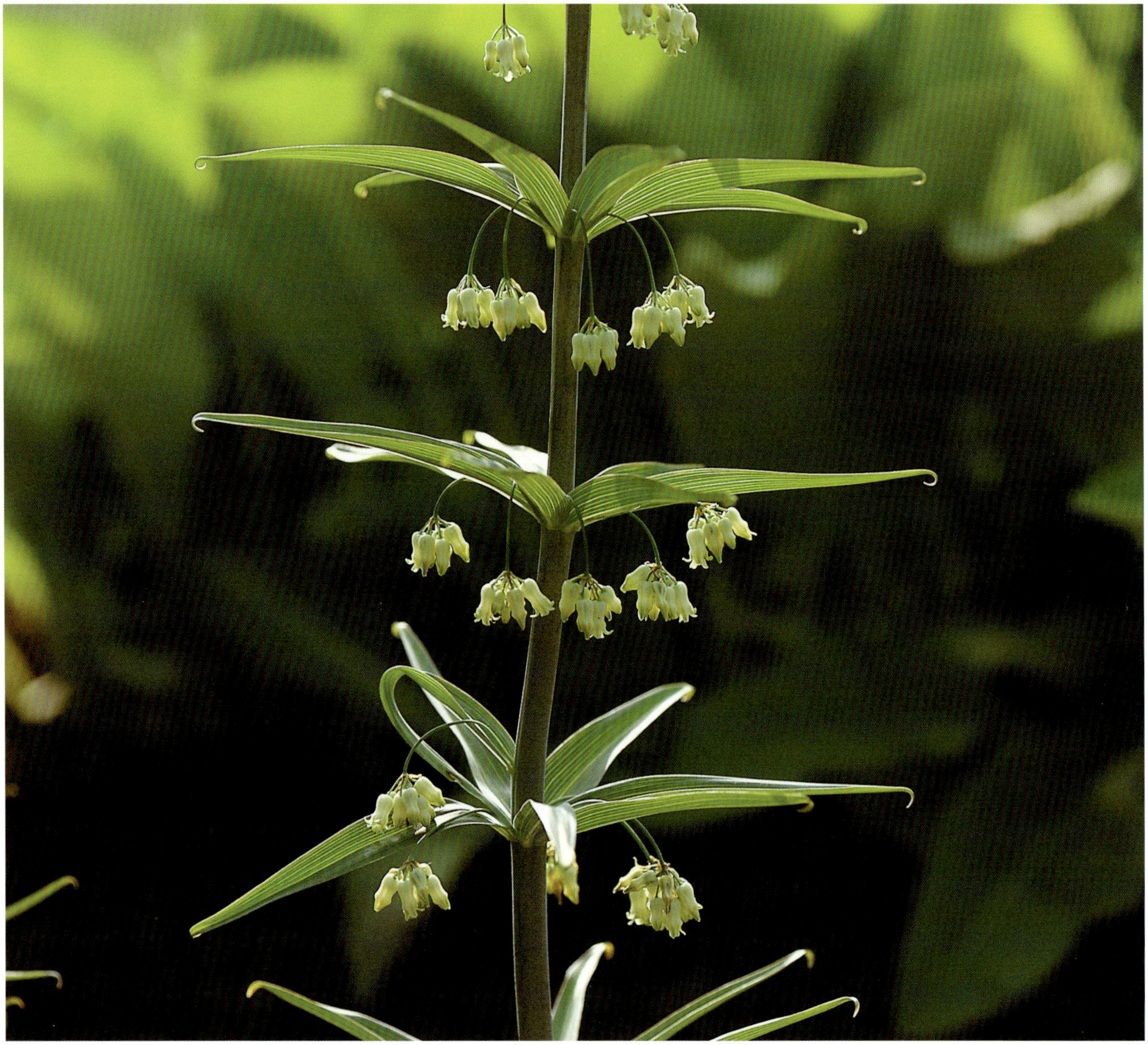

층층갈고리둥굴레 꽃

303 황정(黃精)

층층갈고리둥굴레의 뿌리줄기
Polygonatum sibiricum DELAR.

신(腎)을 보하고 소화기능을 도우며 근육과 뼈를 튼튼하게 하고 진액을 나게 하는 데 쓰인다.
허리와 다리가 약해지고 어지러우며 귀에 소리가 나는 증상에 쓰인다.
흰머리가 일찍 나는 데 쓰인다.

10~20g

자양강장작용
혈당강하
강심작용
항미생물작용
면역증강
혈압강하

황정(黃精)

층층갈고리둥굴레 전초

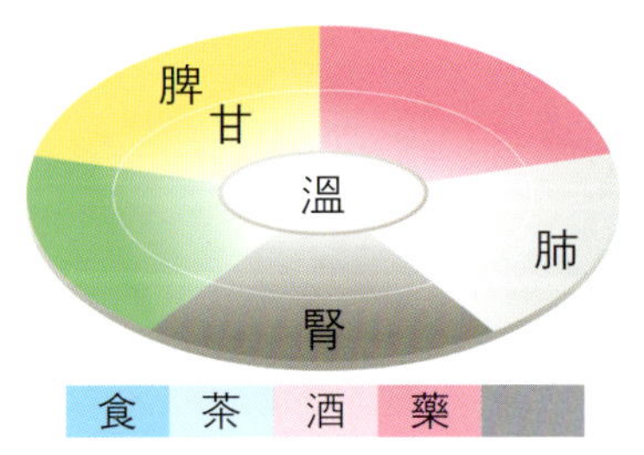

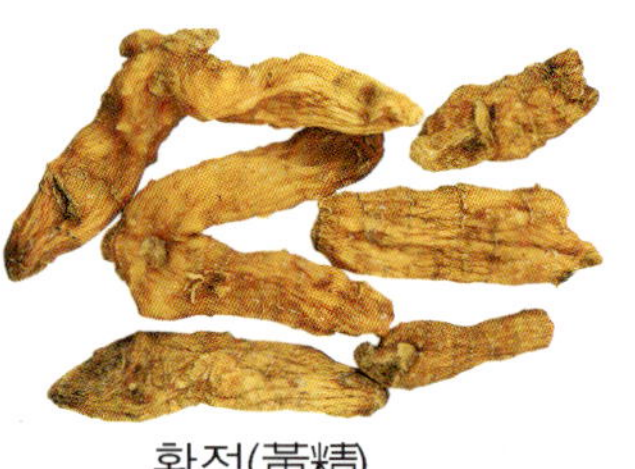

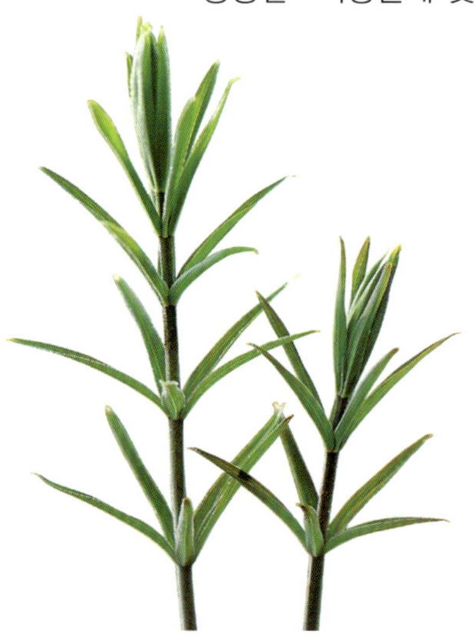

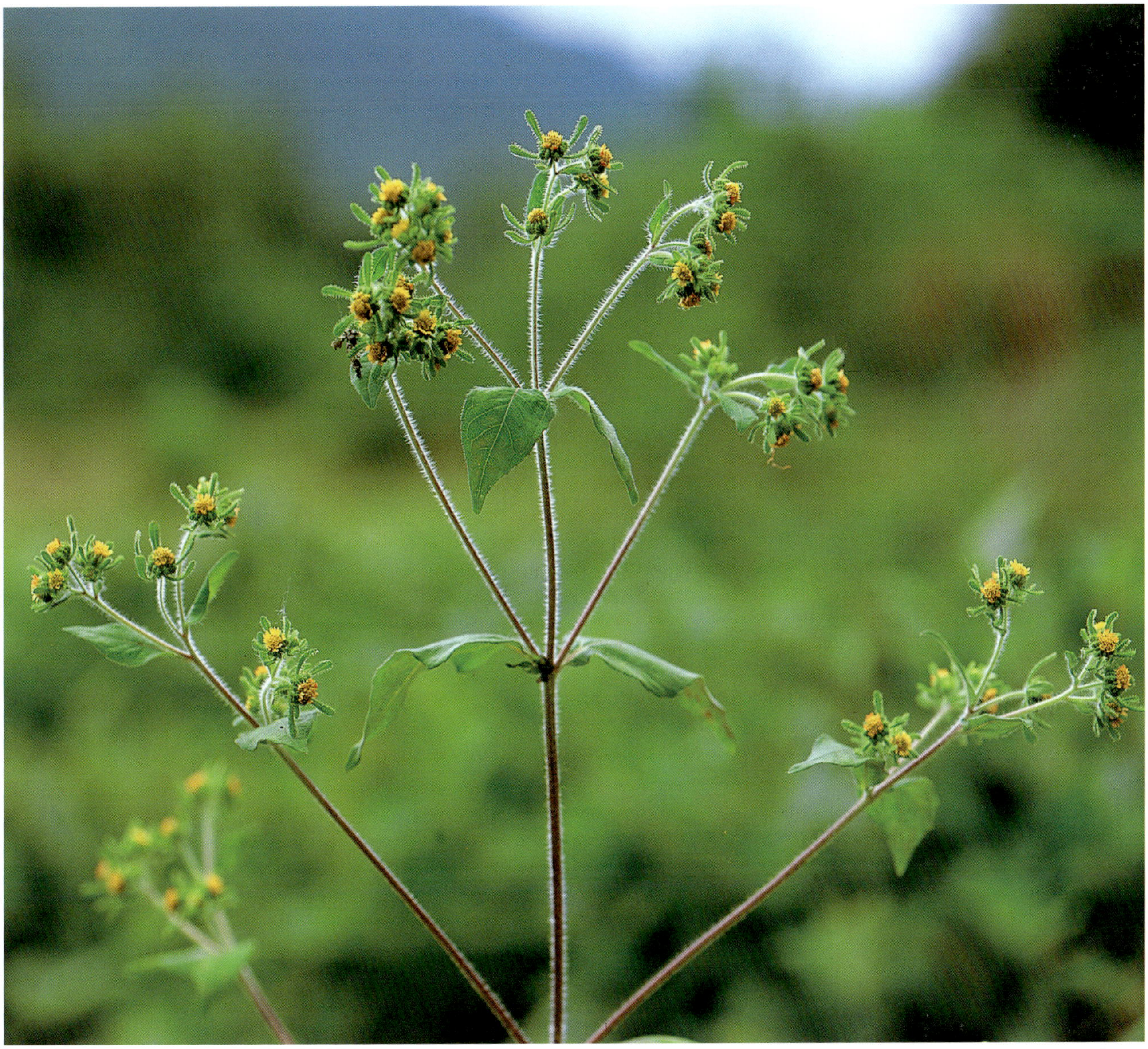

진득찰 꽃

304 희렴(豨薟)

진득찰의 지상부
Siegesbeckia glabrescens MAKINO

바람의 기운과 습(濕)한 기운을 다스리며 관절통, 근육통, 사지동통마비에 쓰인다. 중풍으로 인한 반신불수와 고혈압에도 쓰인다.

※희첨이라고도 한다.

10~15g

관절부종억제
혈압강하

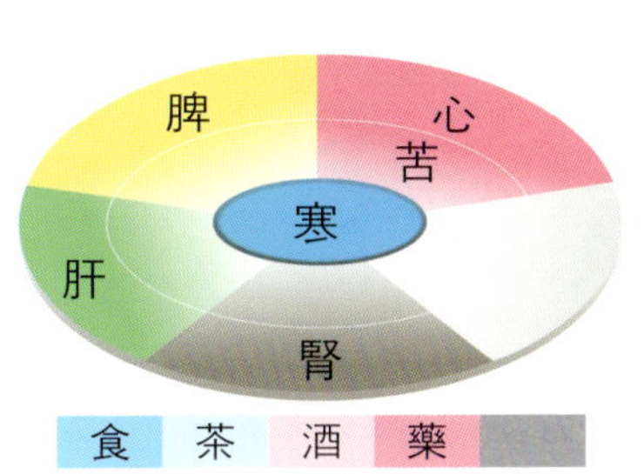

희렴(豨薟)

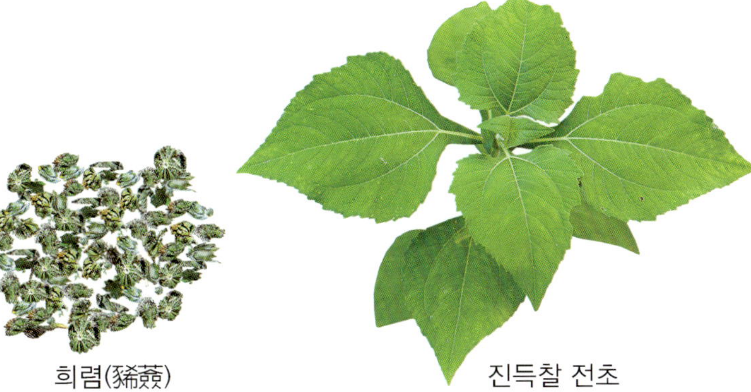

진득찰 전초

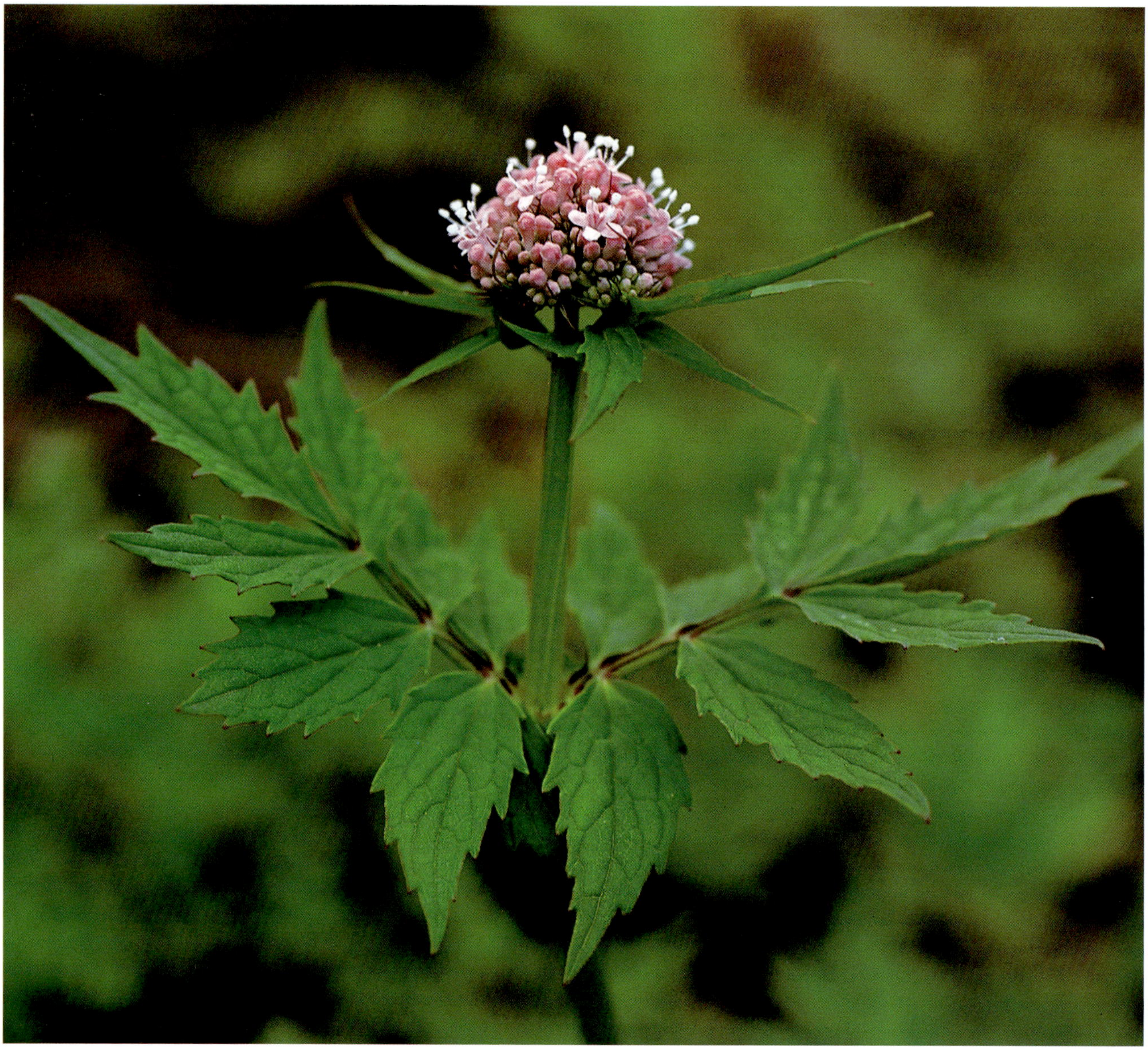

쥐오줌풀 꽃

305 힐초근(纈草根)

쥐오줌풀의 뿌리
Valeriana fauriei BRIQ.

정신불안증 및 신경쇠약 등에 쓰인다.
불면증, 생리불순, 관절염, 타박상 등에 쓰인다.
※길초근(吉草根)이라고도 한다.

3~6g

食 茶 酒 藥 小毒

진정작용
진통작용
건위작용

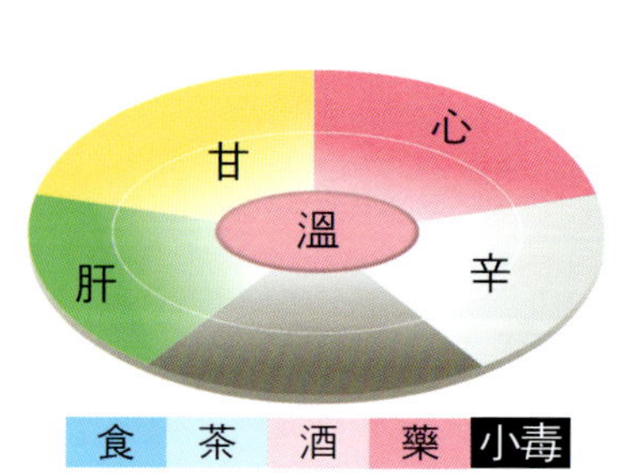

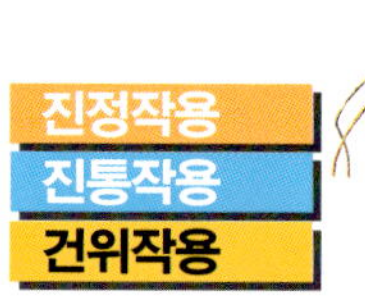

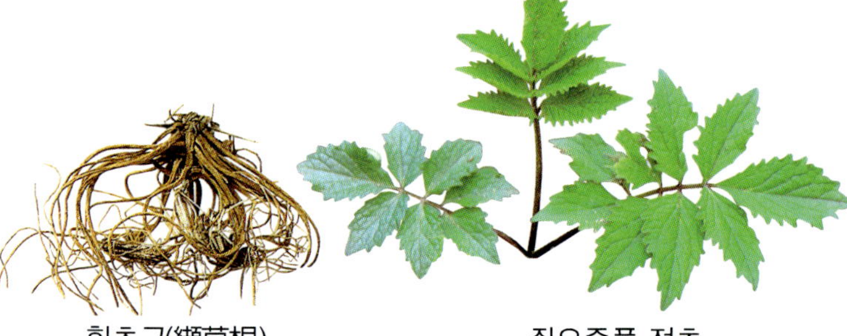

힐초근(纈草根)

쥐오줌풀 전초

김용원 외 5,《實務用 原色植物圖鑑(전 2권)》, 동아문화사, 2005.

김재길,《原色天然藥物大事典(上, 下)》, 남산당, 1989.

김창민,《中藥大辭典》, 도서출판 정담, 1998.

배기환,《한국의 약용식물》, 교학사, 2000.

식품의약품안전청,《원색한약재감별도감》, 호미출판사, 2009.

신전휘·신용욱,《향약집성방의 향약본초》, 계명대학교출판부, 2006.

신전휘·신용욱,《우리 약초 바르게 알기》, 계명대학교출판부, 2007.

신용욱·신전휘,《우리 약초 꽃 408》, 도서출판 백초, 2010.

안덕균,《원색 韓國本草圖鑑》, 교학사, 1998.

이영로,《原色韓國植物圖鑑》, 교학사, 2006.

이창복,《大韓植物圖鑑》, 향문사, 1980.

한대석 외 3,《生藥比較研究》, 한국의약품수출입협회, 1996.

江蘇新醫學院,《中藥大辭典(上, 下)》, 上海科學技術出版社, 1977.

邱德文 外 2,《本草綱目彩色藥圖》, 貴州科技出版社, 1998.

李時珍,《本草綱目(上, 下)》, 文光圖書有限公司, 1979.

許浚,《東醫寶鑑》, 英祖 29年(1753) 嶺營版.

黃道淵,《方藥合編》, 高宗 21年(1884).